海洋功能性食品配料

褐藻多糖的功能和应用

MARINE FUNCTIONAL FOOD INGREDIENTS

FUNCTIONS AND APPLICATIONS OF POLYSACCHARIDES

FROM BROWN SEAWEEDS

秦益民　　主编

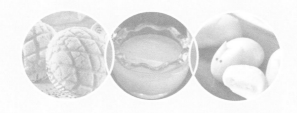

中国轻工业出版社

图书在版编目（CIP）数据

海洋功能性食品配料：褐藻多糖的功能和应用 / 秦益民主编 . —北京：中国轻工业出版社，2021.1

ISBN 978-7-5184-2539-6

Ⅰ．①海…　Ⅱ．①秦…　Ⅲ．①岩藻糖—疗效食品—配料—研究　Ⅳ．①TS218

中国版本图书馆CIP数据核字（2019）第126964号

责任编辑：江　娟　靳雅帅　　责任终审：张乃柬　　整体设计：锋尚设计
策划编辑：江　娟　　　　　　　责任校对：吴大鹏　　责任监印：张　可

出版发行：中国轻工业出版社（北京东长安街6号，邮编：100740）

印　　刷：艺堂印刷（天津）有限公司

经　　销：各地新华书店

版　　次：2021年1月第1版第2次印刷

开　　本：720×1000　1/16　印张：21

字　　数：360千字

书　　号：ISBN 978-7-5184-2539-6　　定价：80.00元

邮购电话：010-65241695

发行电话：010-85119835　传真：85113293

网　　址：http://www.chlip.com.cn

Email：club@chlip.com.cn

如发现图书残缺请与我社邮购联系调换

201668K1C102ZBW

本书参编人员

主　　编：秦益民

副 主 编：李可昌　　张　健　　王发合　　姜进举
　　　　　张德蒙　　赵丽丽　　申培丽　　孙占一

参编人员：王晓梅　　范素琴　　尹宗美　　代增英
　　　　　刘海燕　　董　健　　法西琴　　王璐璐
　　　　　李群飞　　马海燕　　陈鑫炳　　邓云龙
　　　　　郝玉娜　　尚宪明　　赵宏涛　　张鹏鹏
　　　　　张梦雪　　王文丽　　王　焱

　　人类居住的地球是一颗蓝色星球，大海是生命的摇篮，蕴藏着健康的奥秘。随着蓝色经济的蓬勃发展，以海洋资源为原料的健康产业正在兴起。

　　海洋是人类食物的宝库，其中海藻可为人类社会提供丰富的功能性食物资源。海带、海苔、紫菜、裙带菜、鹿角菜、石花菜、羊栖菜、石莼等海藻是日常生活中人们熟知和喜爱的海洋蔬菜，具有很高的食用价值和独特的保健功效，被誉为"长寿菜"。《本草纲目》《本草经集注》《海药本草》《本草拾遗》等均有关于海藻健康功效的记载。海带和马尾藻可治疗甲状腺肿大，还有降血压、降血脂、降血糖和抗凝血功效；紫菜有预防高血压、抗衰老、延长寿命的效用；麒麟菜能防治支气管炎、气喘，可以化痰散结，具有降低血清胆固醇含量的作用；石莼和礁膜藻具有解热和治咳嗽、痰结、水肿及泌尿不顺等用途。在印度尼西亚等东南亚国家，海藻作为传统药材用于退烧、治疗气喘、痔疮、流鼻涕、肠胃不适和泌尿疾病。在日本，人们普遍食用海藻，以加强身体抗肿瘤能力、改善糖尿病症状、纾解紧张压力。

　　大量科学研究已经证明海藻及其衍生制品以独特的性能和功效在食品领域有重要的应用价值。现代功能食品的特殊功效包括增强免疫力、辅助降血脂、辅助降血糖、抗氧化、辅助改善记忆、缓解视觉疲劳、促进排铅、清咽、辅助降血压、改善睡眠、促进泌乳、缓解体力疲劳、提高缺氧耐受力、抗辐射、减肥、改善生长发育、增加骨密度、改善营养性贫血、对化学肝损伤有辅助保护、祛痤疮、去黄褐斑、改善皮肤水分、改善皮肤油分、调节肠道菌群、促进消化、通便、对胃黏膜损伤有辅助保护等。以褐藻胶、褐藻胶寡糖、藻酸丙二醇酯、岩藻多糖等为代表的褐藻多糖是一类重要的海藻生物制品，具有凝胶、增稠、成膜、乳化等理化特性以及改善胃肠道和心血管系统、减肥、排毒、抗氧化等健康功效，在海洋功能食品的研发、生产中有很高的应用价值，是一类重要的海洋功能性食品配料。

　　期望《海洋功能性食品配料：褐藻多糖的功能和应用》一书使广大读者更好地了解海藻和海藻多糖的功能特性，使海藻成为 21 世纪健康生活的重要源泉。

随着海藻活性物质研究的进一步深入，海藻及其生物制品将会在健康产业中发挥更大作用并造福人类。

中国工程院院士

2019 年 7 月

序 2 | Preface

　　人类的健康与保健是一个长期进化适应的过程，旧的疾患的解决往往伴随着新的健康问题的产生。进入 21 世纪，社会经济的发展和生活方式的转变使人类面临新的挑战，糖尿病、心血管疾病、癌症成为人类面临的三大主要慢性疾病。这些慢性非传染性疾病的发病率随着我国工业化、城镇化、老龄化进程的加快以及生态环境和生活方式的改变，呈现持续快速增长趋势。目前，我国成人高血压患病人数达 2.45 亿人，心脑血管疾病、糖尿病、恶性肿瘤等慢性病确诊患者接近 3 亿人，慢性病导致的死亡人数已经占总死亡人数的 85% 以上，导致的疾病负担占总疾病负担的 70%。

　　针对日益严重的国民健康问题，慢病管理已经上升为国家战略，管理过程也在不断创新完善，逐渐从治疗为主向预防为主转变、从高层向基层转变、从城市向城乡并举转变、从卫生部门向全社会全人群转变、从专家行为向政府行为转变、从专业行动向全民行动转变。

　　合理的饮食是健康的基础。早在 2000 多年前，古希腊的希波克拉底就提出了"让食品成为药品"的药食同源健康理念。海藻是一种独特的健康食品，其食用价值来源于植物结构中丰富的营养成分，包括胡萝卜素、烟酸、硫胺素和核黄素等维生素、粗蛋白质、粗纤维以及各种矿物质成分和微量元素。海藻生物体中含有的多糖、蛋白质、氨基酸、脂肪酸、维生素、微量元素等多种生物活性物质对人类健康起着重要作用，是一种不可多得的健康食物来源。

　　《海洋功能性食品配料：褐藻多糖的功能和应用》一书在介绍海藻生物资源及海藻含有的生物质成分的基础上，介绍了褐藻胶、褐藻胶寡糖、岩藻多糖、藻酸丙二醇酯等褐藻多糖类产品在海洋功能性食品领域中的最新应用成果，全面阐述了褐藻多糖在食品增稠、凝胶、成膜、乳化等方面的独特性能，系统总结了褐藻多糖改善胃肠道和心血管系统、减肥、排毒、抗氧化、防抗肿瘤等健康功效。

　　现代健康理念以中医"治未病"为指导，采用医学和现代管理学的理论、技术、方法和手段，在对个体或整体健康状况及影响健康的危险因素进行全面检测、评估、有效干预与连续跟踪服务的基础上，以最小的投入获取最大的健康效益。海藻及海藻所含有的各种生物活性物质具有独特的健康功效，已经在全球各地广泛应用于功能食品，在预防和治疗心脑血管疾病、糖尿病、恶性肿瘤等慢性疾病的过程中起到了重要作用。

面向未来，明月海藻集团将继续加大科研力度和产品开发投入，继续与高校和科研院所深入合作，借助海藻活性物质国家重点实验室这一重要平台，专注海洋功能性食品配料研发，推出高质量、系列化国际领先新产品；围绕国家海洋强国战略，全方位整合资源，坚持以海洋生物资源开发和利用为发展方向，以市场需求为导向，在加大研发力量的同时，提升营销能力、运营效率，实现产品的技术升级，推动海洋功能性食品配料行业的发展，使我国褐藻多糖类海洋食品配料的研究、开发和应用处在世界前沿，实现利用海洋资源、造福人类健康的历史使命。

青岛明月海藻集团董事长

2019 年 3 月

前言 | Foreword

海藻是一种重要的海洋生物资源。海洋独特的生态环境赋予海藻一系列独特的性能，在复杂多变的生长过程中，海藻合成了大量具有优良健康功效的高活性生物质成分。海藻中的多糖类、多肽类、氨基酸类、脂质、萜类、苷类、非肽含氮类、酶类、多酚类、色素类等生物活性物质具有抗肿瘤、抗氧化、免疫调节、降血糖、降血脂、抗凝血、抗血栓、抗炎、抗过敏、抗菌、抗病毒、抗紫外线辐射、抗衰老、抗HIV、抗疲劳等有益人类健康的生物活性。《神农本草经》《名医别录》《海药本草》《本草纲目》等很多古代医学文献均记载了海藻的保健、药理功效。

作为一种具有很高经济价值的生物资源，海藻包括褐藻门、红藻门、绿藻门等几千种具有独特形态特征的种类，广泛分布在世界各地的海洋中，为褐藻胶、卡拉胶、琼胶等海洋食品配料的生产提供了宝贵的原材料。随着人们对功能食品、保健品、特色药物等健康产品需求的日益增长，海藻及其大量衍生制品为新产品开发提供了宝贵的资源，海藻生物制品在预防和治疗肿瘤、心脑血管疾病、糖尿病、肥胖症等慢性非传染性疾病方面取得了显著的进展，为攻克这些危及人类生命的病症提供了可能。随着对海洋生物活性物质研究的不断深入，海藻类植物中含有的各种特有活性成分在功能食品、保健品、海洋药物等领域的独特功效将得到更好的开发和应用，对人类健康和社会经济发展将起到越来越重要的积极作用。

我国在开发利用海藻生物资源领域具有悠久的历史。进入21世纪，我国的海藻生物产业已经形成海藻养殖、海藻加工、海藻生物制品综合利用的完整产业链，产生了巨大的经济价值，每年从海藻中提取出的水溶性胶体就产生了10多亿美元的销售额。大量海藻生物制品已经在功能食品、海洋药物、生物医用材料、造纸、纺织、化妆品、生态肥料、环保等领域得到广泛应用。

在进一步探索海藻生物资源在功能性食品配料等健康产品领域应用的过程中，我们编写了《海洋功能性食品配料：褐藻多糖的功能和应用》，全面阐述海藻生物资源开发利用领域，尤其是利用褐藻提取制备海洋功能性食品配料领域的最新研究成果，系统总结了国内外市场上各种基于褐藻胶、藻酸丙二醇酯、岩藻多糖等褐藻多糖的海洋功能食品的性能和应用。我们期望通过本书使广大读者更好地了解褐藻和褐藻多糖在健康产业中特殊的应用价值，利用海洋资源、造福人类健康。

本书分为三部分共 23 章，由嘉兴学院秦益民教授担任主编，执笔 25 万字。在本书的编写过程中，得到青岛明月海藻集团海藻活性物质国家重点实验室的大力支持，李可昌、张健、王发合、姜进举、张德蒙、赵丽丽、申培丽、孙占一、王晓梅、范素琴、尹宗美、代增英、刘海燕、董健、法西琴、王璐璐、李群飞、马海燕、陈鑫炳、邓云龙、郝玉娜、尚宪明、赵宏涛、张鹏鹏、张梦雪、王文丽、王焱等技术人员参与了编写工作。

本书适合食品、医疗卫生、日化、生物技术、农业等相关行业从事生产、科研、产品开发、营销的各类技术人员参考，也可供相关院校师生参考。

由于褐藻多糖和海洋功能性食品配料涉及的研究和应用领域广泛，内容深邃，而我们的学识有限，故疏漏之处在所难免，敬请读者批评指正。

编者

2019 年 3 月

目录 | Contents

第一部分　褐藻多糖

第三部分　褐藻多糖的健康功效

第一部分

褐藻多糖

第一章 褐藻与褐藻多糖

第一节 引言

海藻是生长在海洋环境中的藻类植物，是一类由基础细胞构成的单株或一长串的简单植物，无根、茎、叶等高等植物的组织构造。根据其生存方式，海藻可分为底栖藻和浮游藻，根据其形状大小可分为微藻和大藻。目前，一般将大型海藻称为海藻，而将漂浮在海水中的微藻统称为浮游植物。大型海藻主要包括褐藻门、红藻门和绿藻门。常见的褐藻主要为海带、裙带菜、巨藻、马尾藻、泡叶藻等，红藻主要为紫菜、江蓠、石花菜、麒麟菜等，绿藻主要为浒苔、石莼等。海洋浮游微藻包括隐藻门、甲藻门、金藻门、黄藻门、硅藻门、裸藻门等各种藻类，已发现的有 10000 多种。目前，我国海藻化工产品的原料主要以褐藻和红藻类大型海藻为主，生产出的海藻化工制品分别为褐藻胶和红藻胶，其中红藻胶包括卡拉胶和琼胶（Rasmussen，2007；董彩娥，2015）。

世界各地分布着丰富的野生海藻资源，其中褐藻在寒温带水域占优势，红藻分布于几乎所有的纬度区，绿藻在热带水域的进化程度最高。褐藻门的海带属主要分布在俄罗斯远东、日本、朝鲜、挪威、爱尔兰、英国、法国等地，巨藻主要分布在智利、阿根廷以及美国和墨西哥的部分地区，泡叶藻主要分布在爱尔兰、英国、冰岛、挪威、加拿大等地。红藻门的江蓠分布在全球海域，其在南半球主要分布在阿根廷、智利、巴西、南非、澳大利亚，北半球主要分布在日本、中国、印度、马来西亚、菲律宾等国家。

海藻可以通过人工养殖进行大规模工业化生产。中国、日本、韩国等国在海藻养殖和加工方面处于世界领先地位，是目前全球海藻养殖业的主产区。中国的海藻养殖业发展迅速，产量居世界首位（Tseng，2001）。日本的海藻养殖业非常发达，养殖海藻产量占其海藻总产量的 95% 左右，主要品种有紫菜、裙带菜、海带等。韩国的海藻养殖产量占其总产量的 97% 左右，其中裙带菜和紫菜是最重要的两个养殖品种。

海藻含有丰富的生物活性成分，如维生素、多不饱和脂肪酸、类胡萝卜素、多糖、多酚、矿物质、抗氧化物、色素等，具有很高的经济价值（Kim，2015；纪明侯，1962）。最近几十年，海藻生物产业已经从捕获野生海藻向大规模人工养殖海藻发展，海水养殖行业生产出了大量的海带、紫菜、江蓠等大型海藻，并在此基础上制备了褐藻胶、卡拉胶、琼胶等海藻胶以及多种海藻活性物质，成为海洋生物产业的一个重要组成部分，各种海藻源生物制品在功能食品、保健品等健康产品中得到广泛应用。

第二节　海藻的种类及分布

海藻是海洋中第一大生物种群，是植物界的隐花植物。作为一种海洋生物资源，海藻具有 5 个基本特征（赵素芬，2012）。

（1）分布广，种类繁多；

（2）形态多样，有单细胞、群体或多细胞个体，后者呈丝状、叶片状或分枝状等；

（3）藻体细胞中有多种色素或色素体，呈现多种颜色；

（4）藻体结构简单，无根、茎、叶的分化，无维管束结构；

（5）不开花、不结果，用孢子繁殖，没有胚的发育过程，又称孢子植物、隐花植物。

以海藻为名的生物群的形体差异巨大，横跨多种生命体，其共同点主要是生活在海水中，可以利用自身体内的叶绿素等色素体通过光合作用合成有机物。每一种海藻都有其固定的潮位，主要与其所含色素的种类和含量比例有关。不同色素需要的光线波长不同，随着光线强度及光质的变化，藻类的分布也受影响。一般在较阴暗处或深海中，藻红素与藻蓝素比叶绿素更能有效吸收蓝、绿光，因此低潮线附近及深海部分多为红藻类，而只含叶绿素及胡萝卜素的绿藻的栖息地多靠近阳光充足的浅水处。海洋的地形、底质、温度、湿度、盐度、潮汐、风浪、洋流、污染物、动物掘食、藻类间相互竞争等是影响海藻生长与分布的因素。

根据其生活方式可以把海藻分成5种生态类型：①浮游生活，如单细胞和群体的甲藻、黄藻、金藻、硅藻等门的多数藻类；②漂浮生活，如漂浮马尾藻的藻体无固着器，营断枝繁殖，在大西洋上形成大型的漂流藻区，成为举世闻名的马尾藻海；③底栖生活，如海带、紫菜、石莼，体基部有固着器，营定生生活，主要生长在潮间带和潮下带；④寄生生活，如菜花藻寄生于别的藻体上；⑤共生生活，如红藻门的角网藻是红藻与海绵动物的共生体。浮游和漂浮海藻生长在近岸或大洋的表层中，底栖海藻主要生长在潮间带和潮下带。在温带，潮间带是海藻生长繁茂的场所；在热带，许多海藻生长在潮下带；在两极海域，海藻则只见于潮下带。

大型海藻主要有褐藻门、红藻门、绿藻门和蓝藻门。中国沿海已有记录的海藻有1277种，其中褐藻门24科62属298种；红藻门40科169属607种；绿藻门21科48属211种；蓝藻门21科57属161种（丁兰平，2011；曾呈奎，1963），主要分布在广东、福建、浙江等东海沿岸、南海北区和南区的诸群岛沿岸、黄海西岸（包括渤海区）。表1-1所示为中国各海区的海藻种数。

表1-1　中国各海区的海藻种数（丁兰平，2011）

海区	褐藻门		红藻门		绿藻门		蓝藻门		合计
	特有种	共有种	特有种	共有种	特有种	共有种	特有种	共有种	所有种
黄海西岸	96	48	88	15	79	15	32	5	378
东海西区	28	120	1	5	4	31	0	12	201
南海北区	51	132	54	15	46	48	4	22	372
南海南区	234	88	56	22	92	46	133	19	690

据统计，全球各地现有褐藻、红藻、绿藻等大型海藻6495种，其中褐藻1485种、红藻4100种、绿藻910种。在各种海藻中，褐藻主要生长在寒温带水域，在北大西洋的挪威、爱尔兰、英国、冰岛、加拿大、美国以及南太平洋的智利、秘鲁等地有丰富的野生资源。图1-1所示为海藻的分类图。

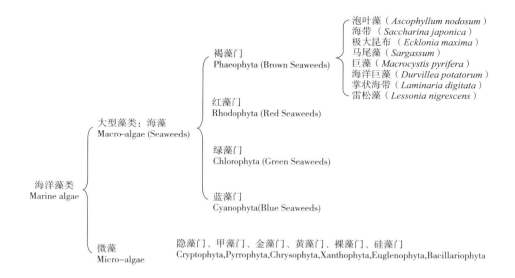

图 1-1　海藻分类图

第三节　海藻生物资源现状

一、野生海藻生物资源

世界各地有丰富的野生海藻资源，据估计，仅挪威沿海的总储量就达5千万~6千万吨。目前发达国家海藻化工产业使用的原料基本为野生海藻，如美国生产褐藻胶的原料主要是巨藻，欧洲以泡叶藻、掌状海带、极北海带为主要原料。我国生产褐藻胶的原料主要是海带，近年来开始以进口海藻作为原料，2013年进口工业海藻近17万吨，主要为智利等国的野生海藻。图1-2所示为2003—2016年间世界主要生产国的野生海藻产量。

二、人工养殖海藻

海藻可以通过人工养殖大规模生产。联合国粮农组织《世界渔业和水产养殖状况2018》报告显示，世界海藻养殖产量远大于野外采集量，其中养殖海藻品种主要为海带、麒麟菜、江蓠、紫菜、裙带菜等。2016年有海藻养殖的30多个国家和地区的养殖总产量为3013.9万吨，主要来自8个国家：中国（1447.6万吨，48.0%）、印度尼西亚（1163.1万吨，38%）、菲律宾（141.7万吨，4.7%）、韩国（135.1万吨，4.5%）、朝鲜（48.9万吨，1.6%）、日本（39.1万吨，1.3%）、

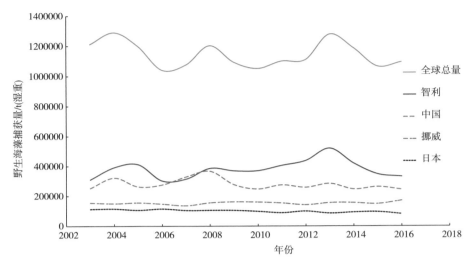

图 1-2　世界主要生产国的野生海藻产量

马来西亚（20.6 万吨，0.7%）和坦桑尼亚联合共和国（11.1 万吨，0.4%）。图 1-3 所示为 2003—2016 年间全球主要生产国的养殖海藻总量。

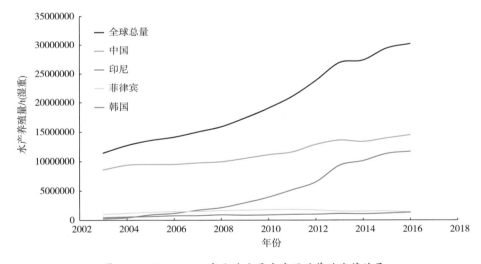

图 1-3　2003—2016 年全球主要生产国的养殖海藻总量

　　我国沿海从北到南均有海藻养殖，主要品种包括海带、裙带菜、紫菜、江蓠、羊栖菜、麒麟菜等，总产值约 200 亿元，是海洋水产行业的支柱产业（李岩，2015；秦松，2010；郭莹莹，2011）。《中国渔业统计年鉴 2013》显示（统计数据为干品），2012 年我国养殖海藻产量为 176.47 万吨，比 2011 年增加 16.29 万吨，增长 10.17%；养殖面积为 12.08 万公顷，比 2011 年增加 0.16 万公顷，增长 1.32%；养殖种类以海带（97.9 万吨，65%）、江蓠（19.7 万吨，13%）、裙带菜（17.5 万吨，12%）、紫菜（11.2 万吨，8%）为主，其中海带主要在福建（55%）、山东（24%）、辽宁（20%）养殖，裙带菜主要在辽宁（74%）、山东（26%）养殖，江蓠主要在福建（54%）、广东（28%）、山东（11%）、海南（6%）养殖，紫菜主要在福建（49%）、浙江（22%）、江苏（19%）、广东（9%）养殖。

海带是中国海水养殖行业规模最大的品种。自 20 世纪 20 年代从日本引进后在大连开始养殖，到 20 世纪五六十年代山东科技工作者创造出海带自然光低温育苗和海带全人工筏式养殖技术，我国的海带养殖从零一跃成为世界第一，为海藻化工产业提供了重要的原料保障。

目前我国养殖的海藻主要有海带、裙带菜、江蓠、紫菜、羊栖菜、石花菜、麒麟菜、龙须菜、鼠尾藻等品种。图 1-4 所示为我国主要的养殖海藻。

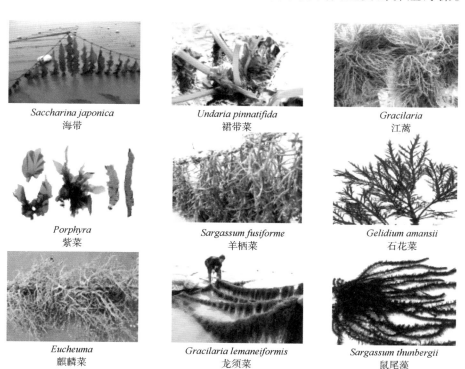

Saccharina japonica
海带

Undaria pinnatifida
裙带菜

Gracilaria
江蓠

Porphyra
紫菜

Sargassum fusiforme
羊栖菜

Gelidium amansii
石花菜

Eucheuma
麒麟菜

Gracilaria lemaneiformis
龙须菜

Sargassum thunbergii
鼠尾藻

图 1-4　养殖海藻的主要品种

1. 海带

海带是一种有很高食用价值的经济作物。在曾呈奎等老一辈海藻科技工作者的领导下，我国的海藻学基础理论研究世界领先，直接带动了海带养殖业的发展。1952 年在北方沿海把人工采苗、分苗和海区筏式培养结合起来，取得初步成功后放弃了传统的海底岩礁生产，转为以筏式培养为主的生产方法，并很快在大连、山东沿海进行推广应用。海藻科学工作者进一步创造了低温育苗与自然光育苗法，建立了培育海带夏苗的方法和海带陶缸施肥法，并成功实施了海带南移栽培实验，使海带的人工栽培不但在北方迅速应用于生产，也为南方沿海各地养殖海带奠定了基础。目前我国是全球海带产量最高的国家。

2. 裙带菜

裙带菜是一种味道鲜美、营养价值高，又可作为保健食品的经济海藻。我国的裙带菜自然生长在浙江，20 世纪 70 年代开始筏式养殖，但产量不高、发展不快。20 世纪 80 年代中期，辽宁省解决了裙带菜人工育苗问题，成功开始规模化人工养殖。目前辽宁和山东已成为我国裙带菜养殖的主要基地，年产量仅次于海带和紫菜。

3. 江蓠

江蓠是一种具有很高经济价值的红藻，是制造琼胶的重要原料。1949 年以前我国的江蓠都属于自然生长，1958 年以后采用各种方法进行人工栽培。20 世纪 80 年代后江蓠养殖不断发展，产量不断提高，给蓬勃发展的鲍鱼养殖业提供了充足的饵料。

4. 紫菜

紫菜是我国人民喜爱的一种海洋保健食品。自 20 世纪 50 年代开始紫菜的半人工采苗和全人工采苗后，紫菜的人工栽培日益普及，20 世纪 60 年代在福建开始人工栽培坛紫菜。20 世纪 80 年代起，中国科学院海洋所大力发展北方的条斑紫菜人工养殖，在黄海南部江苏省广大潮间带海域发展生产。目前我国生产的紫菜有十几万吨，占海藻生产的 12% 左右，产量仅次于日本、韩国。由于沿海气候水文条件有利于紫菜的生长繁殖，20 世纪 70 年代后紫菜养殖业在福建省得到迅速发展。

5. 羊栖菜

羊栖菜为暖温性多年生海藻，在浙、闽沿海生长最好。我国自 1973 年开始进行羊栖菜的开发研究，但由于加工技术未过关，一直没有得到较大发展。近年来由于日本市场的打开，羊栖菜的人工养殖、羊栖菜系列食品的研究开发得到迅速发展，其中浙江温州制订了发展万亩羊栖菜的规划，山东荣成、海阳也大力发展羊栖菜养殖。羊栖菜的人工育苗获得突破性进展，以羊栖菜为原料的系列食品、饮料也开始投放市场。

6. 石花菜

石花菜分布于中国北部沿海，浙江、福建，台湾也有生长，山东有较多养殖。石花菜养殖最初是用人工投石法进行移植。1933 年，朝鲜人文德进从济州岛向青岛移植长在石块上的石花菜苗种，开始进行海底繁殖。1950—1959 年，山东水产养殖场、中国科学院海洋研究所、山东海水养殖研究所、黄海水产研究所等单位进行了石花菜人工移植、半人工采孢子、劈枝筏养试验研究。1973—1981 年，山东海水养殖研究所等单位又先后进行了石花菜室内人工育苗、分枝养殖、下海养育、防除敌害等大量试验研究，并取得初步成效。1983 年，山东胶南、荣成等地推广了石花菜劈枝筏养技术，当年每亩每茬产石花菜干品150kg 左右（1 亩 $\approx$ 666.7m²）。1985 年，石花菜孢子育苗、夏茬养成和育种越冬试验均获成功，为大面积养殖石花菜提供了必要的技术条件。

7. 麒麟菜

麒麟菜是一种属于红藻纲红翎菜科的热带和亚热带海藻，自然生长在珊瑚礁上，在我国见于海南岛、西沙群岛及台湾等地沿海。目前珍珠麒麟菜已成为人工栽培的主要品种，其藻体富含胶质，可提取卡拉胶供食用和工业原料。麒麟菜一年四季都可以生长，尤以春、夏、秋三季生长最快，一般雷雨过后生长更快。麒麟菜是多年生海藻，人工养殖主要是根据其出芽繁殖即营养繁殖进行的，主要的人工养殖方法是珊瑚枝绑苗投放种植。

8. 龙须菜

龙须菜是生长在海边石头上的植物，丛生叶的形状像柳，根须长的有 1 尺（1尺 $\approx$ 0.33 米）多，被称为石发。龙须菜藻体含有丰富的蛋白质、碳水化合物、钙、铁等，其中钙含量为食品中的魁首。龙须菜性味甘、寒，具有助消化、解积腻、清肠胃、止血、降压功效。龙须菜的人工养殖包括筏式单养、与海带筏式轮养、与牡蛎筏式轮养等方法，其中筏式单养是主要的栽培形式，大多数是在秋、冬、春三季连续栽培龙须菜 3 茬，少数是全年筏架不上岸，连续栽培 4 茬。

9. 鼠尾藻

鼠尾藻是一种大型海洋褐藻，具有较高的经济价值。除了在海洋生态系统中占有重要地位外，鼠尾藻也是医疗、保健、化工等行业的重要原料。近年来海参、鲍鱼养殖业迅速发展，鼠尾藻被开发成为海参和鲍鱼的优质饵料，需求量增加，产品日趋紧俏，导致价格上扬。2003 年，浙江洞头县东屏镇寮顶村庄瑞行等养民在县科技局的支持下，立项开展鼠尾藻人工栽培试验。从 2003 年 11 月开始，在洞头沿海采集鼠尾藻野生苗种，开展人工栽培实验，养殖 11.5 亩，总产干品 4082.5kg。由于鼠尾藻的人工养殖有利于改善海洋环境，经济效益较高，市场前景好，有望成为一种新的藻类养殖产业。

第四节　海藻活性物质

海藻活性物质是一类从海藻生物体内提取的，可以通过化学、物理、生物等作用对生命现象产生影响的成分，包括海藻细胞外基质、细胞壁及原生质体的组成部分以及细胞生物体内的初级和次级代谢产物。其中初级代谢产物是海藻从外界吸收营养物质后通过分解代谢与合成代谢，生成的维持生命活动所必需的氨基酸、核苷酸、多糖、脂类、维生素等物质；次级代谢产物是海藻在一定的生长期内，以初级代谢产物为前体合成的一些对生物生命活动非必需的有机化合物，也称天然产物，包括生物信息物质、药用物质、生物毒素、功能材料等海藻基化合物（张国防，2016；张明辉，2007）。

由于海藻长期处于海水这样一个特异的闭锁环境中，并且海洋环境具有高盐度、高压力、氧气少、光线弱、侵食动物多等特点，海藻类生物在进化过程中形成的代谢系统和机体防御系统与陆上生物不同，使海藻生物体中蕴藏许多独特的生物活性物质，包括生物碱类、萜类、肽类、大环聚酯类、多糖类、多烯类不饱和脂肪酸等具有独特结构和性能的化合物（康伟，2014）。相对于海绵、海鞘、软珊瑚等其他海洋生物，海藻代谢产物的结构相对简单，其最大特点是富含溴、氯和碘等卤素，尤其是含有大量多卤代倍半萜、二萜以及溴酚类代谢产物（史大永，2009），具有拒食、抗微生物、抗附着和生物毒性等特殊功效。到 2017 年，全球各地已经从海藻中发现 4000 多种化合物，其中从褐藻、红藻、绿藻中发现的化合物分别为 1500、2000、450 多种（Qin，2018）。

褐藻和红藻是生物活性物质最丰富的种群，其中红藻中卤代产物更为丰富，这些物质主要包括海洋药用物质、生物信息物质、海洋生物毒素、生物功能材料等，是大量海洋生物天然产物的一部分。随着社会的发展、人们生活习惯的改变、环境污染的加剧和人类寿命的延长，心脑血管疾病、恶性肿瘤、糖尿病、老年性痴呆症、乙型肝炎等疾病日益严重地威胁着人类健康，艾滋病、玛尔堡病毒病、伊波拉出血热、川崎病、克麦罗氏脑炎等新的疾患不断出现，人类社会迫切需要寻找新的、特效的药物和保健品来治疗和预防这些疾患。经过长期开发利用，陆生药源中的新药源日渐减少，而海洋中生活着种类繁多的生物，蕴藏着大量的生物活性物质，是研究开发药物和保健品的一个重要来源。

第五节　海藻活性物质的种类

作为海洋中规模最大的生物群，海藻是一类重要的生物质资源。表 1-2 所示为海藻含有的各种功能活性物质的种类及其功效。经过有效提取、分离、纯化后，这些纯天然生物制品在与人体健康密切相关的功能食品、保健品、化妆品、生物医用材料、绿色生态肥料等领域有很高的应用价值。

表 1-2　海藻中功能活性物质的种类及其功效

活性物质种类	功效
γ- 亚麻酸（γ-linolenic acid）	抑制血管凝聚物形成
β- 胡萝卜素（β-carotene）	消除自由基，防肿瘤，清血
类胡萝卜素（carotene）	调节皮肤色素沉积，防皮肤癌变
硒多糖（selenipolyglycan）	抑制癌细胞繁殖，防治癌变
碘多糖（iodopolyglycan）	促进神经末梢细胞增长，增智
锌多糖（zincopolyglycan）	调节血液物质平衡，防皮肤瘤
游离氨基酸（free amino acid）	调节体液 pH 和物质平衡
多不饱和脂肪酸（PUFAs）	调节胆固醇，抗动脉硬化
藻蛋白（PC, PE）	刺激复活免疫系统，抗治动脉粥样硬化
岩藻多糖（fucoidan）	抑制乙肝抗原和转氨酶活性，抗血凝，促进脂蛋白分解
角叉菜多糖（λ-carraginan）	抑制逆转录酶活性，抑制艾滋病病毒（HIV）的复制
超氧化歧化酶（superoxide dismutase）	消除化学物自由基，维持人体物质平衡

续表

活性物质种类	功效
羊栖菜多糖（SFPS）	抑制致癌物，增强免疫力
螺旋藻多糖（spirulinan）	增强免疫力，抗癌变
褐藻多酚（phlorotannin）	抗氧化活性，稳定易氧化药效
磷脂（phospholipids）	抑制血糖，抑制癌细胞生长
红藻硫酸多糖（SAE）	抑制病毒逆转录和 HIV
甜菜碱类似物（belaine analogue）	消解胆固醇，降血压，植物生长调节剂
脱落酸（abscisic acid）	抗盐碱渗透，促进植物生长
萜类化合物（terpnoid）	调节渗透压，促进细胞增殖
细胞激动素（cytokinin）	刺激细胞分裂，促生长
赤霉素（gibberellic acid）	抑制病毒，使植物体抗病害
吲哚乙酸（indoleacetic acid）	抗寒温，促进种子发芽

按照化学结构，海藻活性物质可分为多糖类、多肽类、氨基酸类、脂质类、甾醇类、萜类、苷类、非肽含氮类、酶类、色素类、多酚类等 10 余个大类。下面介绍这几大类海藻活性物质的基本结构和性能。

一、海藻生物活性多糖

海藻生物体中存在着大量多糖类物质，目前已经分离出的多糖被证明具有各种生物活性和药用功能，如抗肿瘤、抗病毒、抗心血管疾病、抗氧化、免疫调节等（刘莺，2006；Potin，1999）。由于从海藻中提取的海藻酸盐、卡拉胶、琼胶等多糖在水中溶解后形成黏稠溶液后具有凝胶功能，海藻源多糖也称海藻胶或海洋亲水胶体。目前有 100 多万吨海藻用于亲水胶体的提取，是一个快速增长的行业。海藻源多糖及其衍生制品具有凝胶、增稠、乳化等优异的理化特性，还有抗氧化、抗病毒、抗肿瘤、抗凝血等生物活性，在功能食品、保健品、生物医用材料、化妆品等行业有重要的应用价值。图 1-5 所示为琼胶、卡拉胶、海藻酸等海藻多糖的化学结构。

二、海藻生物活性肽

生物活性肽是介于氨基酸与蛋白质之间的聚合物，小至由两个氨基酸组成，大至由数百个氨基酸通过肽键连接而成，其生理功能主要有类吗啡样活性、激素和调节激素、改善和提高矿物质运输和吸收、抗细菌和病毒、抗氧化、清除

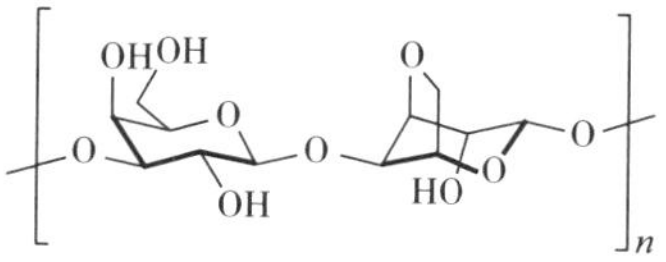

(1)琼胶

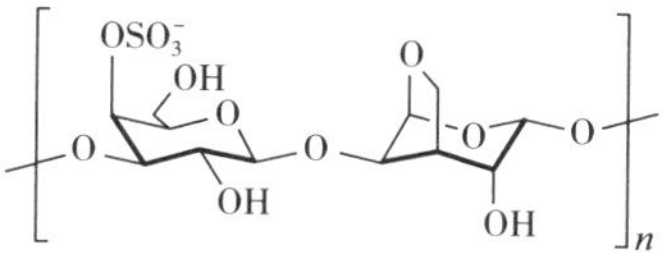

(2)卡拉胶

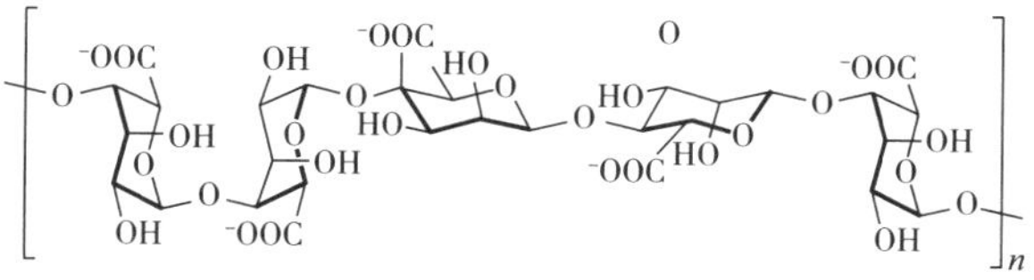

(3)海藻酸

图 1-5 海藻多糖的化学结构

自由基等。海藻生物活性肽的制备方法和途径有两条：一是从海藻生物体中提取其本身固有的各种天然活性肽类物质；二是通过海藻蛋白质水解的途径获得（林英庭，2009）。

三、海藻中的氨基酸

海藻中的氨基酸是其作为天然食品原料、食品添加剂及养殖饵料的基础，在海藻中部分以游离状态存在，大部分结合成海藻蛋白质。海藻的乙醇或水提取液中除了含有肽类和一般性游离氨基酸外，还含有一些具有特殊结构骨架的新型氨基酸和氨基磺酸类物质，它们具有显著的药物活性。根据其结构，这些新的特殊氨基酸可分为酸性、碱性、中性氨基酸和含硫氨基酸，属于非蛋白质氨基酸。相对于 20 种常见氨基酸，非蛋白质氨基酸多以游离或小肽的形式存在于生物体的各种组织或细胞中，多为蛋白质氨基酸的取代衍生物或类似物，如磷酸化、甲基化、糖苷化、羟化等衍生物。在生物体内，非蛋白质氨基酸可参与储能、形成跨膜离子通道和充当神经递质，在抗肿瘤、抗菌、抗结核、降血压、护肝等方面发挥极其重要的作用，还可以作为合成抗生素、激素、色素、生物碱等其他含氮物质的前体（荣辉，2013）。

四、多不饱和脂肪酸

藻类是 ω-3 多不饱和脂肪酸（PUFAs）的主要来源，也是二十碳五烯酸（EPA）

和二十二碳六烯酸（DHA）在植物界的唯一来源（Ackman，1964；Ohr，2005）。PUFAs在细胞中起关键作用，在人体心血管疾病的治疗中也有重要应用价值（Gill，1997；Sayanova，2004），对调节细胞膜的通透性、电子和氧气的转移以及热力适应等细胞和组织的代谢起重要作用，在保健品行业有巨大的应用潜力（Funk，2001）。海藻含有大量多不饱和脂肪酸，其中DHA具有抗衰老、防止大脑衰退、降血脂、抗癌等多种作用，EPA可用于治疗动脉硬化和脑血栓，还有增强免疫力的功能。α- 亚麻酸，即9，12，15- 十八碳三烯酸，也是一种重要的 ω-3 多不饱和脂肪酸，具有显著的药理作用和营养价值，在医学界和营养学界备受关注（刘峰，2007）。

五、甾醇类

甾醇类是巨藻和微藻的重要化学成分，也是水生生物食物中的一个主要营养成分。巨藻是很多水生生物的食物，尤其是鲍鱼等双壳纲动物。孵化厂使用的微藻中甾醇类的数量和质量直接影响双壳纲动物幼虫的植物甾醇和胆固醇组成，并影响它们的成长性能（Delaunay，1993）。

六、萜类

萜类化合物是一类由两个或两个以上异戊二烯单位聚合成的烃类及其含氧衍生物的总称，根据结构单位的不同可分为单萜、倍半萜、二萜以及多萜，广泛存在于植物、微生物以及昆虫中，具有较高的药用价值，已经在天然药物、高级香料、食品添加剂等领域得到广泛应用（徐忠明，2015）。在萜类化合物中，倍半萜的结构多变，已知的有千余种，分别属于近百种碳架。凹顶藻的代谢物富含萜类化合物，被誉为"萜类化合物的加工厂"（苏镜娱，1998）。

七、苷类

苷类物质是一类重要的海洋药物，包括强心苷、皂苷（海参皂苷、刺参苷、海参苷、海星皂苷）、氨基糖苷、糖蛋白（蛤素、海扇糖蛋白、乌鱼墨、海胆蛋白）等，是由糖或糖衍生物的端基碳原子与另一类非糖物质（称为苷元、配基或甙元）连接形成的化合物。皂苷类物质内服后能刺激消化道黏膜，促进呼吸道和消化道黏液腺的分泌，具有祛痰止咳功效。皂苷还有降胆固醇、抗炎、抑菌、免疫调节、兴奋或抑制中枢神经、抑制胃液分泌等作用。卢慧明等（卢慧明，2011）对龙须菜用乙醇浸泡提取后获得了尿苷、腺苷等苷类化合物。

八、非肽含氮类

人体含有的蛋白质以外的含氮物质，主要有尿素、尿酸、肌酸、肌酐、氨、胆红素等，这些物质总称为非肽含氮化合物，而这些化合物中所含的氮则称为非蛋白氮（Non-Protein-Nitrogen，NPN），正常成人血液中的NPN含量为143~250 mmol/L。自然界中的非肽含氮类化合物包括酰胺类、胍类、吡咯类、吡啶类、嘧啶类、吡嗪类、哌啶类、吲哚类、苯并咪唑类、苯并唑啉类、嘌呤类、喹啉类、异喹啉类、蝶呤类、咔啉类、核酸类的多种化合物，例如海葵毒素是一种具有酰胺和聚醚类结构的非肽含氮化合物，是一种剧毒性海洋生物毒素，具有极强的抑瘤活性。

九、酶类

与其他生物体相似，海藻含有多种酶。李宪璀等（李宪璀，2002）的研究显示，海藻中提取的葡萄糖苷酶抑制剂不仅能调节体内糖代谢，还具有抗HIV和抗病毒感染的作用，对治疗糖尿病及其并发症和控制艾滋病的传染等具有重要作用。

十、色素类

海藻含有多种色素类化合物，其中类胡萝卜素是五碳异戊二烯在酶催化下聚合后得到的一种天然色素，是一种含40个碳的高度共轭结构（von Elbe，1996）。作为抗氧化剂和维生素A的前体，类胡萝卜素具有抗肿瘤、抗衰老、抗心血管疾病等特性。虾青素是水生生物中常见的一种红色色素，存在于微藻、海草、虾、龙虾、三文鱼等动植物中，其抗氧化活性是β-胡萝卜素、叶黄素等其他类胡萝卜素的10倍以上（Miki，1991），具有抗肿瘤、提高免疫力、紫外保护等功效（Guerin，2003）。虾青素优良的保健功效和独特的颜色特征使其在保健品、化妆品、功能食品等领域有重要应用价值。图1-6所示为几种色素类物质的化学结构。

十一、多酚类

酚类化合物包含很多种具有多酚结构的物质，根据其含有的酚环的数量以及酚环之间的连接方式，分为酚酸类、单宁酸类、二苯基乙烯类、木酚素类等（Ignat，2011）。褐藻多酚是间苯三酚经过生物聚合后生成的一类多酚类化合物，是一种亲水性很强，分子质量在126u~650ku的生物活性物质，具有很强的抗氧化活性（Li，2011）。

十二、其他

海藻中还存在生物碱、黄酮类等生物活性物质。

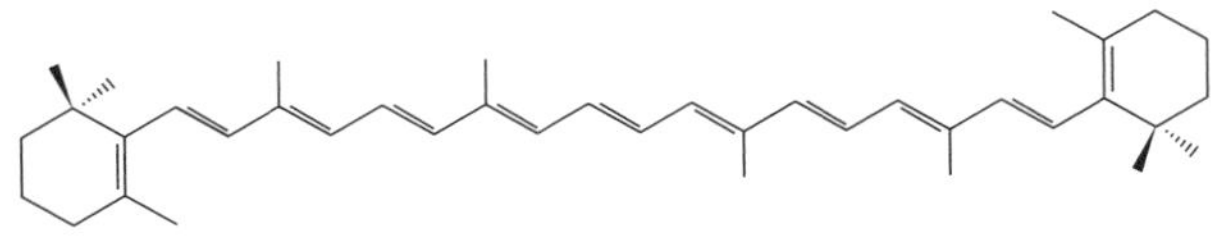

(1)β−胡萝卜素

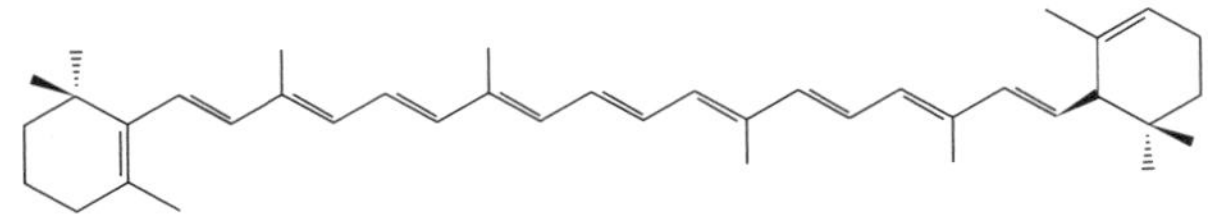

(2)α−胡萝卜素

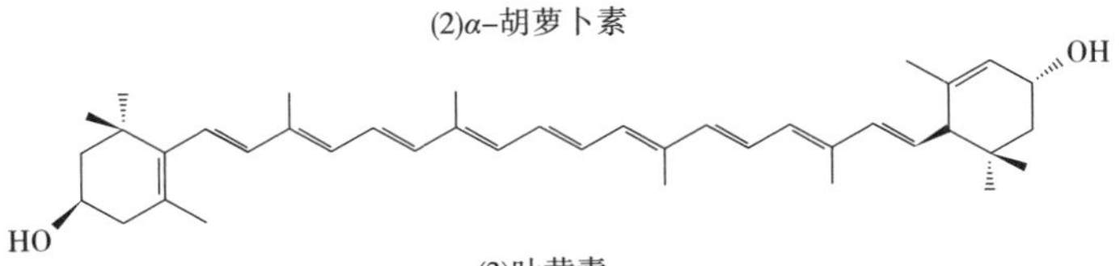

(3)叶黄素

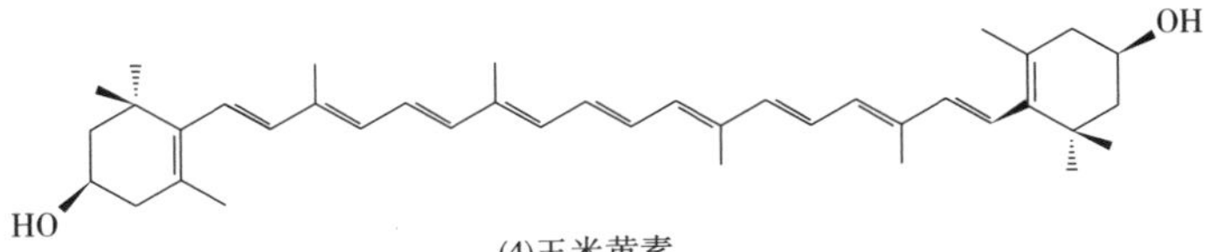

(4)玉米黄素

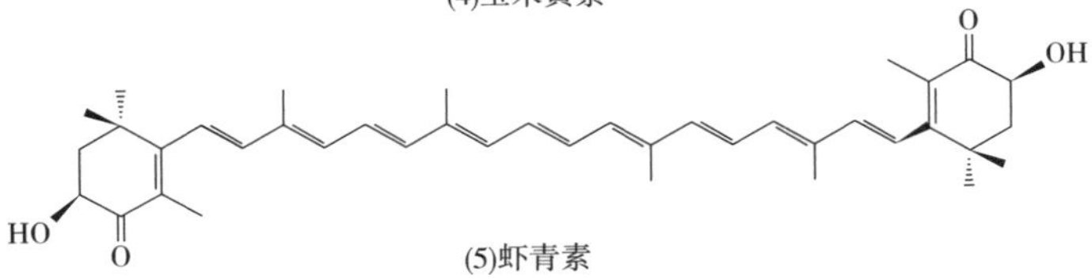

(5)虾青素

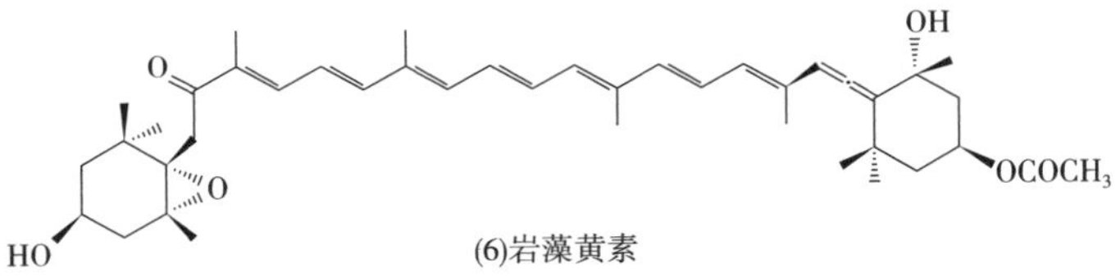

(6)岩藻黄素

图 1-6　几种色素类物质的化学结构

第六节　海藻源多糖

　　多糖是海藻植物细胞壁的主要成分。表 1-3 所示为绿藻、红藻、褐藻细胞中存在的多糖的种类。

表 1-3　绿藻、红藻、褐藻细胞中的多糖组分（Khan，2009）

海藻	绿藻	红藻	褐藻
多糖组分	直链淀粉、支链淀粉、纤维素、复杂的半纤维素、葡甘露聚糖、甘露聚糖、菊粉、褐藻淀粉、果胶、硫酸黏液、木聚糖	卡拉胶、琼胶、纤维素、复杂的黏液、帚叉藻聚糖、糖原、甘露聚糖、木聚糖、紫菜胶	海藻酸盐、纤维素、岩藻多糖、褐藻淀粉、复杂硫酸酯化聚糖、含岩藻糖的聚糖、类地衣淀粉葡聚糖

从褐藻、红藻中提取海藻酸盐、卡拉胶、琼胶等海藻胶是整个海藻加工业的代表性产品。美、英、法、挪威等国家早在 100 年以前就工业化生产海藻胶并开发了下游应用。我国的海藻胶产业仅有 40 多年的历史，但发展迅猛，目前产量和规模已进入海藻工业大国之列。表 1-4 总结了 1999 年和 2009 年世界海藻胶的产量（Bixler，2011）。

表 1-4　1999 年和 2009 年世界海藻胶产量（Bixler，2011）

海藻胶种类	销售量 /t	
	1999	2009
琼胶	7500	9600
海藻酸盐	23000	26500
卡拉胶	42000	50000
总数	72500	86100

海藻胶具有许多良好的特性，被广泛应用于食品、药品、化工、纺织印染等多个领域。在传统应用领域之外，新的应用领域及使用方法的研究开发方兴未艾，对其衍生物在药品支撑剂、改良剂、增效剂、生物医用材料、美容化妆品等方面的研究是当今的热点领域。

第七节　褐藻多糖

褐藻含有褐藻胶、纤维素、岩藻多糖、褐藻淀粉、复杂硫酸酯化葡聚糖、含岩藻糖的聚糖、类地衣淀粉葡聚糖等多糖类物质。褐藻胶也称海藻酸，是一种阴离子酸性多糖，是褐藻细胞壁的主要组成物质，目前主要从海带、巨藻、马尾藻等褐藻中提取。海藻酸是由 β-（1，4）-D-甘露糖醛酸（M）及其 C_5 差向异构体 α-（1，4）-L-古洛糖醛酸（G）两种糖醛酸单体聚合而成，是一种纯天然的高分子羧酸。作为食品配料，海藻酸及其盐具有独特的增稠性、稳定性、乳化性、悬浮性、成膜性以及能形成凝胶的能力，在食品工业中有独特的应用价值。

海藻酸可以通过化学、物理、生物等改性技术的应用制备如图 1-7 所示的一系列衍生制品，其中海藻酸丙二醇酯（Propylene Glycol Alginate，PGA）是海藻酸与环氧丙烷反应后得到的一种非离子型衍生物。由于海藻酸中的羧酸基被丙二醇酯化，PGA 溶解于水中形成的黏稠胶体抗盐性强，对钙、钠等金属离子很稳定，即使在浓电解质溶液中也不盐析。由于分子结构中含有丙二醇酯基，PGA 的亲油性大、乳化稳定性好，能有效应用于乳酸饮料、果汁饮料等低 pH 的食品和饮料中。

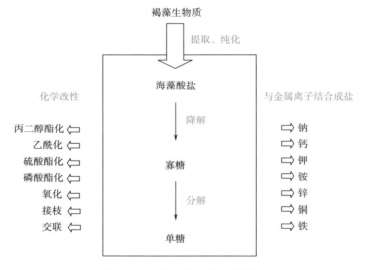

图 1-7　海藻酸盐及其衍生制品

寡糖（Oligosaccharide）是由 3~10 个单糖分子通过糖苷键连接成的化合物，广泛存在于生命体内，主要以糖蛋白、糖脂、糖肽等糖缀合物形式参与生命活动。通过化学、物理、酶降解技术，海藻酸盐降解后形成的寡糖具有一系列独特的生物活性，在功能食品和保健品领域有很高的应用价值。

除了海藻酸盐，从褐藻中提取的岩藻多糖具有很高的生物活性，近年来得到广泛关注。岩藻多糖又称褐藻多糖硫酸酯、褐藻糖胶、岩藻聚糖硫酸酯、岩藻聚糖等，是一种褐藻特有的纯天然、阴离子型、硫酸酯化多糖，目前主要从海带、海蕴、泡叶藻、裙带菜、羊栖菜、马尾藻、绳藻等褐藻中提取。岩藻多糖是由高度支链化的 α-L- 岩藻糖 -4- 硫酸酯形成的聚合物，其分子结构中伴有半乳糖、甘露糖、糖醛酸、木糖、氨基己糖等成分，组成和结构十分复杂，且在不同褐藻中的分子结构种类及含量差异很大。岩藻多糖具有抗炎症、抗氧化、抗凝血、抗血栓形成等多种药理功能，基于其优良的生物活性，近年来在医药、保健品、化妆品、医用卫生材料等领域已经进行了大量的研究开发。

图 1-8 所示为褐藻多糖的分类。

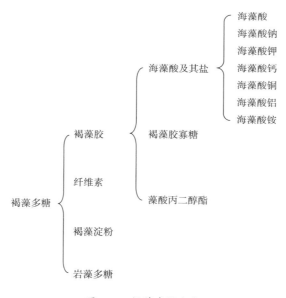

图 1-8　褐藻多糖分类

第八节　小结

海藻是重要的海洋生物资源，具有非常重要的经济价值和生态价值。以海藻多糖为代表的海藻生物制品具有独特的结构、性能和生物活性，广泛应用于功能食品、医药、保健品、生物材料等健康产品领域，具有重要的经济和社会价值。

参考文献

[1] Ackman R G. Origin of marine fatty acids. Analysis of the fatty acids produced by the diatom Skeletonema costatum [J] . J. Fish. Res. Bd. Can., 1964, 21: 747-756.

[2] Bixler H J, Porse H. A decade of change in the seaweed hydrocolloids industry [J] . J. Appl. Phycol., 2011, 23: 321-335.

[3] Delaunay F. The effect of mono specific algal diets on growth and fatty acid composition of Pectenmaximus (L.) larvae [J] . J. Exp. Mar. Biol. Ecol., 1993, 173: 163-179.

[4] Funk C D. Prostaglandins and leukotrienes: advances in eicosanoids biology [J] . Science, 2001, 294: 1871-1875.

[5] Gill I, Valivety R. Polyunsaturated fatty acids: Part 1. Occurrence, biological activities and application [J] . Trends Biotechnol., 1997, 15: 401-409.

[6] Guerin M. Haematococcus astaxanthin: applications for human health and nutrition [J] . Trends Biotechnol., 2003, 21: 210-216.

[7] Ignat I, Volf I, Popa V I. A critical review of methods for characterization of polyphenolic compounds in fruits and vegetables [J] . Food Chem., 2011, 126: 1821-1835.

[8] Khan W, Rayirath U P, Subramanian S, et al. Seaweed extracts as biostimulants of plant growth and development [J] . J. Plant Growth Regul., 2009, 28: 386-399.

[9] Kim S K (Ed). Handbook of Marine Biotechnology [M] . New York: Springer, 2015.

[10] Li Y X, Wijesekara I, Li Y, et al. Phlorotannins as bioactive agents from brown algae [J] . Process Biochem., 2011, 46 (12): 2219-2224.

[11] Miki W. Biological functions and activities of animal carotenoids [J] . Pure. Appl. Chem., 1991, 63: 141-146.

[12] Ohr L M. Riding the nutraceuticals wave [J] . Food Technol., 2005, 59: 95-96.

[13] Potin P. Oligosaccharide recognition signals and defence reactions in marine plant-microbe interactions [J] . Curr. Opin. Microbiol., 1999, 2: 276-283.

[14] Qin Y. Bioactive seaweeds for food applications [M] . San Diego: Academic Press, 2018: 26.

[15] Rasmussen R S, Morrissey M T. Marine biotechnology for production of food ingredients [J] . Adv. Food. Nutr Res., 2007, 52: 237-292.

[16] Sayanova O V, Napier J A. Eicosapentaenoic acid: biosynthetic routs and the potential for synthesis in transgenic plants [J] . Phytochemistry, 2004, 65:

147-158.

[17] Tseng C K. Algal biotechnology industries and research activities in China [J]. J. Appl. Phycol.，2001，13：375-380.

[18] von Elbe J H，Schwartz S J. Colorants. In Food Chemistry [M]. Fennema O R，ed. New York：Marcel Dekker. 1996：651-722.

[19] 董彩娥. 海藻研究和成果应用综述 [J]. 安徽农业科学，2015，43（14）：l-4.

[20] 纪明侯，张燕霞. 我国经济褐藻的化学成分研究 [J]. 海洋与湖沼，1962，5（1）：l-10.

[21] 赵素芬. 海藻与海藻栽培学 [M]. 北京：国防工业出版社，2012.

[22] 丁兰平，黄冰心，谢艳齐. 中国大型海藻的研究现状及其存在问题 [J]. 生物多样性，2011，19（6）：798-804.

[23] 曾呈奎，张峻甫. 中国沿海藻区系的初步分析研究 [J]. 海洋与湖沼，1963，5（3）：245-261.

[24] 李岩，付秀梅. 中国大型海藻资源生态价值分析与评估 [J]. 中国渔业经济，2015，33（2）：57-62.

[25] 秦松，林瀚智，姜鹏. 专家论藻类学的新前沿 [J]. 生物学杂志，2010，27（1）：64-67.

[26] 郭莹莹，尚德荣，赵艳芳，等. 青岛海藻产业发展的现状及思路 [J]. 中国渔业经济，2011，29（5）：80-85.

[27] 张国防，秦益民，姜进举. 海藻的故事 [M]. 北京：知识出版社，2016.

[28] 张明辉. 海洋生物活性物质的研究进展 [J]. 水产科技情报，2007，34（5）：201-205.

[29] 康伟. 海洋生物活性物质发展研究 [J]. 亚太传统医药，2014，10（3）：47-48.

[30] 史大永，李敬，郭书举，等. 5种南海海藻醇提取物活性初步研究 [J]. 海洋科学，2009，33（12）：40-43.

[31] 刘莺，刘新，牛筛龙. 海洋生物活性多糖的研究进展 [J]. Herald of Medicine，2006，25（10）：1044-1046.

[32] 林英庭，朱风华，徐坤，等. 青岛海域浒苔营养成分分析与评价 [J]. 饲料工业，2009，30（3）：46-49.

[33] 荣辉，林祥志. 海藻非蛋白质氨基酸的研究进展 [J]. 氨基酸和生物资源，2013，35（3）：52-57.

[34] 刘峰，王正武，王仲妮. α-亚麻酸的分离技术及功能 [J]. 食品与药品，2007，9（8A）：60-63.

[35] 徐忠明. 羊栖菜中萜类成分的提取与纯化方法研究 [D]. 浙江工商大学学位论文，2015.

[36] 苏镜娱，曾陇梅，彭唐生，等. 南中国海海洋萜类的研究 [C]. 1998-中国第五届海洋湖沼药物学术开发研讨会，1-4.

［37］卢慧明，谢海辉，杨宇峰，等.大型海藻龙须菜的化学成分研究［J］.热带亚热带植物学报，2011，19（2）：166-170.

［38］李宪璀，范晓，韩丽君，等.海藻提取物中α-葡萄糖苷酶抑制剂的初步筛选［J］.中国海洋药物，2002，86（2）：8-11.

第二章　褐藻胶的来源、结构和性能

第一节　引言

　　褐藻胶是从海洋褐藻植物中提取出的一类亲水性胶体的总称，包括海藻酸以及海藻酸与钠、钾、钙等金属离子结合后形成的各种海藻酸盐和海藻酸的各种化学和物理改性产物。

　　如图 2-1 所示，褐藻类海藻植物细胞壁由纤维素的微纤丝形成网状结构，内含海藻酸、果胶、木糖、甘露糖、地衣酸等丰富的多糖，为细胞提供保护作用。

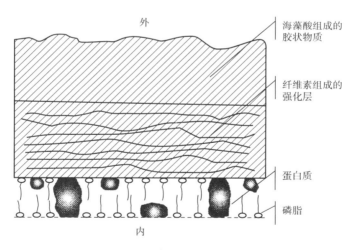

图 2-1　褐藻植物细胞壁的结构

　　图 2-2 所示为褐藻的显微结构。在藻体细胞壁中，海藻酸主要以海藻酸钙、镁、钾等海藻酸盐的形式存在，其中藻体表层主要以钙盐形式存在，而在藻体内部肉质部分主要以钾、钠、镁盐等形式存在。海藻酸在褐藻植物中的含量很高，一些褐藻中海藻酸占干重的比例可以达到 40%，但是其含量随褐藻的种类呈季

节性变化，一年中 4 月份的含量最高（Jensen，1956；纪明侯，1997）。以海带为例，我国以青岛和大连产海带的海藻酸含量最高。

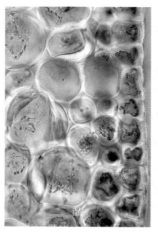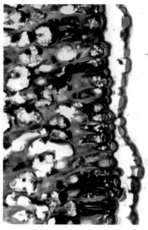

图 2-2　褐藻的显微结构

自 1929 年开始商业化生产海藻酸以来，野生褐藻的收获及提取海藻酸的工艺和技术都已经成熟。以巨藻为例，当生长在岩层上的巨藻成熟后，海面上飘浮着一层厚密的褐藻。收割时先把表面稠密层割去，让阳光透过海水照到还没有成熟的褐藻上，有助于它们的生长。褐藻的收割实际上是整快修剪苗床，所用刀片在水面下三尺左右的地方割，割下的褐藻通过传送带自动传送到驳船的船舱（McDowell，1960；McDowell，1977）。表 2-1 所示为 1999 年和 2009 年用于提取海藻酸盐的褐藻的收获量。

表 2-1　1999 年和 2009 年用于提取海藻酸盐的褐藻的收获量（Bixler，2011）

褐藻种类	收获的国家	提取的海藻酸盐 G/M 范围	1999 年收获量（干重）/t	2009 年收获量（干重）/t
Laminaria spp.	法国、爱尔兰、英国、挪威	中 / 高 G	5000	30500
Lessonia spp.	智利、秘鲁	中 / 高 G	7000	27000
Laminaria spp.	中国、日本	中 G	13000	20000
Macrocystis	美国、墨西哥、智利	低 G	35000	5000
Durvillaea	澳大利亚	低 G	4500	4500

褐藻种类	收获的国家	提取的海藻酸盐 G/M 范围	1999 年收获量（干重）/t	2009 年收获量（干重）/t
Flavicans	智利、秘鲁	高 G	3000	4000
Ecklonia	南非	中 G	3000	2000
Ascophyllum	法国、冰岛、爱尔兰、英国	低 G	13500	2000
总量			84000	95000

注：G 和 M 分别表示古洛糖醛酸和甘露糖醛酸，见本章第三节。

　　野生褐藻的资源有限，随着功能食品及其他应用行业对褐藻胶需求量的不断扩大，人工养殖褐藻成为海藻酸加工行业的主要原料来源。图 2-3 所示为人工养殖海带及其收获场景。

(1)

(2)

图 2-3　海带的人工养殖

第二节　海藻酸的提取方法

海藻酸是英国化学家 Stanford（图 2-4）在 1881 年首先发现的（Stanford，1881；Stanford，1883）。经过 100 多年的发展演变，海藻加工行业开发出了很多种从褐藻植物中提取海藻酸的方法，其中典型的提取方法有 3 种，即酸凝 - 酸化法、钙凝 - 酸化法、钙凝 - 离子交换法（Hernandez-Carmona，1999；Hernandez-Carmona，1999；McHugh，2001；Hernandez-Carmona，2002）。　下面简单介绍这 3 种提取方法的工艺流程。

图 2-4　发现海藻酸的苏格兰化学家 E.C.C.Stanford

一、酸凝-酸化法

酸凝 - 酸化法的提取过程包括：①浸泡：加 10 倍于褐藻重量的水，常温下浸泡 4h。浸泡结束后取出褐藻，用水洗涤至洗涤液为无色；②消化：将切碎的褐藻在一定温度下加入一定浓度、一定体积的碳酸钠溶液进行消化，使褐藻中不溶于水的海藻酸盐转化成水溶性的海藻酸钠后溶解进入提取液；③过滤：消化后的褐藻变成黏稠的糊状，需要加入一定体积的水将糊状流体稀释后再过滤；④酸凝：过滤后的料液加水稀释后缓慢加入稀盐酸至开始有絮状沉淀，调节 pH 为 1~2，海藻酸凝聚成酸凝块；⑤中和：常温下边搅拌边加入一定浓度的碳酸钠溶液溶解酸凝块，直至 pH 为 7.5 时中和完成；⑥析出海藻酸钠：中和后的溶液中加入一定量浓度为 95% 的乙醇，析出白色沉淀状的海藻酸钠。

二、钙凝-酸化法

钙凝 - 酸化法的提取过程包括浸泡、切碎、消化、稀释、过滤、洗涤、钙析、盐酸脱钙、碱溶、乙醇沉淀、过滤、烘干、粉碎、成品等工序。该提取方法的其他步骤与酸凝 - 酸化法相同，只有以下 2 步不同：①钙析：将滤液用盐酸调节至 pH 为 6~7 后加入一定量浓度为 100g/L 的氯化钙溶液进行钙析；②盐酸脱钙：将钙凝得到的海藻酸钙经水洗除去残留的无机盐后，用一定体积浓度为 100g/L 左右的盐酸酸化 30min，使其转化为海藻酸凝块后去清液，留下酸凝块。在此工艺中，钙析的速度比较快，沉淀颗粒也比较大。但在脱钙过程中，由于盐酸洗脱过程的产物海藻酸不稳定、易降解，产品收率和黏度都不是很高。

三、钙凝-离子交换法

钙凝 - 离子交换法的提取过程包括浸泡、切碎、消化、稀释、过滤、洗涤、钙析、离子交换脱钙、乙醇沉淀、过滤、烘干、粉碎、成品等工序。该提取方法的其他步骤与钙凝 - 酸化法相同，只是采用离子交换脱钙，即将钙析后的产品过滤后加入一定量浓度为 150g/L 的氯化钠溶液脱钙，反应方程式如下：

$$Ca（Alg）_2 + 2NaCl = 2NaAlg + CaCl_2$$

该方法利用离子交换生成海藻酸钠，产品收率较高，可以达到 42.6%。海藻酸钠黏度可以达到 2840mPa·s，远高于目前国际上工业产品的黏度（150~1000mPa·s），而且产品均匀性好，储存过程中黏度稳定。

四、其他方法

除了以上传统的加碱提取方法，电解法和电渗析法也以所得产品的良好品质在工业生产中占有一席之地。但由于电解法和电渗析法的高耗能及设备复杂，而传统加碱法设备简单、操作方便、耗能低，使其仍有很大的实用价值（高晓玲，1999；王孝华，2007；赵淑璋，1989；张善明，2002；王孝华，2005；侯振建，1997）。目前国内外工业制造海藻酸钠的常用方法是用碳酸钠处理褐藻后消化细胞壁，使海藻酸钠析出进入水溶液，然后进行分离纯化。

图 2-5 所示为一个典型的以褐藻为原料提取海藻酸钠的工艺流程图。总的来说，工业上从褐藻植物中提取海藻酸钠的过程包括 17 道工序，具体为浸泡切碎、水洗、消化、稀释、粗滤、发泡、漂浮、精滤、钙化、脱钙、压榨、中和、捏合、造粒、烘干、粉碎与混配、包装。

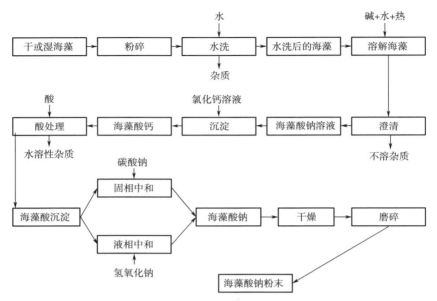

图 2-5　以褐藻为原料提取海藻酸钠的工艺流程图

第三节　海藻酸的化学结构

英国化学家 E.C.C.Stanford 在 1881 年 1 月 12 日公布的一项英国专利中首先介绍了从褐藻类海藻植物狭叶海带（*Laminaria stenophylla*）中提取出的一种胶状物质。他把用稀碱溶液提取出的物质命名为"Algin"，加酸生成的凝胶为"Alginic acid"，即海藻酸。其后他做了化学分析，因产品不纯，错误地认为这种物质是一种含氮化合物。

1896 年，Krefting 从挪威产的褐藻中提取出了与 Stanford 在 1881 年得到的胶状物质相似的物质，经过化学分析证明是一种不含氮的化合物（Krefting，1896）。之后，许多学者从碱滴定中和量、元素分析、酸分解后的二氧化碳生成量和生成的戊糖脎、生成的辛可宁盐衍生物的融点、旋光值等数据，分析了海藻酸的化学组成。1926 年，Atsuki 和 Tomoda（Atsuki，1926）以及 Schmidt 和 Vocke（Schmidt，1926）在各自的研究中发现海藻酸含有糖醛酸，并在海藻酸的水解产物中发现了 D- 甘露糖醛酸。1939 年，Hirst 等（Hirst，1939）确立了海藻酸的糖醛酸之间的键为与纤维素中类似的 *β*-（1，4）键。

1955 年，Fischer 和 Dorfel（Fischer，1955）把海藻酸进行水解后将水解产

物进行纸上层析，发现海藻酸中有 2 种同分异构体。除了已经熟悉的甘露糖醛酸（Mannuronic acid，M），他们发现海藻酸中还存在着古洛糖醛酸（Guluronic acid，G），而且古洛糖醛酸的含量相当高。分析过程中 Fischer 和 Dorfel 将海藻酸用 95% 硫酸在 3℃下水解 14h 后用冰水稀释至 0.25mol/L 硫酸，放入沸水浴中水解 6h，冷却后以碳酸钙中和，通过阳离子交换树脂、减压浓缩使流出液浓缩至糖浆，然后用吡啶 - 乙酸乙酯 - 醋酸 - 水（5：5：1：3）混合溶液进行纸上层析，确定水解产物中有 D- 甘露糖醛酸和 L- 古洛糖醛酸两个斑点。图 2-6 所示为海藻酸中甘露糖醛酸和古洛糖醛酸二种单体的化学结构。

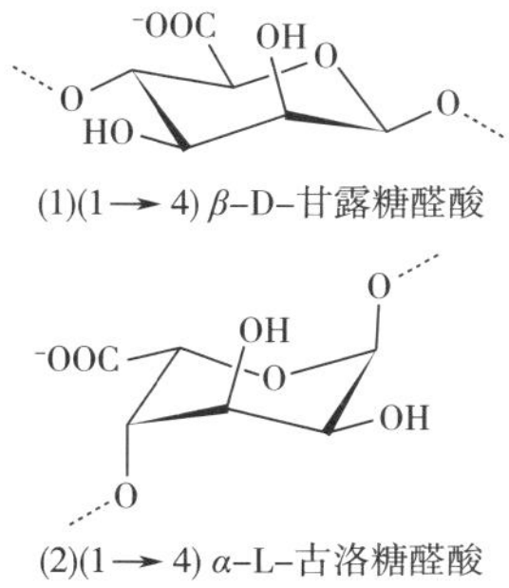

(1)(1 → 4) β-D-甘露糖醛酸

(2)(1 → 4) α-L-古洛糖醛酸

图 2-6　β-D- 甘露糖醛酸和 α-L- 古洛糖醛酸的分子结构

作为海洋生物，褐藻的生物结构与其生存的环境密切相关，其生物结构中的化学组成也随生存环境的变化有很大的变化。海藻酸中的 α-L- 古洛糖醛酸和 β-D- 甘露糖醛酸含量是褐藻类植物调节其自身结构的一个重要参数。当褐藻长大老化时，其所含的海藻酸中的 α-L- 古洛糖醛酸含量增大，褐藻结构变硬。平静的海水中生长的褐藻结构刚硬，所含的海藻酸中 α-L- 古洛糖醛酸含量大。海浪大的海水中生长的褐藻结构柔软，其所含的海藻酸中的 β-D- 甘露糖醛酸含量大。

第四节　海藻酸的高分子结构

海藻酸是一种由 α-L- 古洛糖醛酸（G）和 β-D- 甘露糖醛酸（M）2 种单体组成的共聚高分子化合物。作为共聚物，G 和 M 单体在海藻酸大分子中可以有 4 种排列方式，即：①无规共聚物：2 种单体结构单元的排列次序无规律性；②交替共聚物：2 种单体结构单元交替排列；③嵌段共聚物：2 种结构单元各自排列成段又相互连接；④支链型接枝共聚物：在一种聚合物链上接另一聚合物链为支链，主链和支链可以是均聚物，也可以是共聚物。

褐藻中提取出的海藻酸均为直链高分子，即 G 和 M 单体以直链连接后形成海藻酸的大分子结构，其中 G 和 M 单体以 3 种方式组合，即 GG、MM 和 G/M。

把海藻酸用酸进行部分水解后可以分离出 3 种低分子量链段，即完全由 G 单体组成的 GG 链段、完全由 M 单体组成的 MM 链段和由 M/G 单体交替组成的混合链段。图 2-7 所示为 GG、MM 和 MG/GM 链段的立体结构。

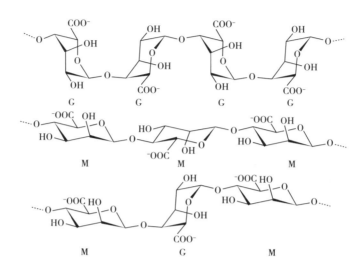

图 2-7　GG、MM 和 MG/GM 链段的立体结构

GG、MM 和 MG/GM 链段由于其单体的立体结构不同而有很不相同的立体结构。古洛糖醛酸和甘露糖醛酸的差别在于分子结构中 C5 位上—OH 位置的不同，成环后的构象尤其是进一步聚合成高分子链后的空间结构有很大差别。当相邻的两个 G 单体以 1α-4α 两个直立键相键合，整个链结构如"脊柱"状，而当相邻的两个 M 单体间以 1e-4e 两个平状键相键合，整个链结构如"带"状。作为一种高分子材料，海藻酸的性能受 G 和 M 单体含量的影响，GG、MM 和 MG/GM 链段的含量对其性能也有很大的影响。表 2-2 所示为商业用褐藻中提取的海藻酸中 G、M、GG、MM 和 MG/GM 的含量（Moe，1995；Onsoyen，1992；Haug，1974；Haug，1962；Haug，1967；Haug，1967）。

表 2-2　商业用褐藻中提取出的海藻酸的 G、M、GG、MM 和 MG/GM 的含量

褐藻种类	F_G	F_M	F_{GG}	F_{MM}	$F_{MG,GM}$
海带（*Laminaria japonica*）	35%	65%	18%	48%	17%
掌状海带（*Laminaria digitata*）	41%	59%	25%	43%	16%

褐藻种类	F_G	F_M	F_{GG}	F_{MM}	$F_{MG, GM}$
极北海带的叶子（*Laminaria hyperborea*, blade）	55%	45%	38%	28%	17%
极北海带的菌柄（*Laminaria hyperborea*, stipe）	68%	32%	56%	20%	12%
极北海带的皮层（*Laminaria hyperborea*, outer cortex）	75%	25%	66%	16%	9%
巨藻（*Macrocystis pyrifera*）	39%	61%	16%	38%	23%
泡叶藻的新生组织（*Ascophyllum nodosum*, fruiting body）	10%	90%	4%	84%	6%
泡叶藻的枯老组织（*Ascophyllum nodosum*, old tissue）	36%	64%	16%	44%	20%
巨藻 LN（*Lessonia nigrescens*）	38%	62%	19%	43%	19%
极大昆布（*Ecklonia maxima*）	45%	55%	22%	32%	32%
南极海茸（*Durvillea antarctica*）	29%	71%	15%	57%	14%

褐藻中提取的海藻酸是由不同比例的 G 和 M 单体组成的高分子共聚物，完全由 M 单体组成的海藻酸均聚物可以从细菌中提取。与此同时，通过酶转换反应 M 单体可以被转换成 G 单体，为海藻酸的改性提供一个有效途径。

作为一种天然高分子材料，海藻酸的分子量取决于多种因素，如褐藻的种类、提取工艺、后处理条件等。工业上通常把海藻酸分为低、中和高黏度品种，其分子量和聚合度分布如表 2-3 所示。

表 2-3　商业用海藻酸的分子量和聚合度

品种	分子质量 / u	聚合度
低黏度	12000~80000	60~400
中黏度	80000~120000	400~600
高黏度	120000~190000	600~1000

数据来源：Kelco 公司海藻酸简介（第四版）。

与其他高分子材料相似，海藻酸的分子量可以通过不同的测试方法测定，其中最常用的方法建立在内在黏性和光散射的测定。海藻酸的分子量可用重均分子量（M_w）或数均分子量（M_n）表示，二者的比例 M_w/M_n 为海藻酸高分子的多分散性指数，其变化范围在 1.4~6.0。

第五节　海藻酸的胶体结构

海藻酸盐的水溶液遇到二价金属离子后可以迅速发生离子交换，生成具有热不可逆性的凝胶后把大量水分锁定在凝胶结构中。这种形成胶体的性能是海藻酸盐的一个主要特性，利用其凝胶特性，海藻酸及其盐可用于制作各种仿生食品、医用材料、面膜、废水处理剂、保鲜膜等下游产品。

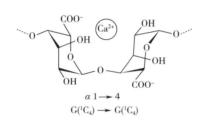

图 2-8　钙离子与古洛糖醛酸中的羧基
形成盐键的立体结构

工业上制备凝胶时常用的原料是海藻酸的钠盐，而交联剂则为钙离子。海藻酸钠水溶液的交联和凝胶化主要通过古洛糖醛酸中的钠离子与二价阳离子交换后实现。如图 2-8 所示，二价钙离子与二个海藻酸单体中的羧基结合后形成分子间交联结构。在与古洛糖醛酸结合时，钙离子被包围在 2 个 G 单体之间形成的空穴结构中，形成稳定的盐键。由于甘露糖醛酸的结构呈扁平状，其与钙离子形成的盐键不稳定，因此 M 含量高的海藻酸的成胶能力比 G 含量高的海藻酸差。

G 和 M 二种单体与钙离子的结合力有很大的区别，形成的胶体性质也有很大不同。高 G 型海藻酸盐生成的凝胶硬度大但易碎，高 M 型海藻酸盐生成的凝胶则相反，柔韧性好但硬度小。通过调整 2 种单体的比例可以生产出不同强度的凝胶。

当含有大量 G 和 M 单体的海藻酸大分子与钙离子接触后，钙离子与两条海藻酸钠分子链相连。通过盐键的形成，钙离子把溶液中的海藻酸分子聚集在一起形成凝胶状结构。GG 链段为钙离子提供了良好的空间结构，形成稳定的盐键。二个相邻 GG 链段之间的钙离子如包装在"盒子"里的"鸡蛋"，形成如图 2-9 所示的"鸡蛋盒"结构（Grant，1973）。

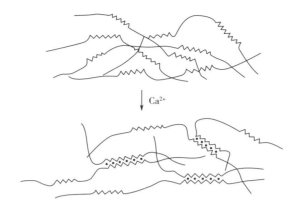

图 2-9　海藻酸与钙离子结合形成的"鸡蛋盒"结构

海藻酸可以与大部分二价或多价金属离子结合后形成胶体。工业上一般采用钙离子作为交联剂，其主要原因是海藻酸钙凝胶有较好的稳定性，并且对人体没有任何毒性。

第六节　海藻酸的结构表征

一、G/M含量的定量分析方法

海藻酸的理化性能受其分子结构的影响，与古洛糖醛酸和甘露糖醛酸含量密切相关。G/M单体之间的比例是海藻酸的一个重要性能指标，可通过化学法、气相色谱法、核磁共振等方法测定（Grasdalen，1970；Grasdalen，1981；Grasdalen，1983；郑瑞津，2003；纪明侯，1981）。

（1）化学法　首先对样品进行水解。精确称取 50mg 海藻酸钠，置于 15mL 玻璃试管中，在冰水浴中加入 0.5mL 浓度为 80% 的硫酸，室温水解 18h 后在冰水浴中加入 6.5mL 蒸馏水，封管后沸水中加热水解 5h，冷却后将水解液转移至小烧杯中，加稍过量的碳酸钙中和，抽滤、洗涤后将水解液通过阳离子交换树脂除去溶液中的钙离子，洗脱液浓缩后冷冻干燥、低温保存，待用。在分离糖醛酸时，将阴离子树脂以浓度为 2mol/L 的醋酸溶液淋洗转换为乙酸型，在水解后的样品中滴加 0.1mol/L 的氢氧化钠溶液调节 pH=8，静置 0.5h 使样品中的内酯全部转化为糖醛酸盐。水解液上柱后用 1L 0.5mol/L 的醋酸溶液以 0.3mL/min 的流速洗脱，收集洗脱液，用苯酚 - 硫酸法显色，于 485nm 测吸光度，以洗脱液管数对吸光度值作图，可以得到古洛糖醛酸和甘露糖醛酸的不同峰值。

（2）气相色谱法　称取水解后的冻干粉末 4mg 溶于 1mL 水中，加入 78μL 浓度为 0.5mol/L 的碳酸钠溶液，30℃下保持 45min 后加入 4% 的 $NaBH_4$ 溶液 0.5mL，室温放置 1.5h。滴加 25% 的醋酸溶液除去多余的硼氢化钠后，溶液通过阳离子交换柱，得到的洗脱液在 45℃真空蒸干。加甲醇蒸干，除去硼酸盐。85℃真空加热 2h 使糖醛酸转变为内酯后残渣溶于 1mL 吡啶中，加入 1mL 正丙胺，55℃加热 30min。溶液冷却再加热至 55℃，用氮气吹干。残渣分别加入 0.5mL 吡啶和乙酸酐，95℃加热 1h 后制得糖醛酸的衍生物。对衍生物进行气相色谱分析，可以得到古洛糖醛酸和甘露糖醛酸的不同峰值。

（3）核磁共振法　Grasdalen 等（Grasdalen，1981）用核磁共振法（NMR）分析了海藻酸的化学结构。与其他方法相比，NMR 可以很方便地测定海藻酸中的 G、M、GG、MM、GM 等单体的含量。

二、X射线衍射分析

通过对海藻酸样品的 X 射线衍射分析，Atkins 等（Atkins，1973a；Atkins，1973b）发现 $β$-D- 甘露糖醛酸和 $α$-L- 古洛糖醛酸的轴向长度分别为 10.35Å 和 8.72Å，二者在长度上的差别反应出其立体结构的不同。MM 链段呈现一种扁平的立体结构，其链结构比较舒展，而 GG 链段呈现一种脊柱状结构，其轴向长度比 MM 链段短。

三、红外光谱

图 2-10 所示为含有不同 $α$-L- 古洛糖醛酸（G）和 $β$-D- 甘露糖醛酸（M）的两种海藻酸样品的红外光谱图。

四、特性黏度和分子量测定

与其他高分子材料相同，海藻酸的分子量可以通过其稀溶液的黏度测定。由于海藻酸分子中带负电的羧酸基团的静电排斥作用，海藻酸分子在水溶液中呈现刚性直链结构。从溶液的黏度测定可以看出，链的刚性为 MG<MM<GG。

黏度法测定分子量的基本公式为 Mark-Houwink-Sakurada 公式，即：

$$[η] = kMa$$

式中：$[η]$——特性黏度

M——黏均分子量

a——黏度系数

k——黏度常数

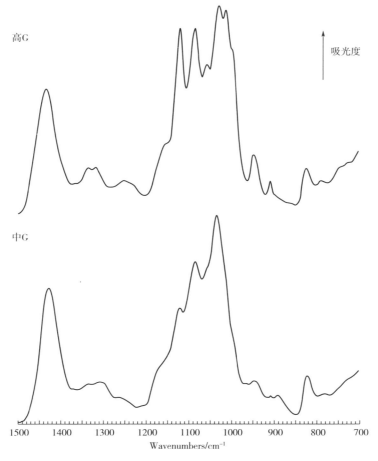

高G

吸光度

中G

1500 1400 1300 1200 1100 1000 900 800 700
Wavenumbers/cm⁻¹

图 2-10 高 G 和中 G 海藻酸样品在指纹区的红外光谱图

在对海藻酸溶液的黏度研究中发现，k 和 a 系数均反映出其刚性链段性质，其中 a 系数为 0.73~1.31。G/M 链段含量高时系数相对低，而 GG 链段含量高时系数增大。

在测试黏均分子量时，首先将精制过的海藻酸钠样品放在五氧化二磷干燥器中干燥 4d 至恒重。准确称量，用 0.1mol/L 浓度的氯化钠作溶剂配制成溶液，分子量低于 20000u 的样品配制 1% 溶液，20000~40000u 的配制 0.5% 溶液，40000u 以上的用 0.25% 溶液为测定起始浓度。溶液通过玻璃漏斗过滤后用 Ubbelohde 黏度计在 25℃下测定溶液的相对黏度（η_r），然后用 η_{sp}/C 作图，求得特性黏度 [η]，引用 Donnan 经验公式，聚合度（DP）=58 [η]，计算出平均聚合度，再由分子量（MW）=216xDP 计算出黏均分子量（216 为海藻酸单糖的分子量加上一个结晶水的分子量）（梁振江，1999）。

第七节 海藻酸的理化性能和生物活性

海藻酸是一种高分子羧酸，可与金属离子结合后形成各种海藻酸盐。除了海藻酸，工业上有实用价值的海藻酸衍生物为水溶性的海藻酸盐，包括海藻酸钠、海藻酸钾、海藻酸铵、海藻酸铵 - 钙混合盐，以及海藻酸丙二醇酯等。

一、海藻酸盐的物理性质

工业上，海藻酸的主要应用是作为一种水溶性高分子材料。因此，工业用的海藻酸产品主要为水溶性的海藻酸钠、海藻酸铵，以及经过化学改性后得到的海藻酸丙二醇酯。表 2-4 及表 2-5 分别显示几种主要的海藻酸产品的物理性质及溶解在蒸馏水中的性能。

表 2-4 几种主要的海藻酸产品的物理性质

性能指标	海藻酸	海藻酸钠	海藻酸铵	海藻酸丙二醇酯
含水量 /%	7	13	13	13
灰分 /%	2	23	2	10
颜色	白色	象牙色	褐色	奶油色
密度 /（g/cm^3）	—	1.59	1.73	1.46
松密度 /（kg/m^3）	—	54.62	56.62	33.71
变暗温度 /℃	160	150	140	155
炭化温度 /℃	250	340	200	220
灰化温度 /℃	450	480	320	400

表 2-5 几种主要的海藻酸产品溶解在蒸馏水中的性能（固体含量 1%）

性能指标	海藻酸	海藻酸钠	海藻酸铵	海藻酸丙二醇酯
溶解热 /（cal/g）	0.090	0.080	0.045	0.090
20℃折光率	—	1.3343	1.3347	1.3343
pH	2.9	7.5	5.5	4.3
表面张力 /（dyn/cm）	53	62	62	58
冰点降低 /℃	0.010	0.035	0.060	0.030

注：1cal=4.1868J，1dyn/cm=1mN/m。

二、海藻酸盐的稳定性

海藻酸盐在室温下干燥储藏时有较好的稳定性。表 2-6 所示为几种主要的海藻酸产品的粉末在室温下存储一年后黏度的变化情况。从表中的结果可以看出：①高黏度的海藻酸盐比低黏度的海藻酸盐的黏度下降更快；②海藻酸铵比海藻酸钠、海藻酸钾、海藻酸丙二醇酯更不稳定。

表 2-6　几种主要的海藻酸产品室温存储一年后黏度的变化情况

产品	1% 溶液的黏度 /（mPa·s）	
	开始储存时	一年后
海藻酸铵	1400	650
海藻酸钾	300	275
海藻酸丙二醇酯	150	107
海藻酸丙二醇酯	420	253
海藻酸钠	37	35
海藻酸钠	260	210
海藻酸钠	580	460
海藻酸钠	1200	590

数据来源：青岛明月海藻集团有限公司技术中心。

表 2-7 所示为不同黏度的海藻酸钠粉末在不同的温度下存储一年后黏度的变化情况。从表中的结果可以看出，低黏度的海藻酸钠的黏度基本上没有变化，表明它有很好的稳定性。中黏度的产品在 0℃下存储时黏度基本不变，但是当温度升高到 35℃时黏度有很大的下降。高黏度的海藻酸钠在不同的温度下存储都有较大的黏度下降，温度越高，其稳定性越差。

表 2-7　不同黏度的海藻酸钠粉末在不同温度下存储一年后黏度的变化

黏度等级	起始黏度 /（mPa·s）（1% 溶液）	储藏温度 /℃	1 年后黏度 /（mPa·s）（1% 溶液）
		0	40
低黏度	42	25	39
		35	34

黏度等级	起始黏度/（mPa·s）（1% 溶液）	储藏温度/℃	1 年后黏度/（mPa·s）（1% 溶液）
中黏度	470	0	450
		25	410
		35	240
高黏度	1300	0	1200
		25	580
		35	260

数据来源：青岛明月海藻集团有限公司技术中心。

作为亲水性多糖类物质，粉末状的海藻酸盐能从大气中吸收水分，其平衡状态的含水量与相对温湿度有关，储藏时应该放置在干燥阴凉的地方（马成浩，2004）。

三、藻酸盐溶液的流变性能

海藻酸微溶于水，不溶于大部分有机溶剂。工业上最常用的海藻酸产品为海藻酸的钠盐。作为一种亲水性胶体，海藻酸钠易溶于水，溶解后形成粘稠的溶液。利用其增稠稳定性能，海藻酸钠广泛应用在食品和饮料增稠剂、稳定剂、印花色浆、油田助剂等领域（郑洪河，1997；骆强，1992）。

海藻酸钠粉末遇水后变湿，由于微粒的水合作用使其表面具有黏性，然后微粒迅速粘合在一起形成团块。在剪切作用下，团块完全水化并最后溶解。如果水中含有其他与海藻酸钠竞争水合的化合物，则海藻酸钠难溶解于水中。糖、淀粉、蛋白质等物质可以降低海藻酸钠的水合速率，延长溶解时间。单价阳离子的盐（如氯化钠）在浓度高于 0.5% 时也会有类似的作用。

海藻酸钠水溶液是一种典型的高分子电解质溶液，浓度较小时电离度大，大分子链上电荷密度增大，链段间的斥力增加。在溶液中加入电解质使电离度下降，斥力减小，引起分子链卷曲，黏度也有所下降。

海藻酸钠水溶液的流变性受多种因素的影响，其中物理因素包括温度、切变速度、聚合物颗粒大小、浓度以及与蒸馏水互溶溶剂的存在；化学因素包括溶液的 pH、多价螯合物、一价盐、多价阳离子和季铵盐化合物的存在。作为一种高分子材料，海藻酸钠的分子量对其溶液的流变性也有很大影响。

（1）分子量对溶液黏度的影响　分子量对高分子溶液的黏度有重要影响，分子量越大，则高分子链与溶剂间的接触表面也越大，表现出的特性黏度也大。对于高分子的浓溶液，随着分子量增加，分子间的缠结密度增加，溶液黏度也随之增加。

图 2-11 所示为青岛明月海藻集团有限公司生产的 4 种不同分子量的海藻酸钠在不同浓度下的流变性能，可以看出海藻酸钠分子量对溶液黏度有很大影响。在相同的浓度下，随着分子量增加溶液黏度成倍增加。工业上使用海藻酸钠作为增稠剂时，使用高分子量海藻酸钠可以在低浓度下达到很好的增稠效果，从而节省原料用量。

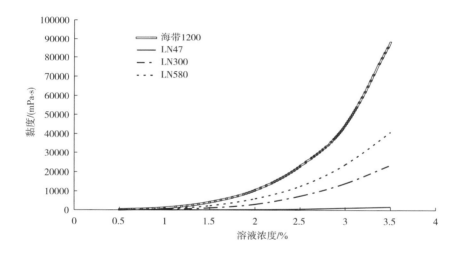

图 2-11　不同分子量的海藻酸钠在不同浓度下的流变性能

（2）溶液浓度对黏度的影响　海藻酸钠水溶液的黏度与溶液浓度成指数关系。浓度很低时，水溶液中的海藻酸钠分子可以充分舒展，溶液黏度与分子本身的分子量及刚性有关。浓度增大时，大分子之间开始缠结，加剧了黏度的增加。海藻酸钠水溶液的黏度与浓度的依赖性关系与聚合物溶液临界交叠浓度的理论是一致的，如果把黏度与浓度的对数，$\lg\eta$ 和 $\lg C$ 的对应关系在坐标轴上表示，则在浓度达到一定值时二者开始遵从线性关系，这时的浓度为聚合物开始相互穿插交叠的浓度，即临界浓度 C^*。低于临界浓度 C^* 时，海藻酸钠分子在溶液中是分离的，表现出低黏度；高于临界浓度 C^* 时，海藻酸钠大分子互相穿插，分子间范德华力以及氢键作用等导致海藻酸钠溶液黏度急剧增大，继续增大溶液浓度最终形成网络结构的凝胶。由于海藻酸钠分子链有很高的电荷密度，在水中高度伸展，海藻酸钠水溶液的临界浓度 C^* 非常小，低于 2g/100mL。

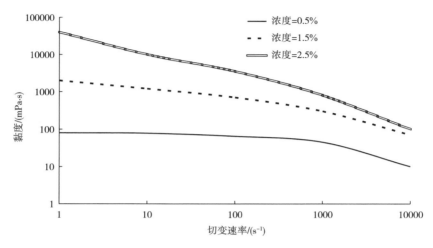

图 2-12　不同浓度海藻酸钠水溶液的流变性能

图 2-12 所示为不同浓度的海藻酸钠水溶液的流变性能。可以看出，浓度为 0.5% 的海藻酸钠水溶液的流变性能接近牛顿型流体。溶液浓度升高后，海藻酸钠水溶液表现出明显的非牛顿型流体特征，溶液黏度随切变速率的增加有很大的下降。

（3）温度对溶液黏度的影响　溶液温度对高分子溶液的黏度有很大影响。温度升高时，分子间的缠结密度下降，使黏度下降。对于海藻酸钠水溶液，温度每升高 5.5℃，黏度下降约 12%。如果温度不是长时期持续下去，这种黏度的下降是可逆的。

图 2-13 所示为温度对海藻酸钠水溶液黏度的影响。可以看出，加热海藻酸钠水溶液后导致热解聚，使溶液黏度下降。随着温度的升高，海藻酸钠水溶液的黏度有很大下降，海藻酸钠的分子量越大，黏度随温度的下降越大。

（4）切变速率对溶液黏度的影响　海藻酸钠水溶液的流变性质很大程度上依赖于溶液中海藻酸钠的浓度。高浓度的海藻酸钠水溶液在切变速率为 10~10000s^{-1} 的大范围内显假塑性，而浓度为 0.5% 的海藻酸钠稀溶液在低切变速率（1~100s^{-1}）时显牛顿流变性，只是在高切变速率（1000~10000s^{-1}）时显假塑性。

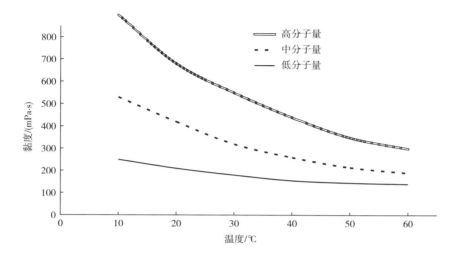

图 2-13　温度对海藻酸钠水溶液黏度的影响

（5）外加盐对海藻酸钠水溶液黏度的影响　由于分子结构中含有羧基，海藻酸钠是一种高分子电解质。高分子电解质在没有外加盐或外加盐浓度很小时，其分子链固定的反离子量很小，由于相同电荷间的排斥作用，分子链在溶液中呈高度的线性伸展状态。盐浓度较高时，分子链在溶液中表现为中性高分子在溶剂中的行为，可自由扭曲并相互交错，导致黏度的减小。

在海藻酸钠水溶液中加入氯化钠后，溶液黏度随氯化钠浓度的增加不断降低，产生这种现象的原因归之于聚合物分子链伸展情形的改变。在外加盐的影响下，高分子链从舒展状态趋向卷曲，减少了分子间的缠结，从而使黏度下降。

（6）pH 对海藻酸钠水溶液的影响　海藻酸钠水溶液在 pH 为 5.0~11.0 是稳定的。由于海藻酸本身是不溶于水的，而海藻酸钠是水溶性的，过高的酸性导致溶液中海藻酸钠转换成海藻酸后析出。实际应用中，含有微量钙的海藻酸钠直到 pH 达到 3.0~4.0 黏度不增加。如果钙离子完全被多价螯合剂螯合，低分子量的海藻酸钠在 pH 低至 3.0 时还是稳定的。

（7）溶剂对海藻酸钠水溶液的影响　在海藻酸钠水溶液中添加非水溶剂，或增加能与水相混溶的溶剂的量（如酒精、乙二醇、丙酮等），会提高溶液的黏度，并最终导致海藻酸钠沉淀。表 2-8 所示为浓度为 1% 的海藻酸钠水溶液中可以含有的最高有机溶剂量。

表 2-8　浓度为 1% 的海藻酸钠水溶液中可以含有的最高有机溶剂量

有机溶剂	最高量	有机溶剂	最高量
甲醇	20%	丙醇	10%
乙醇	20%	甘油	70%
异丙醇	10%	乙二醇	70%
丁醇	10%	丙二醇	40%

数据来源：Kelco 公司海藻酸简介（第四版）。

四、海藻酸钠与其他高分子材料的混溶性

海藻酸钠水溶液可与多种物质混溶，包括增稠剂、合成树脂、胶乳、糖、油、脂肪、蜡、颜料、各种表面活性剂和碱金属溶液。不混溶性一般是由于海藻酸盐和二价阳离子（镁除外）或重金属离子、季铵盐正离子发生反应的结果，或者是由于存在引起碱降解和酸沉淀的化学药品。

第八节　海藻酸盐的成胶性能

水溶性的海藻酸钠在和多价阳离子（镁离子除外）反应后在大分子间形成离子交联键。当多价阳离子的含量增加时，海藻酸钠水溶液变得越来越黏稠，最后形成冻胶并产生沉淀物。海藻酸盐凝胶可以通过把海藻酸钠水溶液与 Ca^{2+}、Sr^{2+} 或 Ba^{2+} 等多价阳离子的水溶液接触后制备。单价阳离子和 Mg^{2+} 不能使海藻酸钠水溶液形成凝胶，Ba^{2+}、Sr^{2+} 形成的凝胶比 Ca^{2+} 形成的凝胶更强。其他多价阳离子，如 Pb^{2+}、Cu^{2+}、Cd^{2+}、Co^{2+}、Ni^{2+}、Zn^{2+}、Mn^{2+} 等也可以与海藻酸钠反应后形成凝胶，但因具有毒性其应用受限。

水溶性的海藻酸钠在和钙离子接触后很快形成凝胶，在功能食品领域有重要的应用价值。当海藻酸钠高分子在钙离子作用下交联而失去流动性后，溶液中水分子的流动受到抑制，形成含水量极高的冻胶。与卡拉胶、琼胶、明胶等其他食品胶不同的是，海藻酸盐形成的凝胶不是热可逆的，具有很好的稳定性。

镁离子以外的二价或多价金属离子都可以和海藻酸钠水溶液反应后形成凝胶。钙离子是最常用的胶凝剂，其与海藻酸钠的反应速度很快，生产过程中钙离子加入到海藻酸钠水溶液中的方法对最后得到的凝胶的性质有很大影响。

如果钙离子加入得太快，形成的是小片状、间断的凝胶结构。钙离子加入的速度可以通过缓慢溶解的钙盐或者由加入焦磷酸四钠盐或六偏磷酸钠等多价螯合剂来控制。

工业上可以通过以下 4 个方法制备海藻酸盐凝胶。

（1）渗析/扩散法（dialysis/diffusion） 这是一个最常使用的方法。使用这个方法时，海藻酸钠的水溶液在与外来的钙离子接触后形成凝胶。这样形成的凝胶一般是不均匀的，因为与钙离子接触早的一部分海藻酸钠在成胶后凝固缩水，比后面形成的凝胶的固含量高。钙离子的浓度越低、海藻酸钠的分子量越小、浓度越高、G 的含量越高，这种不均匀性就越强。由于成胶速度受钙离子扩散速度的限制，这个方法的应用性很有限，只能应用于制备较薄的片状材料。

（2）原位法（in situ gelation） 这个方法一般采用溶解度比较低的钙盐或者是跟其他材料配位的钙离子。在与海藻酸钠充分混合后，加入具有缓释作用的弱酸使钙离子在酸的作用下释放出来后与海藻酸结合形成凝胶。这样形成的凝胶很均匀，并且也可以制备未被充分交联的凝胶，即海藻酸钙钠混合凝胶。

（3）冷却法（gel setting by cooling） 高温下溶液中的钙离子不能与海藻酸结合，把钙离子与海藻酸钠在高温下混合，冷却后可以得到海藻酸盐凝胶。

（4）交联法（cross-linking） 这个方法采用环氧氯丙烷（Epicholorohydrin，ECH）与海藻酸分子结构中的羟基的反应实现交联，海藻酸钠在交联后失去溶解性能而形成凝胶。这样形成的凝胶结构稳定、含水量高，可以吸收干重 50~200 倍的水分。

第九节　海藻酸与各种金属离子的结合力

海藻酸可以与不同的金属离子反应后形成凝胶，其中凝胶的性能与海藻酸和金属离子之间的结合力密切相关。Haug 等（Haug, 1967）最早研究了海藻酸钠对不同二价金属离子的亲和力。这种亲和力的强弱体现在海藻酸钠和二价金属离子之间的离子交换系数，其定义为：

$K=\{$［凝胶中的金属离子］［溶液中的钠离子］$^2\}/\{$［凝胶中的钠离子］^{2}［溶

液中的金属离子〕}

在对不同的金属离子作了详细研究后，Smidsrod 和 Haug（Smidsrod，1972）发现海藻酸对金属离子的亲和力的次序为：

$$Pb^{2+}>Cu^{2+}>Cd^{2+}>Ba^{2+}>Sr^{2+}>Ca^{2+}>Co^{2+}=Ni^{2+}=Zn^{2+}>Mn^{2+}$$

在对铜、钡、钙、钴离子的研究中发现，它们对海藻酸钠的离子交换系数受海藻酸中的 M/G 含量的影响。表 2-9 所示为铜、钡、钙、钴离子和两种不同的海藻酸钠的离子交换系数。

表 2-9　铜、钡、钙、钴离子与两种海藻酸钠的离子交换系数

金属离子	海藻酸的来源及海藻酸的 M/G	
	L.digitata M/G=1.60	*L.hyperborea* M/G=0.45
Cu^{2+}-Na^+	230	340
Ba^{2+}-Na^+	21	52
Ca^{2+}-Na^+	7.5	20
Co^{2+}-Na^+	3.5	4

从表 2-9 可以看出，海藻酸对不同金属离子的结合力有很大区别。当海藻酸的 M/G 为 1.60 时，铜离子与钠离子的交换系数为 230，而钴离子的仅为 3.5。尽管表中的 4 种金属离子都可以在与海藻酸钠发生离子交换后形成凝胶，其成胶性能除了金属离子也受海藻酸中 M/G 的影响。高 G 海藻酸的离子交换系数一般比高 M 海藻酸高。对于钡离子，当海藻酸的 M/G 为 0.45 时，钡和钠的离子交换系数为 52，而当 M/G 为 1.60 时，离子交换系数仅为 21。

世界各地的海藻种类很多，从不同海藻中提取出的海藻酸在 G、M、GG、MM、GM 含量上有很大区别，对各种金属离子的结合力也有很大变化。Smidsrod 和 Haug（Smidsrod，1972）研究了从不同海藻中提取出的海藻酸对钙离子和钠离子的结合力。从表 2-10 所示为结果中可以看出，高 G 和高 M 海藻酸钠对钙离子的结合有很大区别。M/G 为 1.70 的高 M 海藻酸钠的离子交换系数为 7.0，而 M/G 为 0.45 的高 G 海藻酸钠的离子交换系数高达 20.0。

表 2-10　钙离子和不同来源的海藻酸钠的离子交换系数

海藻的种类	M/G	离子交换系数（K）
A. nodosum	1.70	7.0
L. digitata	1.60	7.5
L. hyperborean	0.60	20.0
L. hyperborea stipes	0.45	20.0

第十节　海藻酸盐的生物活性

作为一种天然高分子，海藻酸具有良好的生物相容性。在食品和医药卫生领域，海藻酸具有良好的使用安全性。早在 20 世纪 70 年代，美国食品药品监督管理局（FDA）就已经授予海藻酸钠"公认安全物质"称号（Phillips，1986；Glicksman，1969；Clare，1993）。海藻酸钠在 1938 年被收入美国药典，1963年被收入英国药典。联合国世界卫生组织（WHO）以及食品和农业组织（FAO）食品添加剂联合专家委员会也发布了有关海藻酸钠的规定，按体重每天可以摄取的海藻酸钠为 50mg/（kg·d），藻酸丙二醇酯为 25mg/（kg·d）。药动学实验表明，小鼠腹腔注射海藻酸钠的半数致死量为（1013±308）mg/kg。

由于海藻酸及其盐的凝胶对细胞无毒、无刺激，因此适用于药物传输，是一种优良的固定化载体材料。同时，海藻酸具有很多优良的生物活性（谢平，1997），具体如下所述。

（1）抗高脂血　食品中的海藻酸盐进入胃后，在胃酸的作用下转化成海藻酸并形成凝胶，使胆固醇固定化后无法被吸收。进入肠道后，海藻酸在中性环境下转化成海藻酸钠并溶解。黏附在肠壁上阻碍胆汁酸的再吸收，使消化道内胆汁酸数量减少。这时，人体会自动合成新的胆汁酸来补充，而合成胆汁酸的原料正是肝脏内的胆固醇。也就是说，为了合成胆汁酸，肝脏内的胆固醇将大量消耗，而血液中的胆固醇含量也随之降低。通过阻碍胆固醇吸收和促进肝脏内胆固醇的消耗，海藻酸起到良好的降血脂作用，可作为降胆固醇、降血脂的药物。

（2）降血糖作用　在研究海藻酸对糖尿病的预防和治疗中发现，海藻酸胶可能对胰岛细胞损伤有保护作用。糖尿病小鼠注射实验表明海藻酸胶对缓解糖尿病小鼠症状、减少饮水量具有一定作用，患病小鼠糖耐量明显改善。

（3）抗凝血作用　海藻酸在体内和体外均具有明显的抗凝血和促纤溶的药理学活性，其作用机理类似肝素，即抑制凝血酶原的激活。海藻酸适用于血黏度高的病人，可作为预防血栓形成的药物或保健品，静脉注射的效果明显高于腹腔注射。

（4）止血作用　在皮肤划伤等出血性外伤修复上，血液与带负电的海藻酸胶接触时可以启动凝血系统，达到止血效果。同时，血液中的钙离子、纤维蛋白等与海藻酸胶能交织成网，包罗红细胞、白细胞、血小板和血浆构成血凝块，起到良好的止血效果。

（5）放射防护作用　在小鼠体内注射海藻酸后能明显提高放射性 χ 射线 C900 拉德照射小鼠存活率，并延长存活时间，显著保护照射动物的造血器官。海藻酸对预防放疗所致造血器官损伤、刺激造血功能恢复、增强癌症患者的免疫功能有积极作用。

（6）低分子量海藻酸钙是补钙食品的新型钙源，易于吸收。

（7）低分子量海藻酸锌可健脑益智、预防中老年痴呆症。

（8）低分子量海藻酸铁可补铁、补血。

（9）低分子量海藻酸镁可预防及治疗冠心病。

（10）海藻酸盐是一种可食而又不被人体消化的大分子多糖，在胃肠道里有吸水性、吸附性、阳离子交换、凝胶过滤等作用。进入消化系统后，海藻酸盐能增加饱腹感、加快肠胃蠕动、通过抑制淀粉酶活性降低食物能量吸收，起到减肥作用。海藻酸盐的亲水和凝胶特性能预防便秘。

第十一节　小结

海藻酸是由 α-L- 古洛糖醛酸和 β-D- 甘露糖醛酸组成的天然高分子材料。作为一种高分子羧酸，海藻酸可以与各种金属离子结合成盐，形成水溶性的海藻酸钠、海藻酸钾、海藻酸铵以及不溶于水的海藻酸钙等各种海藻酸盐。在食品行业，水溶性的海藻酸钠与钙离子结合后形成凝胶的特性被广泛应用于凝胶食品的制备。海藻酸盐的增稠、乳化、成膜等特性在功能食品制备过程中也有独特的应用价值，使其成为食品行业一种重要的功能性配料。

参考文献

[1] Atkins E D T, Nieduszynski I A, Mackie W, et al. Structural components of alginic acid. 1. Crystalline structure of poly-β-D-mannuronic acid. Results of x-ray diffraction and polarized infrared studies [J]. Biopolymers, 1973a, 12: 1865-1878.

[2] Atkins E D T, Nieduszynski I A, Mackie W, et al. Structural components of alginic acid. 2. Crystalline structure of poly-α-L-guluronic acid. Results of x-ray diffraction and polarized infrared studies [J]. Biopolymers, 1973b, 12: 1879-1887.

[3] Atsuki K, Tomoda Y. Studies on seaweeds of Japan I. The chemical constituents of Laminaria [J]. J Soc. Chem. Ind. Japan., 1926, 29: 509-517.

[4] Bixler H J, Porse H. A decade of change in the seaweed hydrocolloids industry [J]. J. Appl. Phycol., 2011, 23: 321-335.

[5] Clare K. Industrial Gums, 3rd Edition [M]. New York: Academic Press, 1993.

[6] Fischer F G, Dorfel H. Die Polyuronsauren der Braunalgen [J]. Z. Physiol. Chem., 1955, 302: 186-203.

[7] Glicksman M. Gum Technology in the Food Industry [M]. New York: Academic Press, 1969.

[8] Grant G T, Morris E R, Rees D A, Smith P J C and Thom D. Biological interactions between polysaccharides and divalent cations: the egg-box model [J]. FEBS Lett., 1973, 32: 195-198.

[9] Grasdalen H, Larsen B, Smidsrod O. A.P.M.R. study of the composition and sequence of uronate residues in alginates [J]. Carbohydr. Res., 1970, 68: 23-31.

[10] Grasdalen H, Larsen B, Smidsrod O. 13C-NMR studies of monomeric composition and sequence in alginate [J]. Carbohydr. Res., 1981, 89: 179-191.

[11] Grasdalen H. High field 1H-nmr spectroscopy of alginate: Sequential structure and linkage conformations [J]. Carbohydr. Res., 1983, 118: 255-260.

[12] Haug A, Larsen B, Smidsrod O. Uronic acid sequence in alginate from different sources [J]. Carbohydr. Res., 1974, 32: 217-225.

[13] Haug A, Larsen B. Quantitative determination of the uronic acid composition of alginates [J]. Acta. Chem. Scand., 1962, 16: 1908-1918.

[14] Haug A, Larsen B, Smidsrod O. Studies on the sequence of uronic acid residues in alginic acid [J]. Acta. Chem. Scand., 1967, 21: 691-704.

[15] Haug A, Myklestad S, Larsen B, et al. Correlation between chemical structure and physical properties of alginates [J]. Acta. Chem. Scand., 1967, 21: 768-778.

[16] Hernandez-Carmona G, McHugh D J, Arvizu-Higuera1 D L, et al. Pilot plant scale extraction of alginate from Macrocystis pyrifera. 1. Effect of pre-extraction treatments on yield and quality of alginate[J]. Journal of Applied, Phycology, 1999, 10: 507-513.

[17] Hernandez-Carmona G, McHugh D J, Lopez-Gutierrez F. Pilot plant scale extraction of alginates from Macrocystis pyrifera. 2. Studies on extraction conditions and methods of separating the alkaline-insoluble residue[J]. Journal of Applied Phycology, 1999, 11: 493-502.

[18] Hernandez-Carmona G, McHugh D J, Arvizu-Higuera1 D L, et al. Pilot plant scale extraction of alginates from Macrocystis pyrifera 4. Conversion of alginic acid to sodium alginate, drying and milling[J]. Journal of Applied Phycology, 2002, 14: 445-451.

[19] Hirst E L, Jones J K N, Jones W O. The structure of alginic acid, Part I[J]. J. Chem. Soc., 1939: 1880-1885.

[20] Jensen A, Haug A. Geographical and seasonal variation in the chemical composition of Laminaria hyperborea and Laminaria digitata from the Norwegian coast[J]. Norwegian Inst. Seaweed. Res. Rep., 1956.

[21] Krefting A. An improved method of treating seaweed to obtain valuable product there from[P]. British Patent, 11, 538, 1896.

[22] McDowell R H. Applications of alginates[J]. Rev. Pure. Appl. Chem., 1960, 10: 1-19.

[23] McDowell R H. Properties of Alginates[M]. London: Alginate Industries Ltd, 1977.

[24] McHugh D J, Hernandez-Carmona G, Arvizu-Higuera D L, et al. Pilot plant scale extraction of alginates from Macrocystis pyrifera 3. Precipitation, bleaching and conversion of calcium alginate to alginic acid[J]. Journal of Applied Phycology, 2001, 13: 471-479.

[25] Moe S, Draget K, Skjak-Braek G, et al. Alginates. In Stephen A M (Ed): Food Polysaccharides and Their Applications[M]. New York: Marcel Dekker, 1995: 245-286.

[26] Onsoyen E. Alginate. In Imeson A (Ed): Thickening and Gelling Agents for Food[M]. Glasgow: Blackie Academic and Professional, 1992.

[27] Phillips G O, Wedlock D J, Williams P A. Gums and Stabilizers for the Food Industry[M]. London: Elsevier, 1986.

[28] Schmidt E, Vocke F. Zur Kenntnis der Poly-glykuronsauren[J]. Chem. Ber., 1926, 59: 1585-1588.

[29] Smidsrod O, Haug A. Dependence upon the gel-sol state of the ion-exchange properties of alginates[J]. Acta. Chem. Scand., 1972, 26: 2063-2074.

[30] Stanford E C C. Improvements in the manufacture of useful products from

海洋功能性食品配料：褐藻多糖的功能和应用

seaweeds［P］. British Patent 142，1881.

［31］Stanford E C C. New substance obtained from some of the commoner species of marine algae，Algin［J］. Chem News，1883，47：254-257.

［32］纪明侯.海藻化学［M］.北京：科学出版社，1997.

［33］高晓玲，廖映.从海藻中提取海藻酸钠条件的研究［J］.四川教育学院学报，1999，15（7）：104–105.

［34］王孝华.海藻酸钠的提取及应用［J］.重庆工学院学报（自然科学版），2007，21（5）：124-128.

［35］赵淑璋.海藻酸钠的制备及应用［J］.武汉化工，1989，（1）：11-14.

［36］张善明，刘强，张善垒.从海带中提取高黏度海藻酸钠［J］.食品加工，2002，23（3）：86-87.

［37］王孝华，聂明，王虹.海藻酸钠提取的新研究［J］.食品工业科技，2005，26（11）：146-148.

［38］侯振建，刘婉乔.从马尾藻中提取高黏度海藻酸钠［J］.食品科学，1997，18（9）：47-48.

［39］郑瑞津，吕志华，于广利，等.褐藻胶M/G比值测定方法的比较［J］.中国海洋药物，2003，96（6）：35-37.

［40］纪明侯，曹文达，韩丽君.褐藻酸中糖醛酸组分的测定［J］.海洋与湖沼，1981，12（3）：240-248.

［41］梁振江，奚于卿，王红心.影响褐藻酸钠黏度因素的研究［J］.海南师范学院学报，1999，12（1）：57-61.

［42］马成浩.热和紫外光对海藻酸钠的降解影响［J］.食品信息与技术，2004，（7）：90-92.

［43］郑洪河，张虎成，夏志清，等.海藻酸钠溶液的黏度性质与流变学特征［J］.河南师范大学学报，1997，25（2）：51-55.

［44］骆强，孙玉山，李振华，等.海藻酸钠原液流变性能的研究［J］.纺织科学研究，1992，（4）：10-13.

［45］谢平.海藻酸及其盐的食用和药用价值［J］.开封医专学报，1997，16（4）：28-31.

第三章 褐藻胶寡糖的制备、性能和应用

第一节 引言

褐藻胶寡糖（Alginate oligosaccharides），即海藻酸盐寡糖，也称褐藻寡糖，是褐藻中提取出的大分子海藻酸盐降解后得到的一种小分子低聚糖，由 α-L- 古洛糖醛酸（G）和 β-D- 甘露糖醛酸（M）两种单体通过 α-1，4 糖苷键链接聚合而成，其中的聚合方式有 3 种，即 MM、GG 和 G/M（秦益民，2008）。

寡糖一般是指聚合度为 2~10 的低聚糖，但在海藻酸盐研究领域，单糖、寡糖及多糖之间并没有很严格的界限，有时也将 M 或 G 的单体归类为寡糖。与大分子海藻酸盐相比，褐藻胶寡糖的分子量低、易溶于水，具有很多独特的理化性能和生物活性，如抗肿瘤、抗氧化、抑菌、抗炎、免疫调节等，在食品、保健品、化妆品、生物医药、农林牧渔等领域越来越受到青睐，具有广阔的开发前景和巨大的应用价值（张真庆，2003）。

第二节 褐藻胶寡糖的制备

近年来，随着对海藻酸盐研究的不断深入，其降解工艺的研究也随之展开，已经开发出化学降解法、物理降解法、生物酶解法等制备褐藻胶寡糖的生产方法（邰宏博，2015）。

一、化学降解法

化学降解主要包括酸降解和氧化降解两种方法，其中酸降解是生产褐藻胶寡糖的传统方法，因其工艺成熟，应用较为普遍。

酸降解工艺使用的酸包括盐酸、硫酸、草酸等（邰宏博，2015），其生产原理是在酸性环境中，海藻酸盐多糖分子中的糖苷键在 H^+ 催化下发生断裂，将

大分子裂解成许多聚合度不等的小分子片段，从而获得不同组成、不同分子量的褐藻胶寡糖。降解过程中可通过控制酸的浓度、反应温度、反应时间等参数，实现对海藻酸盐不同程度的降解（胡婷，2014）。

在酸性介质中，海藻酸分子链上糖苷键的分解包括以下几个步骤：①糖苷键上的氧原子被氢离子质子化，形成共轭酸；②共轭酸的异裂；③海藻酸分子链的断裂，得到还原性端基（Timell，1964）。图 3-1 所示为海藻酸在酸性条件下水解的示意图。

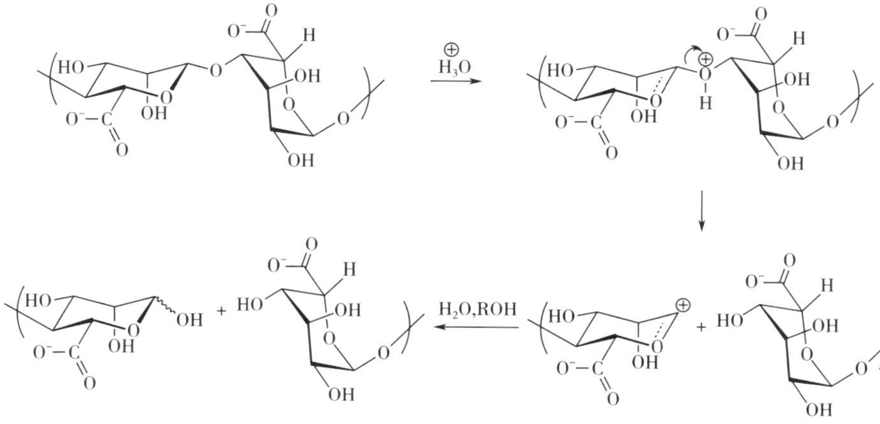

图 3-1　酸催化下海藻酸的水解分裂

氧化降解工艺是利用氧化剂在反应体系中产生具有强氧化性的羟基自由基后对海藻酸盐分子产生降解作用，常用的氧化剂包括 H_2O_2、$NaClO$、$NaNO_2$、$KMnO_4$ 等，目前以 H_2O_2 的应用最为广泛。与传统的酸降解法相比，氧化降解法制备的寡糖色泽洁白，产率和纯度较高，并且降解反应迅速，"三废"污染少，易于规模化生产（胡婷，2014）。

二、物理降解法

物理降解主要通过辐射、高温、高压等物理方法使海藻酸盐的分子链断裂，包括微波法、辐射法、热液降解法等，目前较为常用的是辐射法和热液降解法。

微波法利用高功率的微波，在一定的温度、pH、反应时间等条件下将多糖快速降解，具有反应速度快、副产物少、易纯化等优点（管华诗，2013），所得产物经 ESI-MS 和 NMR 分析，其化学结构与酸水解法得到的寡糖的化学结构相同（郜宏博，2015）。

辐射是一种降解多聚物的有效手段。辐射导致海藻酸产生降解反应的主要机理是其分子链中的 1，4 糖苷键发生断裂，辐射剂量是影响海藻酸盐降解的关键因素（Luan，2009）。与化学降解法相比，辐射法更易获得相对分子量低的寡糖，而且无需添加外来物促成反应，具有反应易控、无污染等优点（胡婷，2014）。

与化学法相比，物理降解具有低污染、易控制、易纯化等优点，但从目前发展情况看，其对设备投入的要求较高，比化学法的生产效率低，在规模化生产中尚未得到广泛应用。

三、生物酶解法

酶具有高效、专一的特点，与化学降解法和物理降解法相比，生物酶解工艺的反应条件温和、环境友好、易分离纯化，而且产物活性高、稳定性好，是制备褐藻胶寡糖的理想工艺。

褐藻胶裂解酶是能够降解海藻酸盐的专用酶，是一种多糖裂解酶、消除酶家族的一个成员。目前已经发现的褐藻胶裂解酶的来源多样，按其作用方式和作用位点分为内切酶和外切酶两种，按其底物专一性的不同分为聚甘露糖醛酸裂解酶（Poly M 酶）、聚古洛糖醛酸裂解酶（Poly G 酶）和同时有两种活性的酶（Poly MG 酶）。

酶解工艺的基本原理是通过在海藻酸盐分子的非还原端发生 β- 消去反应，致使 1-4 糖苷键断裂后获得不同分子量的褐藻胶寡糖（李丽妍，2011）。其中，内切型裂解酶可获得全部种类的二糖和三糖（Li，2011），外切型裂解酶可获得单糖分子（郜宏博，2015）。实际操作中可选择不同底物专一性和作用位点的酶，制备不同结构的褐藻胶寡糖。

应该指出的是，尽管生物酶解技术是制备褐藻胶寡糖的理想方法，但前提是获得稳定高效的酶制剂后才能实现酶解技术的应用，而目前掌握褐藻胶裂解酶规模化生产技术的科研院所和生产企业很少，限制了其在褐藻胶寡糖规模化生产中的广泛应用。

第三节　褐藻胶寡糖的性能和应用

20 世纪初，德国化学家、"糖化学之父"费歇尔和英国化学家霍沃斯瓦尔特对糖化学的研究获得诺贝尔化学奖，开启了糖化学研究领域的启蒙大门，此后世界各国在糖化学研究领域不断取得新的突破。尤其是近年来，随着对海洋资源开发的不断深入，海洋源褐藻胶寡糖以其独特的生物学活性逐渐成为研究热点。大量科学研究表明，褐藻胶寡糖及其衍生物在免疫调节、抗氧化、抗肿瘤、促生长等诸多方面表现出良好的生物活性和应用功效（张玉娟，2014）。

一、免疫调节

褐藻胶寡糖能刺激机体免疫细胞，如单核细胞、巨噬细胞等，诱导或刺激免疫细胞分泌细胞因子（如肿瘤坏死因子 TNF-α、白介素 IL-1、集落刺激因子 G-CSF、化学引诱蛋白 MCP-1 等），使机体免疫系统活性得到恢复和增强，并能通过免疫调节作用产生抗肿瘤、抗病毒、抗炎等多种生理活性，在特殊医学用途配方食品、保健食品、新型药物中有很高的应用价值（王媛媛，2010）。

二、抗氧化

生物体在正常的新陈代谢过程中会产生活性氧，如超氧阴离子自由基（$O_2^- \cdot$）、羟基自由基（$\cdot OH$）、脂质自由基（$RO \cdot$、$ROO \cdot$）等，这些小分子物质在生物体中起着信号分子的作用，但过量的活性氧会产生氧化压力，容易引发癌症、动脉粥样硬化、糖尿病、血栓等疾病（左玉，2011）。研究表明，褐藻胶寡糖可以有效清除过量的自由基，具有良好的抗氧化活性，且作用效果与寡糖的分子量和用量密切相关。孙丽萍等（孙丽萍，2005）研究发现，在一定浓度范围内，褐藻胶寡糖对超氧阴离子和羟基等自由基的抗氧化作用随着寡糖浓度的增加而增强，随聚合度的降低而升高。王浩贤（王浩贤，2012）的研究发现，褐藻胶寡糖对脂质自由基的清除效果随聚合度的升高而增强。基于褐藻胶寡糖的抗氧化功能可开发神经保护类药物，对氧化应激影响的疾病具有非常好的预防和治疗效果（王媛媛，2010）。

三、抗肿瘤

研究表明，褐藻胶寡糖与一般的抗肿瘤因子不同，其本身对肿瘤细胞无毒性，但可以直接抑制一些肿瘤细胞的生长，通过调节机体免疫系统活性间接发挥抗肿瘤作用（王媛媛，2010）。

四、抗病毒

国内外诸多研究表明，褐藻胶寡糖具有显著的抗病毒活性。在对烟草花叶病毒 TMV 的抗性研究中发现，适宜分子量和浓度的褐藻胶寡糖可以通过诱导植物抗性、阻止体外传播和抑制体内复制 3 种途径抵抗 TMV 病毒侵害（刘瑞志，2009）。在对人类免疫缺陷综合症研究中发现，褐藻胶寡糖修饰产物硫酸化聚甘古酯可以通过抑制 HIV-1 吸附 CD4+T 和合胞体的形成，有效抑制 HIV 病毒的复制，具有潜在的药用开发价值（李静，2001）。

五、抗菌

褐藻胶寡糖对动植物的一些致病菌表现出很强的抑制作用。研究发现，在畜禽饲料中添加适量褐藻胶寡糖，可有效抑制肠炎沙门菌感染（Yan，2011）。在水产养殖上，褐藻胶寡糖对常见的嗜水气单胞菌、白色念珠菌以及鳗弧菌表现出较强的抑菌活性，且随寡糖浓度的升高而增强（陈丽，2009）。体外抑菌研究发现褐藻胶寡糖对大肠杆菌和金黄色葡萄球菌有直接抑制作用，且呈量效关系（陈丽，2007）。

六、抗炎

褐藻胶寡糖具有独特的羧基结构，使其在抗炎方面表现出很好的应用潜力。通过脂多糖（LPS）诱导小鼠单核巨噬细胞及小神经胶质细胞构建体外细胞炎症模型对氧化降解的褐藻胶寡糖进行的抗炎研究表明，褐藻胶寡糖可通过抑制 NF-κB 和 MAPK 信号通路的活化及 LPS 与细胞表面的结合、TLR4 受体以及 CD14 受体的表达，抑制 LPS 诱导的巨噬细胞炎症反应。此外，褐藻胶寡糖可以显著抑制 LPS 诱导的小神经胶质细胞中相关炎症介质 NO（一氧化氮）和 PGE2（前列腺素）的产生以及 iNOS（诱导型一氧化氮合酶）、COX-2（环氧合酶）、TLR4 受体和相关细胞因子的表达（史旭阳，2015）。这些发现对于开发基于褐藻胶寡糖的新型保健品和药物用于防治炎症介导的疾病有重要意义，尤其是与神经炎症密切相关的神经退行性疾病，如帕金森症、阿尔兹海默症等。2018 年 7 月，源自褐藻胶寡糖分子的治疗阿尔茨海默症新药 GV-971（甘露寡糖二酸）三期临床揭盲信息发布会在上海举行，GV-971 新颖的作用模式与独特的多靶作用特征为阿尔茨海默症药物研发开辟了新路径，有望引领糖类药物研发的新浪潮。

七、抗辐射

紫外辐射可引起 DNA 损伤，造成神经系统、内分泌系统调节障碍，同时还会增加生物体内氧自由基的形成，引起皮肤老化等诸多问题。目前，源自天然产物的低毒辐射防护剂逐渐成为新的研究热点，其中褐藻胶寡糖就是近年来发现的一种具有优异抗辐射性能的糖类防护剂。研究发现，通过生物酶解工艺制备的褐藻胶寡糖，其非还原末端会形成一个在 230nm 波长处具有特征吸收峰的双键，表现出非常好的抗紫外辐射作用，同时，褐藻胶寡糖还可以通过清除氧化自由基降低紫外辐射对细胞的损伤。这些研究对海洋化妆品的功效和应用提供了理论支撑，有助于开发更多具有防护肌肤、延缓衰老、美容养颜等功效的优质护肤品（王鹏，2011）。

八、植物诱抗

作为一种植物内源性寡糖，褐藻胶寡糖在促进植物生长、提高作物抗逆性等方面具有良好的效果，已广泛应用于世界各地的农业生产中。研究发现，褐藻胶寡糖可以作为信号分子影响植物代谢过程中相关酶活性和激素水平，对植物生长进程进行调控，起到促生长作用。在低温、干旱、病菌侵染等逆境环境中，褐藻胶寡糖还可以诱导植物产生相关的防御酶类及抗菌物质帮助植物抵御不良环境，且作用效果与寡糖聚合度、浓度密切相关（刘瑞志，2009）。以褐藻寡糖为主要构效成分的海藻生物肥料已形成浸种剂、叶面肥、冲施肥、有机肥、复混肥等为主的产品系列，成为实现化肥农药"减施增效"的重要助力，有效推动农业生产的安全、绿色、可持续发展。

九、其他活性及应用

褐藻胶寡糖具有促进益生菌双歧杆菌增殖的作用，并且可以作为一种优质的膳食纤维改善胃肠道健康（刘航，2012）。褐藻胶寡糖对重金属离子有一定的吸附性，可用来开发排毒食品和保健品（张玉娟，2014）。褐藻胶寡糖及其衍生物具有很好的抗凝活性，与肝素类抗凝血物质相比副作用极小（王浩贤，2012），藻酸双酯钠（PSS）就是管华诗院士利用褐藻胶寡糖经过分子修饰开发的一种抗凝血类药物。

第四节　小结

褐藻胶寡糖的生物活性及应用研究已经取得重要的进展，在功能食品、保健品、化妆品、生物医药、生态农业、动物微生态制剂等领域均有广泛应用，相关产品已深入到人类生产和生活的各个方面，具有广阔的应用前景。

参考文献　　［1］Li L，Jiang X，Guan H，et al. Preparation，purification and characterization of alginate oligosaccharides degraded by alginate lyase from *Pseudomonas* sp.HZJ216［J］. Carbohydrate Research，2011，3466：794-800.

［2］Luan LQ，Nagasawa N，Ha VTT，et al. Enhancement of plant growth stimulation activity of irradiated alginate by fractionation［J］. Radiation Physics and Chemistry，2009，78（9）：796-799.

［3］Timell TE. The acid hydrolysis of glycosides：I. General conditions and the effect of the nature of the aglycone［J］. Can J Chem，1964，42：1456-1461.

［4］Yan GL，Guo Y M，Yuan J M，et al. Sodium alginate oligosaccharides from brown algae inhibit *Salmonella Enteritidis* colonization in broiler chickens［J］.Poultry Science，2011，90（7）：1441-1448.

［5］史旭阳.褐藻胶寡糖的抗炎活性机制研究［D］.深圳大学，2015.

［6］陈丽，王淑军，刘泉，等.褐藻寡糖对3种水产致病菌抗菌活性研究［J］.淮海工学院学报（自然科学版），2009，18（1）：90-92.

［7］陈丽，张林维，薛婉立. 褐藻寡糖的制备及抑菌性研究［J］.中国饲料，2007，（9）：34-36.

［8］张真庆，江晓路，管华诗.寡糖的生物活性及海洋性寡糖的潜在应用价值［J］.中国海洋药物，2003，（3）：51-55.

［9］邰宏博，唐丽薇，陈带娣，等.褐藻胶寡糖制备的研究进展［J］.生命科学研究，2015，（1）：75-79.

［10］胡婷. 系列褐藻胶寡糖的制备及其抗氧化相关生物学活性（拮抗酒精性肝损伤及防治帕金森症）研究［D］.中国海洋大学，2014.

［11］管华诗，胡婷，李春霞，等.一种利用微波辐射制备海藻酸寡糖单体的方法［P］.中国专利201310028146.2，2013.

［12］李丽妍.褐藻胶裂解酶系的酶化学、产物分析及应用研究［D］.中国海洋大学，2011.

［13］张玉娟，罗福文，姚子昂，等.海藻酸钠寡糖生物活性的研究进展［J］.中国酿造，2014，（1）：5-8.

［14］王媛媛，郭文斌，王淑芳，等.褐藻寡糖的生物活性与应用研究进展［J］.食品与发酵工业，2010，（10）：122-126.

［15］左玉.自由基、活性氧与疾病［J］.粮食与油脂，2011，（9）：9-11.

［16］孙丽萍，薛长湖，许加超，等. 褐藻胶寡糖体外清除自由基活性的研究［J］.中国海洋大学学报，2005，（5）：811-814.

［17］王浩贤.聚甘露糖醛酸和聚古洛糖醛酸纯化及降解产物活性研究［D］.中国海洋大学，2012.

［18］刘瑞志.褐藻寡糖促进植物生长与抗逆效应机理研究［D］.中国海洋大学，2009.

［19］李静，耿美玉，梁平方，等.海洋硫酸多糖911抗氧化性及其作用机理的初步探讨-911的抗氧化与抗艾滋病的关系［J］.中国海洋药物杂志，2001，（1）：17-19.

［20］王鹏，江晓路，江艳华，等.系列海洋特征性寡糖抗紫外辐射构效关系研

究［J］.天然产物研究与开发，2011，（5）：874-877.

［21］刘航，尹恒，张运红，等.褐藻胶寡糖生物活性研究进展［J］.天然产物研究与开发，2012，A1：201-204.

［22］秦益民，刘洪武，李可昌，等.海藻酸［M］.北京：中国轻工业出版社，2008.

第四章　藻酸丙二醇酯的性能和应用

第一节　引言

海藻酸是英国化学家 Stanford 在 1881 年首先发现的，约 50 年后美国 Kelco 公司开始海藻酸盐的商业化生产。1949 年，Kelco 公司商业化生产一种海藻酸衍生物，即海藻酸与环氧丙烷反应后得到藻酸丙二醇酯（Propylene Glycol Alginate，PGA）（Steiner，1947；Steiner，1950）。图 4-1 所示为藻酸丙二醇酯的化学结构。

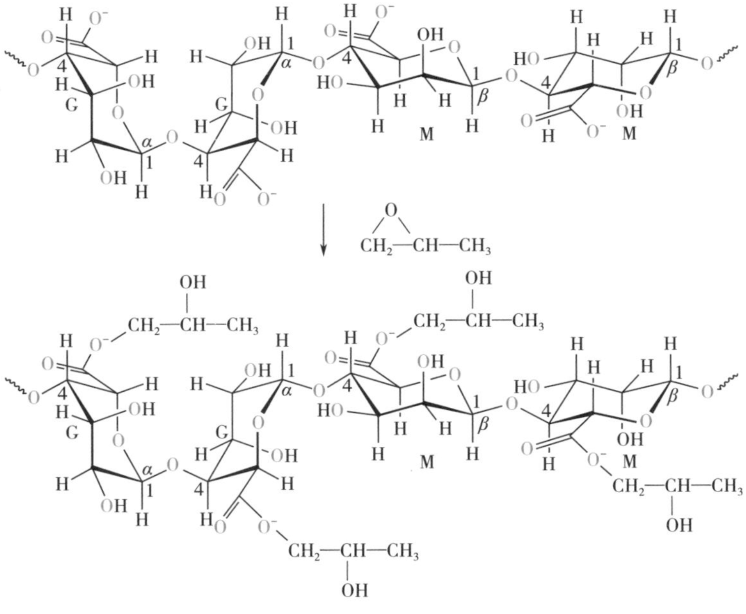

图 4-1　藻酸丙二醇酯的化学结构

藻酸丙二醇酯也称海藻酸丙二醇酯、藻酸丙二酯，其分子结构中的丙二醇基为亲脂端，可以与脂肪球结合；糖醛酸为亲水端，含有大量羟基和部分羧基，可与蛋白质结合。基于其独特的分子结构，PGA 是食品用稳定胶体中唯一具有稳定和乳化双重作用的配料（王姣姣，2016；Anderson，1991）。

由于海藻酸中的羧酸基被丙二醇酯化，PGA 的抗盐性强，即使在浓电解质溶液中也不盐析，并且能溶解在酸性介质中，具有耐酸特性，可有效应用于乳酸饮料、果汁饮料等低 pH 的饮料（秦益民，2008；秦益民，2012）。由于分子结构中含有丙二醇基，PGA 的亲油性和乳化稳定性好，在功能食品和饮料领域有独特的应用价值。

第二节　藻酸丙二醇酯的制备

PGA 是海藻酸与环氧丙烷反应后得到的一种海藻酸衍生物，工业上可以采用高压反应、真空反应、吹扫法、管道反应法等方法生产 PGA。在四种方法中，高压反应法需要在高压条件下反应，时间长、易焦化、成品易分解。该方法使用的设备简单、操作方便、易工业化生产，可以得到酯化度较高的产品，缺点是需要加入过量环氧丙烷进行反应。

真空反应法与高压反应法相反，是在真空条件下通入环氧丙烷后完成反应，原料的利用率高、生产成本低。

吹扫法和管道反应法利用特制设备降低环氧丙烷用量，可以制备高酯化度产品，缺点是设备的设计复杂。

安丰欣等（安丰欣，2006）介绍了一种制备啤酒专用藻酸丙二醇酯的生产工艺。该方法以褐藻为原料，在制取海藻酸的过程中用硅藻土为过滤介质过滤胶液后把海藻酸加热存放，通过海藻 酸的降解使其黏度降低至 100mPa·s 以下。降解后的海藻酸用乙醇洗涤脱水至含水量 30%~50% 后将环氧丙烷与海藻酸连同催化剂投入酯化釜中酯化，获得低黏度、高透明度、无异味的啤酒专用藻酸丙二醇酯产品。具体的工艺条件如下。

（1）以褐藻为原料，按照生产海藻酸的提取工艺将褐藻消化、冲洗、漂浮、过滤；

（2）过滤后的胶液用硅藻土为过滤介质过滤；

（3）将过滤后的胶液按常规钙化工艺加氯化钙后形成海藻酸钙，分别使用浓度为 2%~5% 和 0.5%~1% 的盐酸水溶液二次脱钙各 5~15min，使海藻酸含钙量小于 0.15%；

（4）海藻酸加热存放降解，使黏度降低至 100mPa·s 以下。降解后的海藻酸用乙醇洗涤脱水至含水量 30%~50%；

（5）将环氧丙烷与海藻酸连同催化剂一起投入酯化釜中酯化，其中催化剂为氢氧化钠、氢氧化钾、碳酸钠、碳酸钾、醋酸钠或醋酸钾，其用量为海藻酸重量的 0.1%~1%；

（6）真空干燥酯化产物；

（7）精细磨粉。

第三节　藻酸丙二醇酯的物理性质

PGA 的外观为白色或淡黄色粉末，其水溶液呈黏稠状胶体。表 4-1 和表 4-2 所示分别 PGA 粉末及其 1% 蒸馏水溶液的物理性质。

表 4-1　PGA 粉末的主要物理性质

项目	指标
干燥失重	≤ 20%
密度	$1.46g/cm^3$
松密度	$33.71kg/m^3$
炭化温度	220℃
褐变温度	155℃
灰化温度	400℃
燃烧热	18.56kJ/kg

表 4-2　PGA 的 1% 蒸馏水溶液的物理性质

项目	指标
pH	3~4
折光率（20℃）	1.3343
表面张力	$0.058N/m^2$
溶解热	0.3762kJ/kg
冰点降低 /℃	0.030

第四节 藻酸丙二醇酯的溶液性质

PGA 是一种水溶性高分子，与其他高分子相似，PGA 水溶液的性能受多种因素影响，包括浓度、温度、切变速度等物理因素以及 pH、盐类离子和其他共溶物质（如多价螯合物、季铵盐类等）等化学因素（秦卫东，1998；黄明丽，2014）。

一、浓度对PGA水溶液流变性质的影响

图 4-2 所示为 PGA 浓度对其表观黏度的影响。在相同的剪切速率下，溶液表观黏度随浓度增加迅速升高，这是由于随着浓度的升高，PGA 分子占的体积增大，分子链之间的相互作用增加、吸附的水分子增多，导致黏度增大。当 PGA 浓度高于 1%（质量分数）时，在较宽的剪切速率范围内，其黏度随着剪切速率的增加逐渐降低，表现出剪切稀化，即假塑性流体。当浓度为 1%（质量分数）或更低时，其黏度基本不随剪切速率变化，没有剪切稀化。

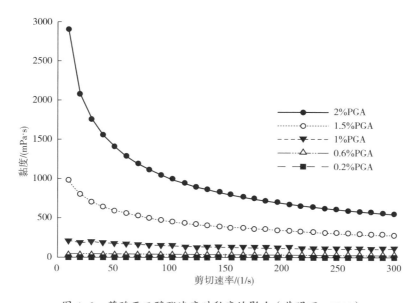

图 4-2 藻酸丙二醇酯浓度对黏度的影响（黄明丽，2014）

二、温度对PGA水溶液流变性质的影响

图 4-3 所示为温度对 PGA 溶液黏度的影响。随着温度升高，PGA 溶液的黏度逐渐下降，当温度从 25℃上升到 50℃时，黏度下降近 50%。温度升高使溶液中 PGA 分子间距离增大、分子间内聚力下降，导致黏性变小。

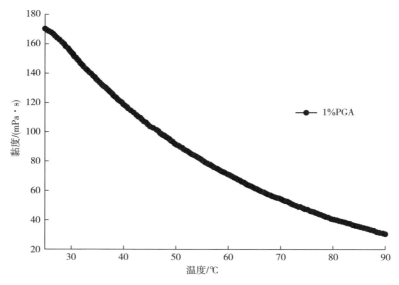

图 4-3　温度对 PGA 溶液黏度的影响（黄明丽，2014）

三、pH对PGA溶液性质的影响

图 4-4 所示为 pH 对 PGA 溶液黏度的影响。在 pH=2~10，PGA 溶液的黏度基本不受 pH 影响。PGA 的耐酸性强、耐碱性弱，其表观黏度在 pH=3~4 时长期稳定，在 pH=2~3 时最为稳定。pH=7~8 时，黏度略有上升（约 4%~7%），pH ≥ 11 时，黏度开始下降，pH=13 时的黏度比酸性条件下降约 16.6%（吴伟都，2017）。

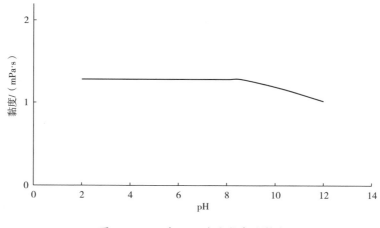

图 4-4　pH 对 PGA 溶液黏度的影响

四、单价盐对PGA溶液性质的影响

在 PGA 溶液中添加单价盐可以降低溶液的表观黏度，其中单价盐浓度达 0.1mol 时表观黏度影响最大。图 4-5 所示为 NaCl 对 1%（质量分数）的 PGA 溶液黏度的影响。NaCl 添加量为 0.01mol/L 和 0.1mol/L 时，溶液的黏度略有降低，这可能是由于 PGA 中的羟基与钠离子作用，导致 PGA 与水分子之间的氢键被打开，干扰了 PGA 分子与水分子的相互作用，使大分子一定程度上缩拢、体系黏度降低。NaCl 添加量达到 1mol/L 后，溶液黏度有所增加，这可能是 NaCl 浓度过高时，PGA 在水溶液中的链构象发生变化，分子间缠结增加，导致黏度上升。

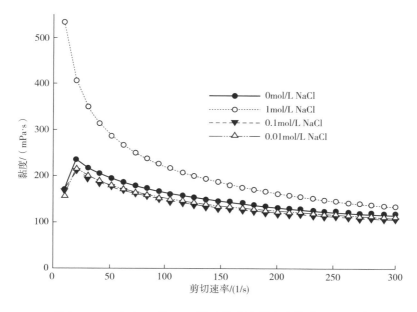

图 4-5　NaCl 对 1% 的 PGA 溶液黏度的影响（黄明丽，2014）

五、阳离子对PGA溶液性质的影响

PGA 是一种非离子型化合物，除了铁、铬、钴和钡离子，PGA 溶液对其他金属离子稳定，不会凝固析出。

六、PGA与其他高分子物质的配伍性

（1）PGA 与蛋白质的作用　在酸性条件下，PGA 具有独特的稳定蛋白质的作用。在弱碱性条件下，PGA 与蛋白质发生交联反应，当 pH=8~9 并保持较低温度时，可以观察到流变性质的变化，如黏度增大。在 40~50℃温度下，PGA

与明胶反应后得到快速凝固的凝胶，这种凝胶在沸水中是不可逆的。

（2）PGA与黄原胶、羧甲基纤维素钠（CMC）、改性淀粉、海藻酸钠、阿拉伯胶、桃胶等具有良好的互溶性，可混合复配使用。图4-6和图4-7所示分别为PGA与CMC和海藻酸钠复配后的黏度变化。PGA与CMC具有良好的增黏效应，且增黏效应随二者浓度的增大而增大。PGA与海藻酸钠混合后，在海藻酸钠的浓度超过0.5%，或海藻酸钠浓度超过0.3%并且PGA浓度超过0.4%时，二者开始表现出增黏效应。

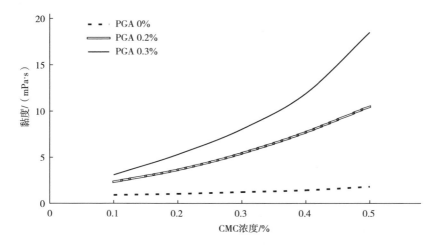

图4-6　PGA与CMC复配后的黏度变化

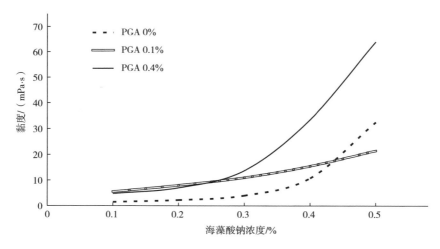

图4-7　PGA与海藻酸钠复配后的黏度变化

在 PGA 溶液中添加蔗糖后，当蔗糖浓度超过 5%（质量分数），溶液黏度迅速增加，这可能是由于蔗糖含有很多羟基，是一种强亲水物质，在与 PGA 竞争水分子的过程中导致 PGA 分子脱水，使黏度增高。此外，溶液中的蔗糖一定程度上降低了水中各种成分的活性，使水分子和体系中其他成分之间的相互作用减弱。随着蔗糖浓度的升高，流动指数下降，溶液的假塑性提高，加剧了大分子间的交联，最终导致黏度上升。

七、PGA的表面活性

PGA 是一种良好的表面活性剂，可以单独或与黄原胶等混用，制成稳定性良好的水包油型乳化剂。

第五节　藻酸丙二醇酯的功能特性

作为食品配料，海藻酸及其盐具有独特的增稠性、稳定性、乳化性、悬浮性、成膜性以及形成凝胶的能力，其衍生物 PGA 与海藻酸相比有很多优势，在功能食品领域有独特的应用价值（黄雪松，1996）。在 PGA 的生产过程中，海藻酸分子结构中的羧酸基团被丙二醇酯化，使 PGA 既可以溶于水中形成黏稠胶体，又能溶于有机酸的水溶液，具有良好的耐酸性。PGA 的抗盐性强，即使在浓电解质溶液中也不盐析，对钙、钠等金属离子很稳定。除了水溶性胶体的增稠、稳定等作用，PGA 还具有以下特性。

（1）乳化性　酯化反应中，原料海藻酸的羧酸基团部分被酯化、部分被催化剂中的碱中和，得到的 PGA 分子结构中兼具亲水性和亲油性两种基团，具有良好的乳化性。

（2）耐酸性　PGA 是一种偏酸性产品，其 1% 水溶液的 pH 为 3~4，具有极强的耐酸性，能有效应用于乳酸饮料、果汁饮料等低 pH 的食品和饮料。

（3）保香性　PGA 的分子结构使其能与大多数香料结合，有效防止风味流失，常用作食品香精的保香剂。

（4）泡沫稳定性　PGA 有很好的发泡和乳化能力，应用于啤酒泡沫稳定时能增加啤酒发泡性能，使泡沫细腻、持久。

（5）水合物、组织改良性　适用于方便食品、面条、焙烤面包、蛋糕等面食制品，可改善面团流变特性、提高制品筋性、防止面食在低温老化。

（6）PGA 与其他胶体的协同作用　PGA 与羧甲基纤维素钠、改性淀粉、海藻酸钠、阿拉伯胶、果胶、桃胶等具有良好的互溶性，可混合复配使用。

PGA 良好的功能特性可应用于以下领域：

①增稠、乳化、稳定性：适用于乳制品、人造奶油、咖啡、含乳饮料、冷冻食品等；

②耐酸性：适用于乳酸饮料、果汁等；

③稳定性、分散性：适用于果汁、巧克力饮料、水果饮料等；

④泡沫稳定性：适用于啤酒；

⑤水合物、组织改良性：适用于方便食品、面条等面食制品；

⑥耐盐、耐酸、增稠性：适用于调味品，如色拉调味酱等。

第六节　藻酸丙二醇酯在食品工业中的应用

一、PGA在面包生产中的应用

面包的口味多样、易于消化吸收并且食用方便，深受消费者喜爱。面包在贮藏过程中随着时间的延长易发生老化、口感和风味变劣，造成产品货架期缩短。为了改善面包品质，生产过程中使用了乳化剂、酶制剂、氧化剂等改良剂，其中 PGA 就是一种性能优良的面包改良剂，其主要优势如下。

（1）作为一种亲水性胶体，PGA 可提高面团吸水性和产品保水性，使面包制品柔软、耐干性好；

（2）提高面团筋力和稳定性，显著提升面包弹性，改善面包内部组织结构，使组织细腻，提升柔软口感；

（3）增大面包比容，提升面包醒发性和塑形性；

（4）作为一种乳化稳定剂，PGA 可延缓淀粉老化速度，延长货架期。

二、PGA在蛋糕中应用

在蛋糕制作过程中，添加 PGA 的蛋糕的弹性比不添加的高 15.9%。贮藏 7d 后，不添加 PGA 的海绵蛋糕的弹性是刚制作出来的 73.61%，添加 0.2%PGA 的海绵蛋糕的弹性维持在第一天弹性的 90% 以上。此外，PGA 对蛋糕比容的改善效果明显，对比相同面糊重量焙烤出来的蛋糕体积，添加 0.2%PGA 的比不添加 PGA 的蛋糕高 20%（张娟娟，2014）。

三、PGA在面制品中的应用

在面制品中，PGA 已经应用于乌冬面、鲜面条、速冻花卷、馒头、包子等产品，其应用功效包括：

（1）显著提高面团的吸水率和稳定性；

（2）改善面制品质构，尤其是改善弹性；

（3）改善面制品的增筋、保水，降低淀粉溶出率，降低面制品吸油率、减轻油脂酸败现象（杨艳，2009）。

四、PGA在酸奶中的应用

酸奶可分为凝固型和搅拌型，这二类酸奶都会由于乳清脱水收缩使产品变得平淡无味（刘国强，2008）。为了保持酸奶口感的稳定性需要加入一定量的乳化稳定剂，在此领域PGA具有优良的应用功效。

（1）赋予酸奶产品天然的质地口感，即使在乳固形物添加量降低的条件下也能很好地呈现出这种特性；

（2）有效防止产品形成不美观的粗糙凹凸表面，使产品外观平滑亮泽；

（3）与所有其他配料完全融合，在发酵期间任何pH时均可运用，并且在温和搅拌的条件下就均匀分散在酸奶中，在整个加热过程中保持稳定；

（4）在酸奶中不仅充当稳定剂，还可提供乳化作用，使含脂的酸奶平滑、圆润、口感更好。

五、PGA在酸性含乳饮料中的应用

调配型酸性含乳饮料是指用乳酸、柠檬酸或果汁等将牛奶或豆奶的pH调整到酪蛋白的等电点（pH4.6以下）后制成的一种含乳饮料，一般以原料乳、乳粉或豆浆、乳酸、柠檬酸或苹果酸、糖或其他甜味剂、稳定剂、香精、色素等为原料，其中蛋白质含量应大于1%。调配型酸性含乳饮料含有的组分较多，沉淀和分层是其生产和贮藏过程中最为常见的质量问题。

乳化稳定剂对调配型酸性含乳饮料的质量十分重要，目前能用于稳定酸性含乳饮料的食品稳定剂有PGA、果胶、大豆多糖、耐酸性CMC-Na、结冷胶等。在这些食品配料中，只有PGA具备稳定和乳化双重功能，在酸性含乳饮料中可以起到以下作用：①稳定蛋白；②乳化脂肪；③改善口感（0.02%添加量就可以明显改善口感）；④保护香气。

PGA在酸性含乳饮料中的单独使用量为0.3%~0.5%，还可以和耐酸性CMC、果胶等其他稳定剂复配使用，复配时的总用量一般在0.5%以下，其中PGA占60%~70%时生产出的产品的稳定性和口感都很好，产品贮藏9个月无沉淀和分层现象（范素琴，2012；王晓梅，2008；卫晓英，2009；刘海燕，

2015）。

六、PGA在果汁中的应用

果汁是一种既有营养价值又十分可口的饮料。果汁生产过程中很容易分层，上层是清澈透明的液体，底层是厚实的果肉沉淀。在果汁中添加少量PGA可以有效解决分层问题，其应用功效包括：

（1）改善果肉稳定性，使果汁的滋味厚实、口感更佳；

（2）保持果汁风味物质，使果汁香味浑厚爽口。

七、PGA在色拉酱中的应用

PGA是高品质色拉酱和色拉调味料的重要配料。在色拉酱的生产过程中添加PGA可以起到稳定和乳化作用，其应用功效包括：

（1）赋予色拉酱丰富、柔软的质地和油水互融的乳化效果，充分发挥其高效的乳化稳定性，使色拉酱体系均匀稳定；

（2）提供低脂色拉酱类似油脂的特性；

（3）提高成品的黏度，应用在低脂色拉酱中可以弥补脂肪含量减少带来的黏度下降；

（4）PGA与黄原胶等其他水溶性胶体不同，能够有效释放风味成分，不抑制色拉酱细腻的风味。

八、PGA在冰淇淋中的应用

在冰淇淋中添加少量PGA作为稳定剂可以明显改善油脂和含油脂固体微粒的分散度，改善冰淇淋的口感、内部结构和外观状态，提高冰淇淋的分散稳定性和抗融化性，还能防止冰淇淋中乳糖冰晶体的生成。

九、PGA在啤酒中的应用

啤酒泡沫稳定剂是高酯化度PGA的一个典型应用，一般用量为40~100mg/kg。加入PGA后，啤酒的泡持力明显提高，泡沫洁白细腻、挂杯持久，啤酒的口味和贮藏期均不受影响（黄亚东，2005；张立群，2002）。

十、PGA在其他食品中的应用

PGA还应用于番茄酱、酸奶酪、肉类酱汁、酱油、乳化香精、糖衣、糖浆等食品或食品半制品，有优良的使用功效。

表4-3总结了PGA在各类食品中的使用性能和参考用量。

表4-3 PGA在各类食品中的使用性能和参考用量

应用领域	性能	用量 /%
乳制品	增稠、乳化、稳定	0.1~0.3
乳酸饮料	耐酸性、稳定乳蛋白	0.2~0.7
果汁	耐酸性、稳定性、分散性	0.2~0.7
啤酒	泡沫稳定性	0.002~0.006
方便食品	水合物、组织改良	0.2~0.5
人造奶油	乳化稳定	0.1~0.3
调味品	耐盐、耐酸、增稠	0.1~0.3
咖啡伴侣	乳化、增稠	0.1~0.3

第七节 小结

PGA是一种性能优良的新型食品配料，具有很好的乳化性、增稠性、膨化性和稳定性，它同时具有亲水和亲油基，能使油水均匀混合和分散，特别适用于添加到饮料中的乳化剂，以及酸奶制品、色拉调料和啤酒泡沫稳定剂。随着全球食品行业清洁标签的推行，PGA这一源自海洋、兼具增稠、乳化、稳定等多种特性的功能性食品配料将给食品研发和生产带来更多的绿色应用解决方案。

参考文献

[1] Anderson D M，Brydon W G，Eastwood M A，et a1. Dietary effects of propylene glycol alginate in humans [J]. Food Additives & Contaminants，1991，8（3）：225-236.

[2] Steiner A B. Manufacture of glycol alginates [P]. US Patent 2，426，215，1947.

[3] Steiner A B，McNeely W H. High-stability glycol alginates and their manufacture [P]. US Patent 2，494，911，1950.

[4] 秦卫东，王亚利. 藻酸丙二醇酯黏度的研究 [J]. 食品与发酵工业，1998，（6）：36-39.

[5] 黄明丽. 酪蛋白酸钠与藻酸丙二醇酯相互作用及其对鱼油乳状液稳定性的影响 [D].中国海洋大学，2014.

[6] 黄明丽，董玉红，卢传静，等. 藻酸丙二醇酯的流变学特性研究 [J]. 食品工业科技，2014，35（3）：319-323.

[7] 安丰欣，王晓梅，程涛，等.一种啤酒专用藻酸丙二醇酯的生产工艺

［P］.中国专利200610068970.0，2006.

［8］王姣姣，杨晓光，秦志平，等.海藻酸丙二醇酯的主要特性及其在食品中的应用［J］.安徽农业科学，2016，44（7）：70-72.

［9］吴伟都，朱慧，王雅琼，等.pH值对海藻酸丙二醇酯溶液流变特性的影响［J］.乳业科学与技术，2017，40（2）：1-4.

［10］黄雪松，杜秉海.海藻酸丙二醇酯性质及其在食品工业中的应用研究［J］.食品研究与开发，1996，17（2）：13-16.

［11］张娟娟，刘海燕，范素琴，等.复配型蛋糕品质改良剂的应用研究［J］.中国食品添加剂，2014，（5）：125-129.

［12］杨艳，于功明，王成忠.海藻酸丙二醇酯对酸性湿面条质构影响研究［J］.粮食与油脂，2009，（5）：16-18.

［13］刘国强.稳定剂在酸奶生产中的应用［J］.农产品加工，2008，（16）：65-67.

［14］范素琴，王春霞，安丰欣，等.藻酸丙二醇酯在调配型酸乳饮料中的应用［J］.中国食品添加剂，2012，35（5）：177-180.

［15］王晓梅，周树辉.藻酸丙二醇酯在搅拌型橙汁酸奶中的应用［J］.中国食品添加剂，2008，（6）：132-135.

［16］卫晓英，李全阳，赵红玲，等.海藻酸丙二醇酯（PGA）对凝固型酸乳结构的影响［J］.食品与发酵工业，2009，35（2）：180-183.

［17］刘海燕.海藻酸丙二醇酯在发酵风味乳中的应用［J］.食品工业科技，2015，36（3）：30.

［18］黄亚东.PGA对纯生啤酒泡沫稳定性的影响研究［J］.食品工业科技，2005，（9）：76-77.

［19］张立群，张双玲，张莹梅.啤酒泡沫稳定剂-藻酸丙二醇酯应用研究［J］.酿酒，2002，29（4）：98-99.

［20］秦益民，刘洪武，李可昌，等.海藻酸［M］.北京：中国轻工业出版社，2008.

［21］秦益民，张国防，王晓梅.天然起云剂-海藻多糖衍生物海藻酸丙二醇酯［J］.食品科技，2012，2（3）：238-242.

第五章　岩藻多糖的来源、结构、性能和应用

第一节　引言

岩藻多糖也称褐藻糖胶、褐藻多糖硫酸酯、岩藻依聚糖、岩藻聚糖硫酸酯等，是一种水溶性硫酸杂多糖，富含 L- 岩藻糖和有机硫酸根，是海洋独有的天然功能性多糖。1913 年瑞典乌普萨拉大学（Uppsala University）柯林教授（Kylin H.Z.，图 5-1）首次以海带和墨角藻为原料，用乙酸进行萃取纯化后得到岩藻多糖（Kylin，1913），并将其命名为 Fucoidin。根据国际 IUPAC 命名法，目前这种从褐藻中提取出的硫酸酯多糖的正式命名为 Fucoidan。

岩藻多糖主要存在于海带、海蕴、裙带菜等褐藻表面的黏液中，是褐藻特有的生物活性物质。岩藻多糖在褐藻中的含量很少，新鲜海带中

图 5-1　发现岩藻多糖的柯林（Kylin）教授

的含量约为 0.1%，干海带中的含量约为 1%，是一种非常宝贵的海藻活性物质，在褐藻中以墨角藻目（Fucales）和海带目（Laminariales）的含量较高（Morya，2012）。作为一种生物质成分，岩藻多糖存在于褐藻表层的细胞壁基质、细胞间隙和黏液中，对藻体起到保湿、抗菌、抗紫外损伤等重要作用。研究发现，岩藻多糖在海带中的含量与海带部位密切相关，叶片中岩藻多糖的含量比颈部高，叶片边缘的岩藻多糖含量更高。海带的生长季节和产地对岩藻多糖的含量

和结构也有显著影响，以 7~12 月份含量较高、3~4 月份含量较低。生长在潮间带较高区域的褐藻暴露于阳光中的时间较长，其岩藻多糖含量也较高（纪明侯，1997）。

以海带、裙带菜等褐藻为食物的海参、鲍鱼、海胆等海洋动物通过食物链在体内富集岩藻多糖，成为其养生保健价值的重要组成部分（杨玉红，2012）。图 5-2 所示为含岩藻多糖的海带、鲍鱼、海参。

图 5-2　含岩藻多糖的海带、鲍鱼和海参

第二节　岩藻多糖的提取和纯化

岩藻多糖是一种极性大分子化合物，因含有大量羟基易溶于水。目前国内外主要采用稀碱、稀酸、热水抽提等方法提取，这些方法的优点是工艺简单、操作方便、成本低，但也存在提取率较低、活性损失大、过滤纯化困难等缺点，限制了岩藻多糖的规模化生产。近年来在传统浸提法基础上开发出了微波辅助提取、超声波辅助提取、酶解辅助提取等新工艺，推动了岩藻多糖的产业化生产和应用。

一、热水提取法

热水浸提法以水为提取剂，主要工艺参数为料液比、浸提温度、提取时间、提取次数等。在以海带为原料提取岩藻多糖时，最佳工艺参数是料液比1∶40、提取温度80℃、浸提时间8h。

二、酶解提取法

酶解提取法是最近几年发展起来的新工艺，在浸提过程中加入纤维素酶可充分破坏褐藻细胞组织结构，提高岩藻多糖的提取率。在以海带为原料提取岩藻多糖时，最佳工艺条件为海带粉粒度80~100目、固液比1∶50、提取时间4h，其中酶的加入量为60g/kg。

三、超声波辅助提取法

超声波辅助提取法以水溶液浸提法为基础，利用超声波的热作用、机械作用、空化作用及击碎、扩散等次级效应使海藻生物体处于高温、高压状态，促使组织细胞变形、破裂后有效成分溶出，不仅提高提取率、缩短提取时间，还节约溶剂。在以海带为原料提取岩藻多糖时，最佳工艺条件为超声波功率180W、温度60℃、提取时间30min、料液比1：50。与传统的热水提取法相比，大大缩短了提取时间，获得的粗多糖的色泽也比传统法更好。

四、微波辅助提取法

微波有强大的穿透能力，海藻细胞经微波处理后，通过吸收能量使胞内液体温度升高、水分子蒸发、细胞壁破裂，进而使胞内物质得到更好释放。微波辅助提取法具有操作方便、提取时间短、效率高、无污染等优点，但耗电量大，对多糖的结构和活性可能有一定程度的破坏。

五、岩藻多糖的纯化

从褐藻中提取出的粗多糖通常是多种物质的混合物，含有多种糖组分和小分子杂质，需要进一步分离纯化后才能得到岩藻多糖的单一纯品。目前工业上用于分离纯化岩藻多糖的手段主要有分级沉淀法、季铵盐沉淀法、盐析法、金属络合物法、柱层析法、超滤法、电泳法等，其中以分级沉淀法和柱层析法较为常用。

分级沉淀法利用岩藻多糖在不同浓度的低级醇或酮中具有不同溶解度，逐次按比例由低浓度到高浓度加入醇或酮，分步沉淀后制得多糖。该方法适用于大量粗多糖的初级纯化，一般在浓缩提取液后加体积分数20%的乙醇沉淀海藻酸钠，然后经体积分数90%的乙醇沉淀出岩藻多糖，随后用体积比4：1的氯仿-正丁醇溶液脱去蛋白质，得到纯化的岩藻多糖。由于岩藻多糖带负电荷，在柱层析法中可采用阴离子型DEAE-纤维素柱或DEAE-Sephadex柱吸附，用氯化钠溶液分级洗脱。葡聚糖凝胶、琼脂糖凝胶、聚丙烯酰胺凝胶均为亲水性凝胶，也可用于岩藻多糖的纯化，纯度可达93%。

第三节　岩藻多糖的化学结构

岩藻多糖是含硫酸基的岩藻糖（Fucose）构成的水溶性多糖，其分子链的

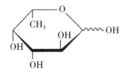

图 5-3 L- 岩藻糖的分子结构

主要成分是岩藻糖和硫酸基（Gulbrand，1937），还含有少量的木糖、甘露糖、半乳糖、阿拉伯糖、葡萄糖醛酸等。岩藻多糖的分子链骨架主要有两种结构，一种是（1-3）-α-L- 岩藻糖重复片段，另一种是（1-3）- 和（1-4）-α-L- 岩藻糖重复片段（Chevolot，1999）。图 5-3 和图 5-4 所示分别为 L- 岩藻糖的分子结构和岩藻多糖的高分子结构。

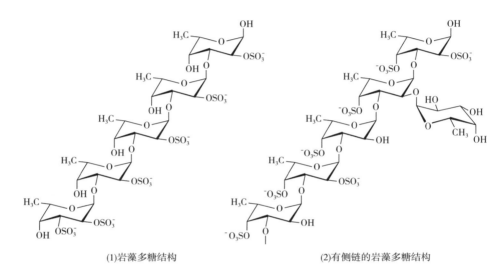

(1)岩藻多糖结构　　　　　　　　　　(2)有侧链的岩藻多糖结构

图 5-4　岩藻多糖的高分子结构

1913 年 Kylin 首先报道了岩藻多糖中含有 L- 岩藻糖,通过 α-（1，2）,α-（1，3）或 α-（1，4）连接构成主链，主链上除了岩藻糖还有其他单糖，部分岩藻多糖分子链上还有支链。岩藻多糖分子结构中的硫酸基主要结合在 C2、C3 或 C4 位上，平均每两个岩藻糖基含有一个硫酸基（Morya，2012；曲桂燕，2013）。从墨角藻（*Fucus vesiculosus*）提取的岩藻多糖的化学组成简单，含有 44.1% 岩藻糖、26.3% 硫酸根和 31.1% 灰分，还有微量的氨基葡萄糖（Nishino，1994），其中绝大多数硫酸基团连接在岩藻糖残基的 C4 位置（Anno，1970）。

不同种类的褐藻在不同的季节和生长区域其含有的岩藻多糖的结构有较大变化。表 5-1 总结了不同褐藻中提取的岩藻多糖的化学组成。

表 5-1　不同褐藻中提取的岩藻多糖的化学组成

褐藻种类	化学组成	参考文献
Analipus japonicus	岩藻糖、木糖、半乳糖、甘露糖和硫酸根	Bilan, 2007
Ascophyllum nodosum	岩藻糖（49%）、木糖（10%）、葡糖醛酸（11%）和硫酸根	Marais, 2001
Ascophyllum nodosum	岩藻糖（49%）、木糖（10%）、葡糖醛酸（11%）和硫酸根	Chevolot, 2001
Chorda filum	岩藻糖/木糖/甘露糖/葡萄糖/半乳糖（1.0：0.14：0.15：0.40：0.10）和硫酸根	Chizhov, 1999
Fucus distichus	岩藻糖/硫酸根/醋酸根（1/1.21/0.08）	Bilan, 2007
Fucus evanescens c. Ag.	岩藻糖/硫酸根/醋酸根（1/1.23/0.36）	Bilan, 2006
Fucus serratus L.	岩藻糖/硫酸根/醋酸根（1/1/0.1）	
Hizikia fusiforme	岩藻糖、半乳糖、甘露糖、木糖、葡糖醛酸和硫酸根	Li, 2006
Stoechospermum marginatum	岩藻糖、半乳糖醛酸、木糖、半乳糖和硫酸根	Adhikari, 2006
Undaria pinnatifida（Mekabu）	岩藻糖、半乳糖、甘露糖、木糖和硫酸根	Kim, 2007；Lee, 2004
Adenocytis utricularis	岩藻糖、半乳糖、甘露糖、木糖和硫酸根	
Dictyota menstrualis	岩藻糖/木糖/糖醛酸/半乳糖/硫酸根（1/0.8/0.7/0.8/0.4）和（1/0.3/0.4/1.5/1.3）	
Ecklonia kurome	岩藻糖、半乳糖、甘露糖、木糖、葡糖醛酸和硫酸根	
Fucus vesiculosus	岩藻糖和硫酸根	
Himanthalia lorea 和 *Bifurcaria bifurcate*	岩藻糖、木糖、葡糖醛酸和硫酸根	
Laminaria angustata	岩藻糖/半乳糖/硫酸根（9/1/9）	Morya, 2012
Laminaria saccharina	岩藻糖、木糖、甘露糖、葡萄糖和半乳糖（30.8：1.4：2.1：0.9：7.9）	
Lessoniav adosa	岩藻糖/硫酸根（1/1.12）	
Macrocytis pyrifera	岩藻糖/半乳糖（18/1）和硫酸根	
Padina pavonia	岩藻糖、木糖、甘露糖、葡萄糖、半乳糖和硫酸根	
Pelvetia wrightii	岩藻糖/半乳糖（10/1）和硫酸根	
Sargassum stenophyllum	岩藻糖、半乳糖、甘露糖、葡糖醛酸、葡萄糖、木糖和硫酸根	
Spatoglossum schroederi	岩藻糖/木糖/半乳糖/硫酸根（1/0.5/2/2）	

第四节 岩藻多糖的理化性能和生物活性

一、岩藻多糖的理化性能

岩藻多糖是一种黄褐色粉末，易溶于水，不溶于有机溶剂。根据其分子量的不同，其水溶液黏度有很大变化，低浓度岩藻多糖溶液有膨胀流动特性。

不同褐藻中提取出的岩藻多糖的分子量在 10~788ku，研究显示，同一棵褐藻上提取的岩藻多糖的分子量也不相同。从墨角藻中提取的岩藻多糖的分子量经凝胶渗透色谱分析显示含有 50、100、150ku 三种分子量，岩藻多糖中的硫含量也有较大变化，范围在 7.6%~10.8%。

二、岩藻多糖的生物活性

岩藻多糖具有抗凝血、抗氧化、降血糖和血脂、保护肾脏、抗肿瘤、抗病毒、保护神经细胞、调节免疫等多种生理活性，其研究开发是目前海洋药物和保健品领域的热点之一。

（1）抗凝活性 岩藻多糖具有抗凝血功能，其硫酸基含量和相对分子质量对抗凝活性有很大影响，不同来源的岩藻多糖的抗凝活性有很大差异。研究表明，岩藻多糖的抗凝血活性远高于柠檬酸钠，且其抗凝血活性与钙离子结合无关，复钙处理后血液不会重新凝固，原因可能是激活了抗凝血酶 III 和抗凝血因子。岩藻多糖通过与抗凝血酶 III 相互作用，强烈抑制凝血因子活性，表现出类似肝素的抗凝血活性。尽管抗凝活性不及肝素，但其抗凝活性不易受血液酸碱度影响，还具有肝素不具备的溶栓作用（Li，2005）。

（2）抗氧化活性 岩藻多糖能抑制活性氧自由基的生成并促进其清除，具有明显的抗氧化活性（Zhao，2005）。

（3）调节血脂和血糖活性 岩藻多糖能显著降低高脂血症大鼠血清中胆固醇（TG）和甘油三酯（TC）含量，并增加高密度脂蛋白胆固醇（HDL-C）含量。血液中 TC 增加后沉积在血管壁上，会导致血管张力反射的异常及血管内膜损伤，最终引发动脉粥样硬化、冠心病等心血管疾病。HDL-C 能限制动脉 TC 沉积，有效抵抗动脉粥样硬化。岩藻多糖还有显著的降血糖作用，其作用有时效性和剂量性，研究显示高剂量组的降血糖效果与对照药物组（盐酸二甲双胍）的效果在统计学上无明显差异（Kwak，2010）。

（4）肾脏保护活性 岩藻多糖具有重建受损伤肾小球基底膜负电荷屏障的作用，也可减轻基质增生和肾小球硬化，缓解阿霉素肾病肾硬化大鼠的肾损伤，对肾脏有保护作用。岩藻多糖可明显改善肾衰竭患者的消化道症状，改善患者体力，显著降低尿毒症毒素，改善慢性肾衰竭患者的肾功能，是一种降低尿毒症毒素的安全有效药物（Thomes，2010）。

（5）免疫调节　岩藻多糖能活化免疫细胞，大幅提升免疫系统对外来病原体的抵抗力（Kim，2008；Raghavendran，2011；刘宪丽，2010；李芳，2012）。

（6）抗肿瘤活性　岩藻多糖具有免疫调节活性，能使巨噬细胞和脾细胞产生细胞因子和趋化因子，其免疫调节作用与抗肿瘤作用是密切相关的，可通过增强机体免疫功能，间接抑制或杀死肿瘤细胞，增强淋巴因子激活的杀伤细胞活性，诱导巨噬细胞产生肿瘤坏死因子（TNF），因而具有抗肿瘤活性（Eunji，2010；Lee，2013）。

（7）其他生物活性　岩藻多糖具有抗病毒、抗细菌、抗真菌（Morya，2012）、保肝（Li，2008）、降血脂（吴清和，2007）、护肾（王雪妹，2014）、保护胃黏膜（阮研硕，2015；Raghavendran，2011）、保护神经及消炎护脑（Del Bigio，1999；Luo，2009）、促进创面愈合（Holtkamp，2009）等生理活性。

岩藻多糖的性能与分子量有关，通常根据分子量分成低分子量（<10ku）、中分子量（10~10000ku）和高分子量（>10000ku）三部分。分子量高的岩藻多糖的消化吸收和生物利用率相对较低，在很多情况下，低分子量岩藻多糖比高分子量岩藻多糖有更高的生物活性（曲桂燕，2013；Morya，2012）。

第五节　岩藻多糖在健康产品中的应用

大量科学研究证明，岩藻多糖具有双向调节免疫力、清除自由基、抗衰老、抗凝血、抗血栓、抗肿瘤、抗HIV病毒、消除胃肠系统紊乱、抗过敏、增强肝功能、降低高血脂和高血压、稳定血糖水平等特性，并具有促进肌肤再生、皮肤保湿等20多项生理功效，在医药、保健品、化妆品、医用卫生材料等领域有很高的应用价值。

岩藻多糖在日本、美国作为预防和治疗癌症及血栓疾病的药物已进入市场，我国学者对岩藻多糖也进行了大量研究，目前已开发出防治心、脑、肾、血管疾病的药物，并在临床上取得满意的效果。作为新型药物的转运载体，岩藻多糖在缓释包衣、微球栓塞、纳米给药、基因治疗、外科修复、透皮给药等方面有应用前景。岩藻多糖有很好的保湿性，可作为保湿剂添加到化妆品、面包等产品中，生产具有保健作用的各种健康产品。

　　近年来，以青岛明月海藻集团为代表的中国企业认识到岩藻多糖巨大的商业价值，已经实现岩藻多糖的规模化提取，并以岩藻多糖为主要活性成分开发了岩藻多糖功能压片、清幽门螺杆菌功能饮品、肿瘤康复功能饮品等一系列新产品。图 5-5 所示为国内外以岩藻多糖为原料生产的健康产品。

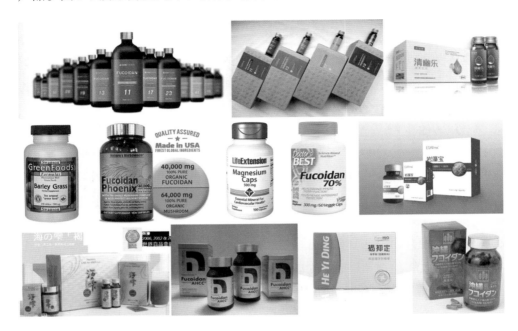

图 5-5　国内外以岩藻多糖为原料生产的健康产品

第六节　小结

　　岩藻多糖具有多种生物活性，可应用于医药、功能食品、特殊医学用途配方食品、医美用品、化妆品等领域。日本、韩国、美国、澳大利亚、中国台湾等国家和地区已经将岩藻多糖开发成提高免疫力的保健品、防抗肿瘤的康复产品、美容护发产品等，产生很好的经济价值和社会价值。

参考文献

[1] Adhikari U, Mateu C G, Chattopadhyay K, et al. Structure and antiviral activity of sulfated fucans from Stoechospermum marginatum [J]. Phytochemistry, 2006, 67 (22): 2474-2482.

[2] Anno K, Seno N, Ota M. Isolation of L-fucose 4-sulfate from fucoidan [J].Carbohydr Res, 1970, 13: 167-169.

[3] Bilan MI, Grachev AA, Shashkov AS, et al. Structure of fucoidan from the brown seaweed *Fucus serratus* L. [J].Carbohydr Res, 2006, 341: 238-245.

[4] Bilan M I, Zakharova A N, Grachev A A, et al. Polysaccharides of algae: 60. Fucoidan from the Pacific brown alga *Analipus japonicus* (Harv.) Winne (Ectocarpales, Scytosiphonaceae)[J]. Russian Journal of Bioorganic Chemistry, 2007, 33 (1): 38-46.

[5] ChevolotL, FoucaultA, Chaubet F, et al. Further data on the structure of brown seaweed fucans: relationships with anticoagulant activity [J]. Carbohyd Res., 1999, 319: 154-165.

[6] Chevolot L, Mulloy B, Ratiskol J, et al. A disaccharide repeat unit is the major structure in fucoidans from two species of brown algae [J]. Carbohydrate Research, 2001, 330 (4): 529-535.

[7] Chizhov A O, Dell A, Morris H R, et al. A study of fucoidan from the brown seaweed Chorda filum [J]. Carbohydrate Research, 1999, 320 (2): 108-119.

[8] Del Bigio M R, Yan H J, Campbell T M, et al. Effect offucoidan treatment on collagenase-induced intracerebral hemorrhage in rats [J]. Neurol. Res., 1999, 21 (4): 415-419.

[9] Eunji K, Soyoung P, Jaeyong L, et al. Fucoidan present in brown algae induces apoptosis of human colon cancer cells [J]. Bmc. Gastroenterology, 2010, 10 (1): 96-101.

[10] GulbrandL, Eirik H, Emil O. UberFucoidin[J]. Biological Chemistry, 1937, 247: 189-196.

[11] Holtkamp A D, Kelly S, Ulber R, et al. Fucoidans and fucoidanases-focus on techniques for molecular structure elucidation and modification of marine polysaccharides [J].Appl. Microbiol. Biotechnol., 2009, 82 (1): 1-11.

[12] Kim W J, Kim H G, Oh H R, et al. Purification and anticoagulant activity of a fucoidan from Korean Undaria pinnatifida sporophyll[J]. Algae, 2007, 22 (3): 247-252.

[13] Kim M H, Joo H G. Immunostimulatory effects of fucoidan on bone marrow-derived dendritic cells[J]. Immunology Letters, 2008, 115 (2): 138-143.

[14] Kwak K W, Cho K S, Hahn O J, et al. Biological effects of fucoidan isolated from *Fucus vesiculosus* on thrombosis and vascular cells [J]. Korean Journal

of Hematology, 2010, 45（1）: 51-57.

[15] KylinH Z. Biochemistry of sea algae [J]. HZ Physiol. Chem., 1913, 83: 171-197.

[16] Lee J B, Hayashi K, Hashimoto M, et al. Novel antiviral fucoidan from sporophyll of undaria pinnatifida（mekabu）[J]. Chem. Pharm. Bull., 2004, 52（9）: 1091-1094.

[17] Lee K W, Jeong D, Na K. Doxorubicin loading fucoidan acetate nanoparticles for immune and chemotherapy in cancer treatment [J]. Carbohydr. Polym., 2013, 94（2）: 850-856.

[18] Li B, Wei X J, Sun J L, et al. Structural investigation of a fucoidan containing a fucose-free core from the brown seaweed Hizikia fusiforme [J]. Carbohydrate Research, 2006, 341（9）: 1135-1146.

[19] Li B, Lu F, Wei X, et al. Fucoidan: structure and bioactivity [J]. Molecules, 2008, 13: 1671-1695

[20] Li N, Zhang Q, Song J. Toxicological evaluation of fucoidan extracted from Laminaria japonica in Wistar rats [J]. Food and Chemical Toxicology, 2005, 43（3）: 421-426.

[21] Luo D, Zhang Q, Wang H, et al. Fucoidan protects against dopaminergic neuron death in vivo and in vitro [J]. Eur. J. Pharmacol., 2009, 617（1-3）: 33-40.

[22] Marais M F, Joseleau J P. A fucoidan fraction from *Ascophyllum nodosum* [J]. Carbohydrate Research, 2001, 336（2）: 155-159.

[23] Morya V K, Kim J, Kim E K. Algal fucoidan: structural and size-dependent bioactivities and their perspectives [J]. Applied Microbiology & Biotechnology, 2012, 93（1）: 71-82.

[24] Nishino T, Nishioka C, Ura H. Isolation and partial characterization of a novel amino sugar containing fucan sulfate from commercial *Fucus vesiculosus* fucoidan [J].Carbohydr. Res., 1994, 255: 213-224.

[25] Raghavendran H R B, Srinivasan P, Rekha S. Immunomodulatory activity of fucoidan against aspirin-induced gastric mucosal damage in rats [J]. International Immunopharmacology, 2011, 11（2）: 157-163.

[26] Thomes P, Rajendran M, Pasanban B, et al. Cardioprotective activity of *Cladosiphon okamuranus* fucoidan against isoproterenol induced myocardial infarction in rats [J]. Phytomedicine, 2010, 18（1）: 52-57.

[27] Zhao X, Xue C, Cai Y, et al. The study of antioxidant activities of fucoidan from Laminaria japonica [J]. 高技术通讯（英文版）, 2005, 11（1）: 91-94.

[28] 吴清和, 邢燕红, 黄萍, 等. 褐藻糖胶对高脂血症大鼠脂代谢酶的影响 [J].广州中医药大学学报, 2007, 101（05）: 408-410.

［29］纪明侯.海藻化学［M］.北京：科学出版社，1997：318-335.

［30］杨玉红.海参岩藻聚糖硫酸酯抗肿瘤活性及作用机制的研究［D］.中国
海洋大学，2012.

［31］曲桂燕.五种褐藻岩藻聚糖硫酸酯提取纯化及其功能活性的比较研究
［D］.中国海洋大学，2013.

［32］刘宪丽，刘东颖，汪艳秋，等.褐藻多糖硫酸酯免疫调节和抗肿瘤活性研
究［J］.中国微生态学杂志，2010，22（12）：1074-1076.

［33］李芳，李八方，王景峰，等.海带岩藻聚糖硫酸酯对小鼠的免疫调节作用
［J］.食品科学，2012，33：238-242.

［34］王雪妹.海带褐藻多糖硫酸酯抗肾衰的机制研究[D].中国科学院研究生院
（海洋研究所），2014.

［35］阮研硕，赵江燕，李艳梅，等.岩藻多糖对急性酒精性胃黏膜损伤的保护作
用［J］.中国食品学报，2015,15(1):19-24.

第二部分

褐藻多糖在海洋功能
食品中的应用

第六章　褐藻多糖在海洋功能食品中的应用概述

第一节　引言

根据智利的一项考古发现（Dillehay，2008）和公元300年在中国以及公元600年在爱尔兰的文字记载，海藻作为人类的食物已经有几千年的历史（Newton，1951；Aaronson，1986；Turner，2003；Gantar，2008）。在智利的考古挖掘中，9种海藻与14000年前的壁炉、石器等一起存在，说明它们在远古时代就已经作为食品或药品使用，而这9种海藻目前被当地人作为药品使用（Chapman，1980；Lembi，1988）。

联合国粮农组织（FAO）估计2012年全球收获的2380万吨海藻中，38%直接用于食用，还有很大部分用于提取海藻酸盐、卡拉胶、琼胶后成为食品和饮料的添加剂（FAO，2014）。海藻在食品及相关领域的应用已经成为一个很大的产业，据统计，2013年全球海藻产业的价值约为67亿美元，其中95%来自海洋水产养殖，最大的养殖国为中国和印度尼西亚（FAO，2015）。

世界各国对海藻食品的消费有很大区别，其中日本人的消费量最大，2014年人均海藻食用量为9.6g/d。从全球食品消费的趋势看，应用于食品营养领域的海藻产品在不断增加，其驱动力源于人类社会对健康的更大关注和食品添加剂的更广泛应用。海藻及其衍生制品具有独特的健康功能特性，在食品和保健品中有很高的应用价值，具有抗氧化、抗菌、抗炎、改善胃肠道、减肥、预防心血管疾患、预防肿瘤等一系列健康功效（Bagchi，2006；Hafting，2012）。

以海藻酸盐、岩藻多糖为代表的褐藻多糖是从海藻中提取的海洋生物活性物质，具有一系列独特的理化性能和生物活性功效。本章总结了褐藻多糖在功能食品中的应用。

第二节　褐藻多糖的食用价值

海藻生物体中含有丰富的生物活性物质，例如，研究显示海带含有多种有益于人体的组分（赵素芬，2012），每100g海带干品含有胡萝卜素0.57mg、硫胺素（维生素B$_1$）0.69mg、核黄素（维生素B$_2$）0.36mg、烟酸1.6mg、粗蛋白质8.2g、脂肪0.1g、糖类57g、粗纤维9.8g、无机盐12.9g、钙2.25g、铁0.15g，而其释放出的热量仅为1096kJ，在具有很高营养价值的同时是一种低热量食物。海藻中的海藻酸盐、卡拉胶、琼胶、甘露醇、岩藻多糖、褐藻多酚、岩藻黄素、褐藻淀粉等成分在功能食品领域均有重要的应用价值。表6-1所示为几种主要的海藻活性物质在海藻生物体中的生物作用及其在功能食品中的应用价值。

表6-1　几种主要的海藻活性物质在海藻生物体中的生物作用及其在功能食品中的应用价值（Qin，2018）

海藻活性物质的种类	在海藻生物体中的作用	在食品中的应用价值
矿物质	海藻细胞和植物结构的重要元素	提供钙、碘、铁以及其他大、中、微量元素
海藻酸盐、卡拉胶、琼胶等海藻胶	海藻细胞壁和细胞外基质的主要成分	起到增稠、凝胶、成膜、乳化、稳定等作用
甘露醇	调节海藻细胞的渗透压	食品涂膜覆盖
褐藻多酚	是海藻防御侵食动物的主要参与者	抗氧化成分
岩藻黄素	褐藻中的色素	减肥、抗氧化
岩藻多糖	海藻抵抗脱水、氧化的主要成分	具有抗肿瘤、免疫调节等重要的健康功效
维生素、氨基酸、蛋白质等其他活性成分	海藻细胞和植物结构的重要组分	可以从海藻中分离纯化后应用于食品配料，也可以食用海藻的方式给人体提供必要的营养元素

多糖是海藻植物的结构成分，也用于能量的存储。在海藻中存在的各种多糖类物质中，人类拥有把海藻淀粉降解的酶，但是对于结构更复杂的多糖没有相应的酶降解，这是100多年前就认识到的（Saiki，1906）。这些耐降解的多糖也称为膳食纤维，在大肠中可能有一定程度的发酵，在酶的作用下转化为不同产物（Cian，2015）。与陆地植物不同，海藻细胞壁含有的多糖可

能是甲基化、乙酰化、丙酮化或硫酸酯化的（Stiger-Pouvreau，2016；Rioux，2015）。海藻多糖可能是海藻源食品中消费得最多的，其中有很多用于饮料、肉制品、乳制品等。

可食用海藻中一般含有大量膳食纤维，其干基含量在 23.5%~64.0%，超过麦麸的膳食纤维含量（McDermid，2005；Benjama，2012）。目前学术界和监管机构对食物源纤维的定义还没有达成共识，在美国 1990 年制定的营养标识和教育法（Nutrition Labeling and Education Act）中，膳食纤维被认为是一种营养成分，包括完整的植物中固有的不可消化的碳水化合物和木质素，这些对人体惰性的物体中的一部分被称为功能纤维，对人体有营养以外的生理健康功效（Institute of Medicine，2005）。

在绿藻和红藻中，水溶性纤维占总纤维的 52%~56%，而在褐藻中是 67%~85%（Lahaye，1991），其中大部分通过发酵可以转化为短链脂肪酸，如乙酸、丙酸和丁酸（Michel，1996），可以滋养大肠的上皮细胞，并为宿主提供其他益处，例如乙酸和丙酸通过血液被输送到人体的很多器官中，通过氧化提供能量并起到特殊的生理作用。发酵过程产生的短链脂肪酸也滋养了大肠中的菌群并发挥益生菌作用。目前关于海藻多糖对肠道菌群的健康功效有很多研究（Backhed，2005），其产生的健康功效包括降低糖尿病、高血压和心脏病风险。但是功能纤维、膳食纤维和肠道菌群之间的复杂互动性影响了对海藻多糖健康功效的准确表征（de Jesus Raposo，2015；Dhargalkar，2015），尽管在实验和动物试验中均证实海藻多糖具有很强的免疫促进作用（Watanabe，1989；Pasco，2010；Suarez，2010）。

海藻中主要的多糖是褐藻中的海藻酸盐以及绿藻、红藻、褐藻中广泛存在的硫酸酯化多糖（Popper，2011），它们在海藻细胞中的含量和组分随着季节和环境有很大的变化（Bourgougnon，2011；Mak，2013）。海藻酸盐是褐藻的主要成分，占干重的 14%~40%（Ramberg，2010）。海藻酸盐的健康功效包括吸收毒素、降低胆固醇吸收、改变结肠细菌状况、生成短链脂肪酸等（Brownlee，2005）。海藻酸盐螯合金属离子的性能使其在肠胃中具有吸附重金属离子的特性，但这个性能同时也使其有导致二价和多价金属离子损失的可能（Hollriegl，2004）。对泡叶藻的研究证明，海藻中的海藻酸在人体中基本不消化（Percival，1967；Pereira，2011；Painter，1983；Aarstad，2012）。

除了海藻酸盐，褐藻中的主要多糖包括 β- 葡聚糖（褐藻淀粉）、纤维素、杂多糖等，其中褐藻淀粉是能量储藏物，其他是细胞壁的结构成分，属于膳食纤维。岩藻多糖是褐藻含有的一种硫酸酯化多糖，因其独特的健康功效引起广泛关注（Wijesinghe，2012；Wijesekara，2011；Wijesinghe，2011）。岩藻多糖的高硫酸酯化度和分子量可能是其生物活性的主要原因（Ustyuzhanina，2013；Ustyuzhanina，2014）。

第三节　褐藻多糖在海洋功能食品中的应用

褐藻与褐藻多糖广泛应用于海洋食品领域，其中有两个主要的应用途径，即褐藻作为海洋蔬菜以及从褐藻中提取出多糖等活性物质后应用于食品加工。

一、食用褐藻

海藻在食品中的应用可以追索到远古时代。古代中国的先民早就认识到药食同源的健康理念，海藻的健康价值也在很多医学名著中得到记载，例如《神农本草经》《名医别录》《海洋本草》《本草纲目》等著作中均有关于海藻的论述（Xia，1987）。秦始皇在 2200 年前派徐福东渡寻找长生不老药是基于东瀛地方的人长寿的传说。这种使人长寿的药草其实就是原产于日本、朝鲜等地的海带（如图 6-1 所示），后来成了日本和朝鲜进贡给中国皇室的一种贡品。今天的日本是全球人均寿命最长的国家，与其食用海带及其他海藻类食品有一定的相关性。

图 6-1　海带

食用海藻有以下 6 个方面的功效。

（1）防治便秘、排毒、养颜、预防肠癌　海藻含有丰富的多糖成分，能加速排泄过程、减少有害物质的滞留和吸收，有治疗便秘、排毒养颜、预防肠癌的作用。

（2）降血脂、预防动脉硬化　海藻多糖能阻止胆固醇和脂肪的吸收，临床试验显示，高血脂患者食用一个半月后胆固醇降低 26.7%、甘油三脂降低 20%、动脉硬化发生率降低 50%。海藻富含碘、钙、磷、硒、胡萝卜素、维生素 B_1 等多种人体必需的营养素，可减少脂肪在心、脑、血管壁上的积存，降低血液中胆固醇含量。

（3）降血糖　临床上服用海藻多糖一个半月后血糖降低 27%，糖尿病患者中 24% 可达到正常水平、48% 好转，效果良好。

（4）降血压　海带表面的白色析出物甘露醇是一种利尿剂，有降压、消肿作用，是水肿、小便不利病人的食疗佳品。裙带菜、海带富含钾离子，降血压效果显著。

（5）排除体内铅及放射性元素　铅毒被专家视为儿童智能发育的"头号杀手"，许多工业城市中儿童血铅含量严重超标。海带中的海藻酸钠可与铅结合后将其排出体外。我国卫生部早在 1997 年就以"97-65"的批准号批准"褐藻胶"是具有排铅功能的物质。

（6）提高智商、补钙　裙带菜、海带等海藻含钙、铁较多，常吃能有效预防胃癌和肠道癌的发生。

在韩国，海藻类食物被认为是具有魔法般功效的超级食品，韩国人坐月子、过生日都会食用海藻类食物，尤其是"海带汤"。古代韩国人看到鲸鱼受伤时会找藻类食物疗伤，自己也就学着用海带来调理身体。凭着多年积累的经验，他们认为藻类食物有益于产后调理，有助于孕妇去污血，对抗落齿、脱发等问题。现代营养学分析显示，海带含有丰富的蛋白质、维生素 A、矿物质，易于吸收，对身体有很大的益处。此外，海带含有的可溶性膳食纤维比一般纤维更容易消化吸收，且协助排便顺畅，对产后瘦身有很大的帮助。海带汤价格便宜又营养丰富，被视为产后滋补圣品，韩国女人产后都会饮海带汤，而且一饮就是三个月。为了纪念母亲生育的痛苦，也为了表达自己对母亲的敬意、感谢母亲赐予自己生命，韩国人在自己的生日也喝海带汤。

图 6-2 所示为食用海藻的几种方法。

海带卷

海带片

海藻沙拉

海带汤

图 6-2　海藻的食用方法

在食品领域，海藻的主要用途是作为一种美味营养的海洋蔬菜。海藻也可以与其他食材复配后食用，例如把粉碎的海藻与面粉混合后加工制成的海藻面条兼具面条与海藻的口感和营养价值。把海藻与牛油混合后制成的海藻牛油在英国深受消费者喜爱。图 6-3 所示为食用海藻的几种新方法。

海藻面条

海藻牛油

海藻丸

图 6-3　食用海藻的几种新方法

应该指出的是，尽管世界各地海藻的种类繁多，目前作为海洋蔬菜食用的是以海带、裙带菜、紫菜为主的少数几种海藻，以亚洲地区为主要消费市场。近年来，一种生长在南极的褐藻在海洋食品领域越来越受到消费者喜爱。南极海茸产于南极，其生长条件非常严苛，仅在南极洲海水温度4℃以下无污染的海域中才能少量生长，加上人工采摘期短和作业困难等因素，海茸不愧是纯天然优质极地藻类精华，是深海植物中最珍贵稀有的一员。

海茸的口感丰满鲜脆，除了含有高于陆地植物的所有营养成分，如蛋白质、维生素、纤维素、钙、碘、钠、铁、钾、磷、锌、硒等元素，它还具有海洋独有的20多种营养成分。南极海茸富含海藻胶原蛋白，不仅更易被人体吸收，且无补充动物性胶原蛋白时携带口蹄疫、传染病菌等情况的风险，是各类人群，特别是素食者摄取胶原蛋白的绝佳食品。南极海茸独特的保健功效如下。

（1）抗衰老　南极海茸富含蛋白质、维生素、纤维素、各种微量元素以及20多种海洋独有营养成分，如海藻酸、岩藻多糖、EPA（不饱和脂肪酸）、SOD（超氧化歧化酶）等，还有丰富的胶原蛋白，能恢复皮肤弹性、延缓衰老，是天然的美容圣品。

（2）减肥降脂　南极海茸的脂肪含量低，且含大量纤维素，食用少量后即有饱胀感。在减肥期间食用海茸既能满足人体对植物蛋白质、不饱和脂肪酸、维生素和矿物质的需要，又没有乏力、腹泻、食欲不振等副作用。

（3）补铁　南极海茸含有丰富的铁质，多食用海茸是女性补血的好选择。

（4）补钙　南极海茸含钙量丰富。

（5）抗辐射　南极海茸含有抗辐射活性物质，这些物质结构新颖且活性强，能减轻紫外线带来的伤害。

二、海藻酸盐食品配料

从褐藻中提取出的海藻酸及其盐是一类性能优良的海洋源功能性食品配料，包括海藻酸钠、海藻酸钾、海藻酸铵、海藻酸钠-海藻酸钙复盐、海藻酸铵-海藻酸钙复盐、藻酸丙二醇酯等基于海藻酸的一系列具有不同结构、性能和应用功效的海藻生物制品，在食品行业有广泛的应用和广阔的发展前景。

（1）海藻酸盐食品配料的主要功能　海藻酸盐是一种亲水性高分子，其在食品配料领域的主要应用功能如下。

①胶凝剂：以海藻酸钠为原料制备的各种凝胶食品能保持良好的胶体形态，

不发生渗液或收缩。

②粘合剂：在宠物食品中，海藻酸钠可用作为一种安全的粘合剂。

③稳定剂：用海藻酸钠作冰淇淋的稳定剂，可控制冰晶的形成、改善冰淇淋口感。

④增稠与乳化剂：海藻酸钠可用于色拉调味汁、布丁、果酱、番茄酱、罐装制品的增稠剂，提高制品稳定性、减少液体渗出。

⑤水合剂：在挂面、粉丝、米粉制作中添加海藻酸钠可改善制品组织的粘结性，使其拉力强、弯曲度大、断头率减少。在面包、糕点等制品中添加海藻酸钠可改善制品内部组织的均一性和持水性，延长贮藏时间。

海藻酸盐与卡拉胶、琼胶同为食品行业有重要应用价值的海藻胶，可以通过很多种方式应用于功能食品的生产，产生一系列独特的使用功效。表 6-2 总结了海藻酸盐食品配料的主要功能和应用。

表6-2　海藻酸盐食品配料的主要功能和应用

功能	应用案例
粘合	糖衣、糖霜、浆汁
粘结	重组食品、宠物食品
抑制结晶	冰淇淋、糖浆、冷冻食品
澄清	啤酒、葡萄酒
起云	果汁、饮料
膳食纤维	谷物、面包
乳化	沙拉酱
包埋	食用粉末香精
成膜	香肠衣、保护膜
絮凝	葡萄酒
稳定泡沫	搅打起泡的浇头、啤酒
凝胶	布丁、甜食、糖果糕点
塑形	果冻
保护胶体	食用乳化香精
稳定	沙拉酱、冰淇淋
悬浮	巧克力牛乳

功能	应用案例
膨化	肉制品
阻止脱水	干酪、冷冻食品
增稠	果酱、馅饼馅料、酱汁
发泡	配料、棉花糖

（2）海藻酸盐在凝胶食品中的应用　凉粉是我国传统食品，市场上有很多种类的产品，包括豌豆凉粉、玉米凉粉、绿豆凉粉、米凉粉、麦子凉粉等以淀粉为原料做成的凉粉，以石花菜等海藻为原料做成的凉粉和以明胶为原料做成的凉粉。这些凉粉的制作工艺基本相似，即用热水溶解原料，冷却后得到凉粉。

利用海藻酸钠与钙离子结合后形成凝胶的特性也可以制作凉粉，例如以青岛明月海藻集团研制的"明月"牌凉粉配料生产的海藻凉粉，产品不含任何防腐剂，是一种绿色、天然、健康的海洋食品，其特色为：

① 口感清脆，热量低；

② 热稳定性好，无需担心热炒、煲汤、涮火锅带来的凉粉融化问题；

③ 具有降血压、降胆固醇、减肥、促进胃肠蠕动、排除体内重金属离子等功能；

④ 富含有机钙，可补充人体对钙的需求。

图 6-4 所示为一种以海藻酸盐为原料制备的凉粉类凝胶食品，其功能特性包括热不可逆、低热量、可凉拌、煎炸、蒸煮、涮火锅、煲汤等，食用后起到饱腹、减肥、补钙、排毒等健康功效。

图 6-4　一种海藻酸盐凝胶食品

（3）海藻酸盐在仿生食品中的应用　仿生食品又称人造食品，是用科学手段把普通食物模拟成贵重、珍稀食物，它们不是以化学原料聚合制备，而是根据所仿生的天然食品需要的营养成分，选取含有同类成分的普通食物做原料，在胶凝剂的作用下制成。自从日本研究人员首次成功研制出人造海蜇皮以来，世界各国的科研人员已研制出多种类型的仿生食品，其风味、口感与天然食品极为相似且营养价值不逊于天然食品，因其价格低、食用方便受到消费者青睐。

目前市场上主要的仿生食品有海洋仿生食品中的人造鱼翅、人造海蜇皮等，还有人造瘦肉、人造牛肉干等仿生肉，以及人造大米、人造苹果、人造咖啡、人造菠萝等。仿生食品的模拟特点包括功能模拟仿生、制作方法模拟仿生、风味模拟仿生、外形模拟仿生等。

利用海藻酸钠在钙离子作用下形成凝胶的特性，以海藻酸钠作凝胶成型剂、分离大豆蛋白作填充剂，在搅拌下成型，可以制备具有耐热性能的仿肉纤维。这种仿肉纤维可以调味后烘干或油炸，参照肉类制品的烹调方法，可以制得多种色、香、味俱佳的大豆蛋白仿肉制品，如五香肉脯、美味仿虾条、糖醋仿肉丸、麻辣仿肉丝等。

（4）海藻酸盐在肉制品中的应用　作为一种天然高分子，海藻酸盐具有优良的成膜性能，可用于制备香肠的肠衣。生产过程中，肉的混合物挤出后首先在其表面覆盖一层海藻酸钠水溶液，然后与氯化钙水溶液接触后成膜，这样形成的海藻酸钙肠衣可保护香肠，减少水分和油脂的流失。图 6-5 所示为各种香肠制品的效果图。

图 6-5　香肠制品效果图

图 6-6　脂肪替代品在香肠中的应用

脂肪替代品是利用海藻酸钠与钙形成热不可逆凝胶的特性及其与其他高分子多糖的良好配伍性，结合动物脂肪或植物油脂，通过高速斩拌、静止成型制备出的类似固体脂肪的高强度、高弹性、高韧性肉制品脂肪替代物，可应用于萨拉米等香肠制品，显著提高肠体的硬度和弹性、降低产品脂肪含量、赋予产品良好的外观，满足消费者对低脂、健康西餐的需求。图 6-6 所示为脂肪替代品应用于香肠的效果图。

海藻酸盐在肉制品中有很多应用，表 6-3 所示为海藻酸盐肉制品配料一览表。

表 6-3　海藻酸盐肉制品配料一览表

产品分类	规格	产品应用	功能与特性
火腿灌肠系列配料	MY-H03	火腿肠、大红肠、亲亲肠、台湾烤肠、火锅肠	保水、保油；降低产品蒸煮损失；提高产品切片性、脆性及弹性
	MY-0309	脂肪凝胶	低成本、低脂、低热量
	MY-D05	台湾烤肠、亲亲肠	保水、保油、增弹、增脆
	MY-G02	滚揉型肉制品	保水、保油、增弹、增脆
速冻调理类系列配料	MY-C02	肉丸类、肉糜乳化产品	塑形、增弹、耐煮、抗冻融
	MY-DF01	肉馅类调理制品	低脂、保油、增弹、增脆
	MY-G08	调理肉制品	保水、保油、降低风味物质流失、提高出品率
	HZ-1002	产品成型	形成热不可逆凝胶、赋予产品一定形状、抗冻融
重组肉类系列配料	MY-03A MY-03C	滚揉型肉类粘合剂：生鲜调理类产品，如羊肉片、牛肉片等	成本较低、既可粘合瘦肉也可粘合肥肉、提高碎肉利用率、增加碎肉附加值
	MY-NF03	生鲜调理类产品，如培根等	成本低、粘结性好、粘结效果不受温度影响、粘结后不需要冷藏直接冷冻即可、提高碎肉利用率、增加碎肉附加值

（5）海藻酸盐在乳制品和饮料中的应用　在发酵酸乳中加入海藻酸盐食品配料可以起到增稠、乳化作用，稳定蛋白、乳化脂肪、改善口感、保护香气。在中性饮料中可以通过增稠和乳化作用，提高体系稳定性，防止产品分层。在冰淇淋中应用海藻酸盐可提高产品抗冻融稳定性，冰淇淋膏体细腻、口感好。

（6）海藻酸盐在面制品中的应用　在面制品中加入海藻酸盐，可使产品增劲、不浑汤、抗冻融、抗老化、耐煮、爽滑、减少断条率。图6-7所示为海藻酸盐在面制品中的应用案例。

图6-7　海藻酸盐在面制品中的应用案例

海藻酸盐在面制品中有广泛的应用，表6-4所示为海藻酸盐面制品配料一览表。

表6-4　海藻酸盐面制品配料一览表

产品型号	应用领域	主要功能特性
BM A02/BM A04	挂面、干面片、湿面条、鲜切面、饺子皮、馄饨皮、面皮、速冻面条、速冻水饺皮	增加弹性和韧性、减少断条率、保水性好、减少水分损失或降低表面干裂、筋道、爽滑、有弹性、耐煮、抗泡、不浑汤
BM A06	杂粮挂面、杂粮鲜面、粗粮馒头、包子等面点	

产品型号	应用领域	主要功能特性
BM M01	馒头、包子、花卷、馅饼类发酵面制品及相关速冻制品	改善产品内部组织结构和口感、增大体积、表皮亮白有光泽、柔软有弹性、防止老化回生、防止产品收缩、开裂
BM F01	方便面、方便米线、乌冬面、热干面等	降低面饼吸油率、提高产品复水性、增加弹性、口感筋道、爽滑、耐煮、抗泡、断条率低
BM T0608	速冻米面制品，如汤圆等	改善产品内部组织结构和口感、防止产品收缩、开裂

（7）海藻酸盐在焙烤制品中的应用　在焙烤制品中加入海藻酸盐可以起到保水、增稠、塑形的作用，使产品组织细腻。图 6-8 所示为添加海藻酸盐后制备的蛋糕。

图 6-8　添加海藻酸盐的蛋糕

表 6-5 所示为海藻酸盐作为焙烤配料一览表。

表 6-5　海藻酸盐作为焙烤配料一览表

产品型号	应用领域	主要功能特性
HZ-M02	面包	增大比容和弹性、保水性好、改善抗老化效果
HZ-Y01	蛋糕	有助于乳化蛋浆、增加比容、气孔细密均匀、柔软有弹性、易于脱模、外观光滑

续表

产品型号	应用领域	主要功能特性
BM 3056	面包、糕点、饼干及相关预拌粉产品	改善酱体产品的塑形性、改善产品内部组织结构、使产品光滑细腻、热稳定性好、降低焙烤导致的坍塌变形
HZ-SN02	焙烤食品馅料、果酱	保水塑形、制成凝胶型果酱、易涂抹、光滑有弹性、减少酱体水分析出、耐烘焙
HZ-X07	果酱、焙烤食品馅料	表面光滑有弹性、酱体充盈、口感细腻、降低水分析出

三、海藻酸盐衍生物在功能食品和保健品中的应用

在海洋功能食品领域，藻酸丙二醇酯和褐藻胶寡糖是两类重要的海藻酸盐衍生物，其独特的结构和性能赋予两类产品优良的使用功效。作为海藻酸的酯化衍生物，藻酸丙二醇酯具有独特的乳化、增稠、稳定性能，在乳制品、功能饮料、啤酒、焙烤制品等领域有独特的应用价值。褐藻胶寡糖是一种具有很强生物活性和保健功效的海藻酸降解产物，是功能饮料和保健品的一种重要原料。

四、岩藻多糖在功能食品和保健品中的应用

岩藻多糖对人体有多种生物活性，其中最重要的性能是其通过抑制人体癌细胞增殖，产生独特的抗肿瘤功效。岩藻多糖提高人体免疫力、抑制癌细胞的作用主要通过以下三种机制实现。

（1）启动癌细胞凋亡机制，终止其无限增殖状态，诱导癌细胞凋亡　多数细胞有一定的寿命，生命周期一到就会自然凋亡。但癌细胞本身缺乏自然凋亡能力，会无限生长、转化和转移，并破坏正常细胞组织。岩藻多糖能启动癌细胞的"自杀信号"开关，使癌细胞核缩小并最后分裂成碎片，利用"自杀"机制诱导癌细胞凋亡。

（2）增强人体免疫力，清除异常细胞的能力大大增强　岩藻多糖能活化巨噬细胞、B细胞、T细胞及自然杀伤细胞等免疫细胞活性，大幅提升免疫系统对外来病原体的抵抗力。活性化的B细胞和巨噬细胞产生白细胞介素12（IL-12），能诱导T细胞和自然杀伤细胞产生具有抗病毒、抗癌、增强巨噬细胞和自然杀伤细胞活性的干扰素。动物实验证实，岩藻多糖能增强小鼠细胞免疫功能，提高小鼠淋巴细胞转化能力。

（3）抑制癌细胞血管增生，使其得不到生长所需的养分而凋亡　癌细胞

发展到一定大小后需要能为其提供营养成分和氧气的微血管。岩藻多糖可明显抑制血管新生，阻断癌细胞获取营养成分和氧气，从而抑制癌细胞增生与扩散。

基于其优良的生物活性，岩藻多糖在加工成片剂、冲剂、饮料等制品后可用于预抗肿瘤的保健品。

第四节 小结

海藻酸盐、岩藻多糖等褐藻多糖在具有凝胶、增稠、成膜、稳定、乳化等理化特性的同时，还具有抗氧化、吸附重金属离子、改善胃肠道健康等一系列生理功效，在海洋功能食品领域起到越来越重要的作用。

表 6-6 总结了褐藻多糖食品配料的性能和应用功效。

表 6-6　褐藻多糖食品配料的性能和应用功效

性能	相关产品	应用功效
抗氧化	特种食品添加剂	产生抗衰老、抗肿瘤、强化免疫力等健康功效
螯合重金属离子	排铅奶粉	排除铅等有毒重金属离子
乳化	调味酱、沙拉酱等	乳化酱料、稳定食品配料、保香
成膜	水果涂膜、包埋食品	水果保鲜、可控释放香味和营养因子
凝胶	凉粉、布丁、甜点凝胶、仿生食品、馅饼和糕点填料	形成热稳定的凝胶，给布丁等食品提供良好的形态、口感和香味释放性能
减肥	饱感饮料	增加饱感、减少进食、降低体重
稳定	啤酒、糖浆、浇头、果汁、奶昔、调味汁、肉汁、搅打起泡的浇头	稳定泡沫、悬浮固体、产生均匀的食料、形成光滑细腻的质地、稳定脂肪的分散、避免冻融破坏
保水	冷冻甜点、冷冻食品、糕点馅料、调味料、糖浆	防止黏附和开裂、快速吸水、提供受热时的保护、改善香味释放性能、维持冻融过程中的质构、产生光滑柔软的质感、稳定盐水、悬浮固体
抗肿瘤、抗糖尿病等其他功效	保健品	预抗肿瘤、糖尿病和其他慢性疾患

参考文献

[1] Aaronson S. A role for algae as human food in antiquity[J]. Food Foodways, 1986, 1: 311-315.

[2] Aarstad O A, Tondervik A, Sletta H, et al. Alginate sequencing: an analysis of block distribution in alginates using specific alginate degrading enzymes[J]. Biomacromolecules, 2012, 13: 106-116.

[3] Abidov M, Ramazanov Z, Seifulla R, et al. The effects of Xanthigen in the weight management of obese premenopausal women with non-alcoholic fatty liver disease and normal liver fat[J]. Diabetes, Obesity and Metabolism, 2010, 12: 72-76.

[4] Backhed F, Ley R E, Sonnenburg J L, et al. Host-bacterial mutualism in the human intestine[J]. Science, 2005, 307: 1915-1920.

[5] Bagchi D. Nutraceuticals and functional foods regulations in the United States and around the world[J]. Toxicology, 2006, 221: 1-3.

[6] Benjama O, Masniyom P. Biochemical composition and physicochemical properties of two red seaweeds (*Gracilaria fisheri* and *G. tenuistipitata*) from the Pattani Bay in southern Thailand[J]. Songklanakarin J. Sci. Technol., 2012, 34: 223-230.

[7] Bixler H J, Porse H. A decade of change in the seaweed hydrocolloids industry[J].Journal of Applied Phycology, 2011, 23: 321-335.

[8] Blunt J W, Copp B R, Keyzers R A. Marine natural products[J]. Nat. Prod. Rep, 2013, 30: 237-323.

[9] Bourgougnon N, Stiger-Pouvreau V. Chemodiversity and bioactivity within red and brown macroalgae along the French coasts, metropol and overseas departments and territories. In: Kim S E (ed)Handbook of Marine Macroalgae: Biotechnology and Applied Phycology[M]. Chichester: John Wiley & Sons, 2011: 58-105.

[10] Brownlee I A, Allen A, Pearson J P. Alginate as a source of dietary fiber[J]. Critical Reviews in Food Science and Nutrition, 2005, 45 (6): 497-510.

[11] Brownlee I A, Seal C J, Wilcox M. Applications of alginates in food. In Rehm B H A (ed), Alginates: Biology and Applications[M]. Berlin Heidelberg: Springer-Verlag, 2009.

[12] Campos C A, Gerschenson L N, Flores S K. Development of edible films and coatings with antimicrobial activity[J]. Food Bioprocess Technol., 2011, 4: 849-875.

[13] Chale-Dzul J, Moo-Puc R, Robledo D, et al. Hepatoprotective effect of the fucoidan from the brown seaweed *Turbinaria tricostata*[J]. Journal of Applied Phycology, 2015, 27: 2123-2135.

[14] Chapman R L. Algae: the world's most important "plants" - an introduction [J]. Mitig. Adapt. Strateg. Glob. Change, 2013, 18: 5-12.

［15］Chapman V J, Chapman D J. Seaweeds and Their Uses, 3rd Edn［M］. London: Chapman and Hall, 1980: 334.

［16］Chater P I, Wilcox M, Cherry P, et al. Inhibitory activity of extracts of Hebridean brown seaweeds on lipase activity［J］. Journal of Applied Phycology, 2016, 28: 1303-1313.

［17］Chung T W, Choi H J, Lee J Y, et al. Marine algal fucoxanthin inhibits the metastatic potential of cancer cells［J］. Biochemical and Biophysical Research Communications, 2013, 439（4）: 580-585.

［18］Cian R E, Drago S R, de Medina F S, et al. Proteins and carbohydrates from red seaweeds: evidence for beneficial effects on gut function and microbiota［J］. Mar. Drugs, 2015, 13: 5358-5383.

［19］Conde E, Moure A, Domínguez H. Supercritical CO_2 extraction of fatty acids, phenolics and fucoxanthin from freeze-dried *Sargassum muticum*［J］. Journal of Applied Phycology, 2015, 27: 957-964.

［20］Das D. Algal Biorefinery: An Integrated Approach［M］. New York: Springer, 2015.

［21］Datta S, Christena L R, Rajaram Y R S. Enzyme immobilization: an overview on techniques and support materials［J］. Biotech, 2013, 3: 1-9.

［22］de Jesus Raposo F M, Bernado de Morais A M, Santos Costa de Morais R M. Marine polysaccharides from algae with potential biomedical applications［J］. Mar. Drugs, 2015, 13: 2967-3028.

［23］Dettmar P W, Strugala V, Richardson J C. The key role alginates play in health［J］. Food Hydrocolloids, 2011, 25: 263-266.

［24］Dhargalkar V. Uses of seaweeds in the Indian diet for sustenance and well-being ［J］. Sci. Cult., 2015, 80: 192-202.

［25］Dillehay T D, Ramirez C, Pino M, et al. Monte Verde: seaweed, food, medicine and the peopling of South America［J］. Science, 2008, 320: 784-789.

［26］Dordevic V, Balanc B, Belscak-Cvitanovic A. Trends in encapsulation technologies for delivery of food bioactive compounds［J］. Food Eng. Rev., 2015, 7: 452-490.

［27］FAO.The State of the World Fisheries and Aquaculture 2014［M］. Rome: FAO, 2014: 223.

［28］FAO. FAO Global Aquaculture Production Database Updated to 2013-Summary Information［M］. Rome, FAO, 2015.

［29］Fu S, Thacker A, Sperger D M. Relevance of rheological properties of sodium alginate in solution to calcium alginate gel properties［J］. AAPS Pharm. Sci. Tech., 2011, 12（2）: 453-460.

［30］Gantar M, Svircev Z. Microalgae and cyanobacteria: food for thought［J］. J.

海洋功能性食品配料：褐藻多糖的功能和应用

Phycol., 2008, 44: 260-268.

［31］Glicksman M. Utilization of seaweed hydrocolloids in the food industry［J］. Hydrobiologia, 1987, 151/152: 31-47.

［32］Grenby T H. Advances in Sweeteners［M］. New York: Springer, 2011.

［33］Gupta S, Abu-Ghannam N. Bioactive potential and possible health effects of edible brown seaweeds［J］. Trends in Food Science & Technology, 2011, 22: 315-326.

［34］Ha B, Jo E, Cho S, et al. Production optimization of flying fish roe analogs using calcium alginate hydrogel beads［J］. Fisheries and Aquatic Sciences, 2016, 19: 30-34.

［35］Hafting J T, Critchley A T, Cornish M L, et al. On-land cultivation of functional seaweed products for human usage［J］. J. Appl. Phycol., 2012, 24: 385-392.

［36］Hampson F C, Farndale A, Strugala V. Alginate rafts and their characterization ［J］. International Journal of Phar. Pharmaceutics, 2005, 294: 137-147.

［37］Haug A, Smidsrod O. Effect of divalent ions on solution property［J］. Acta. Chemi. Scandinavica, 1965, 19: 341-351.

［38］Hill R A. Marine natural products［J］.Annu.Rep. B（Organ.Chem.）, 2012, 108: 131-146.

［39］Hoad C L, Rayment P, Spiller R C. In vivo imaging of intragastric gelation and its effect on satiety in humans［J］. Journal of Nutrition, 2004, 134（9）: 2293-2300.

［40］Holdt S L, Kraan S. Bioactive compounds in seaweed: functional food applications and legislation［J］. Journal of Applied Phycology, 2011, 23: 543-597.

［41］Hollriegl V, Rohmuss M, Oeh U, et al. Strontium biokinetics in humans: influence of alginate on the uptake of ingested strontium［J］. Health Phys., 2004, 86: 193-196.

［42］Honold P J, Jacobsen C, Jónsdóttir R, et al. Potential seaweed-based food ingredients to inhibit lipid oxidation in fish-oil-enriched mayonnaise［J］.Eur. Food Res. Technol., 2016, 242: 571-584.

［43］Imeson A. Thickening and Gelling Agents for Food［M］. Glasgow: Blackie Academic and Professional, 1992.

［44］Institute of Medicine. Dietary, functional and total fiber. In: Dietary reference intakes for energy, carbohydrates, fiber, fat, fatty acids, cholesterol, protein, and amino acids［M］. Washington DC: National Academies Press, 2005: 339-421.

［45］Ioannou E, Roussis V. Natural products from seaweeds. In: Osbourn A E, Lanzotti V（eds.）, Plant-derived Natural Products［M］. LLC: Springer

Science+Business Media，2009.

［46］Jiménez-Escrig A，Gómez-Ordóñez E，Rupérez P. Brown and red seaweeds as potential sources of antioxidant nutraceuticals［J］. Journal of Applied Phycology，2012，24：1123-1132.

［47］Kearsley M W，Deis R C. Sorbitol and mannitol. In：Sweeteners and Sugar Alternatives in Food Technology［M］. New York：Wiley-Blackwell，2006.

［48］Kim S K. Handbook of Marine Biotechnology［M］. New York：Springer，2015.

［49］Lahaye M. Marine algae as sources of fibers：determination of soluble and insoluble dietary fiber contents in some 'sea vegetables'［J］. J. Sci. Food. Agric.，1991，54：587-594.

［50］Lembi C，Waaland J R. Algae and Human Affairs［M］.New York：Cambridge University Press，1988：590.

［51］Li B，Lu F，Wei X，et al. Fucoidan：structure and bioactivity［J］. Molecules，2008，13（8）：1671-1695.

［52］Lowenthal R M，Fitton J H. Are seaweed-derived fucoidans possible future anti-cancer agents?［J］. Journal of Applied Phycology，2015，27：2075-2077.

［53］Maeda H，Hosokawa M，Sashima T，et al. Fucoxanthin from edible seaweed，*Undaria pinnatifida*，shows antiobesity effect through UCP1 expression in white adipose tissues［J］. Biochemical and Biophysical Research Communications，2005，332（2）：392-397.

［54］Mak W，Hamid N，Liu T，et al. Fucoidan from New Zealand *Undaria pinnatifida*：monthly variations and determination of antioxidant activities［J］. Carbohydr. Polym.，2013，95：606-614.

［55］McDermid K J，Stuercke B，Haleakala O J. Total dietary fiber content in Hawaiian marine algae［J］. Bot. Mar.，2005，48：437-440.

［56］McHugh D J. A Guide to the Seaweed Industry，FAO Fisheries Technical Paper 441［M］. Rome：FAO，2003.

［57］Michel C，MacFarlane G T. Digestive fates of soluble polysaccharides from marine macroalgae：involvement of the colonic microflora and physiological consequences for the host［J］. J. Appl. Bacteriol.，1996，80：349-369.

［58］Myrvold R，Onsøyen E. Alginate［M］. FMC Corporation，2004.

［59］Newton L. Seaweed Utilization［M］. London：Sampson Low，1951.

［60］Nomura M，Kamogawa H，Susanto E，et al. Seasonal variations of total lipids，fatty acid composition，and fucoxanthin contents of *Sargassum horneri*（Turner）and *Cystoseira hakodatensis*（Yendo）from the northern seashore of Japan［M］. Journal of Applied Phycology，2013，25：1159-1169.

［61］Ohta A，Taguchi A，Takizawa T. The alginate reduce the postprandial glycaemic response by forming a gel with dietary calcium in the stomach of the rat [J] . International Journal for Vitamin and Nutrition Research, 1997, 67 (1): 55-61.

[62] Onsoyen E. Alginates. In: Imeson A (ed), Thickening and Gelling Agents for Food [M] . Glasgow: Blackie Academic and Professional, 1992.

[63] Painter T J. Algal polysaccharides. In: Aspinall G O (ed) The Polysaccharides, Vol 2 [M] . New York: Academic Press, 1983: 195-285.

[64] Pasco D, Pugh N. Potent immunostimulatory extracts from microalgae [P] . US Patent 7846452 B2, 2010.

[65] Patel S, Goyal A. Functional oligosaccharides: production, properties and applications [J] . World J. Microbiol. Biotechnol., 2011, 27: 1119-1128.

[66] Paxman J R, Richardson J C, Dettmar P W. Alginate reduces the increased uptake of cholesterol and glucose in overweight male subjects: a pilot study [J] . Nutrition Research, 2008, 28 (8): 501-505.

[67] Paxman J R, Richardson J C, Dettmar P W. Daily ingestion of alginate reduces energy intake in free-living subjects [J] . Appetite, 2008, 51 (3): 713-719.

[68] Percival E, McDowell R H. Chemistry and Enzymology of Marine Algal Polysaccharides [M] . London: Academic Press, 1967.

[69] Pereira L. A review of the nutrient composition of selected edible seaweeds. In: Ponin V H (ed) Seaweeds: Ecology, Nutrient Composition and Medicinal Uses [M] . Hauppauge: Nova Science Publishers, 2011: 30.

[70] Popper Z A, Michel G, Herve C, et al. Evolution and diversity of plant cell walls: from algae to flowering plants [J] . Annu. Rev. Plant Biol., 2011, 62: 8.1-8.24.

[71] Ramberg J E, Nelson E D, Sinnott R A. Immunomodulatory dietary polysaccharides: a systematic review of the literature [J] . Nutr. J., 2010, 9: 54.

[72] Rioux L E, Turgeon S. Seaweed carbohydrates. In: Tiwari B, Troy D (eds) Seaweed Sustainability: Food and Non-Food Applications [M] . Amsterdam: Elsevier, 2015: 141-192.

[73] Qin Y. Bioactive Seaweeds for Food Applications [M] . San Diego: Academic Press, 2018.

[74] Qin Y, Chen J. Absorption and release of zinc ions by alginate fibers [J] . Journal of Textile Research, 2011, 32 (1): 16-19.

[75] Quirós-Sauceda A E, Ayala-Zavala J F, Olivas G I. Edible coatings as encapsulating matrices for bioactive compounds: a review [J] . J. Food Sci. Technol., 2014, 51 (9): 1674-1685.

[76] Rebours C, Marinho-Soriano E, Zertuche-González J A, et al. Seaweeds: an opportunity for wealth and sustainable livelihood for coastal communities [J] .

Journal of Applied Phycology, 2014, 26: 1939-1951.

[77] Saiki T. The digestibility and utilization of some polysaccharide carbohydrates derived from lichens and marine algae[J]. J. Biochem. Tokyo., 1906, 2: 251-265.

[78] Savchenko O V, Sgrebneva M N, Kiselev V I. Lead removal in rats using calcium alginate[J]. Environ. SciPollut. Res., 2015, 22: 293-304.

[79] Smidsrod O, Draget K I. Chemistry and physical properties of alginates[J]. Carbohydrates in Europe, 1996, 14: 6-13.

[80] Stiger-Pouvreau V, Bourgougnon N, Deslandes E. Carbohydrates from seaweeds. In: Fleurence J, Levine I (eds) Seaweeds in Health and Disease Prevention[M]. San Diego: Academic Press, 2016: 223–274.

[81] Suarez E R, Kralovec J A, Grindley T B. Isolation of phosphorylated polysaccharides from algae: the immunostimulatory principle of Chlorella pyrenoidosa[J]. Carbohydr. Res., 2010, 345: 1190-1204.

[82] Teas J, Vena S, Cone D L, et al. The consumption of seaweed as a protective factor in the etiology of breast cancer: proof of principle[J]. Journal of Applied Phycology, 2013, 25: 771-779.

[83] Thamaraiselvan R, Rajendran P, Nandakumar N, et al. Cancer preventive efficacy of marine carotenoid fucoxanthin: cell cycle arrest and apoptosis[J]. Nutrients, 2013, 5(12): 4978-4989.

[84] Turner N J. The ethnobotany of edible seaweed and its use by first nations on the pacific coast of Canada[J]. Can. J. Bot., 2003, 81: 283-293.

[85] Ustyuzhanina N E, Ushakova N A, Zyuzina K A, et al. Influence of fucoidans on hemostatic system[J]. Mar. Drugs, 2013, 11: 2444-2458.

[86] Ustyuzhanina N E, Bilan M I, Ushakova N A, et al. Fucoidans: pro- or antiangiogenic agents?[J] Glycobiology, 2014, 24: 1265-1274.

[87] Watanabe S, Seto A. Ingredient effective for activating immunity obtained from Chlorella minutissima[P]. US Patent 4831020 A, 1989.

[88] Wijesinghe W, Jeon Y J. Biological activities and potential industrial applications of fucose rich sulfated polysaccharides and fucoidans isolated from brown seaweeds: a review[J]. CarbohydrPolym, 2012, 88: 13-20.

[89] Wijesekara I, Pangestuti R, Kim S K. Biological activities and potential health benefits of sulfated polysaccharides derived from marine algae[J]. CarbohydrPolym, 2011, 84: 14-21.

[90] Wijesinghe W A J P, Athukorala Y, Jeon Y J. Effect of anticoagulative sulfated polysaccharide purified from enzymeassistant extract of a brown seaweed *Ecklonia cava* on Wistar rats[J]. CarbohydrPolym, 2011, 86: 917-921.

[91] Williams J A, Lai C S, Corwin H. Inclusion of guar gum and alginate into a crispy bar improves postprandial glycemia in humans[J]. Journal of

Nutrition，2004，134（4）：886-889.

［92］Xia B，Abbott I A. Edible seaweeds of China and their place in the Chinese diet ［J］. Economic Botany，1987，41（3）：341-353.

［93］Zemke-White W L，Ohno M. World seaweed utilization：An end-of-century summary［J］. J.Applied Phycology，1999，11：369-376.

［94］Zhang C，Li X，Kim S K. Application of marine biomaterials for nutraceuticals and functional foods［J］. Food Sci. Biotechnol.，2012，21（3）：625-631.

［95］赵素芬.海藻与海藻栽培学［M］.北京：国防工业出版社，2012.

第七章　褐藻胶在食品增稠、凝胶、成膜中的应用

第一节　引言

褐藻胶包括海藻酸以及海藻酸与钠、钾、钙等金属离子结合后形成的各种海藻酸盐，其中食品领域应用最多的是水溶性的海藻酸钠，其在溶解于水后形成黏稠的胶液，在食品加工过程中起增稠作用。在海藻酸钠水溶液中加入高价金属离子（镁、汞除外）后，通过分子链的离子键交联形成水凝胶，使海藻酸钠成为凝胶类食品的重要原料。海藻酸钠水溶液脱水后形成薄膜的性能在食品保鲜等领域也有重要的应用价值。

褐藻胶的增稠性能取决于聚合物分子量的大小，其胶凝特性取决于分子中古洛糖醛酸的含量，同时也与食品中其他组分之间的相互作用密切相关（Tiu，1974）。与其他食用胶相比，褐藻胶最大的功能特性是其具有独特的热不可逆凝胶性能。当海藻酸钠与钙离子接触时，通过其分子链上的羧酸基团与钙离子结合形成"蛋盒"状的网状交联结构，在保住水分的同时其形成的凝胶加热或冷却时具有结构稳定性，是一种不同于卡拉胶、琼胶的热不可逆凝胶，为功能食品提供良好的可加工性和稳定性（Smidsrod，1996）。

第二节　褐藻胶的增稠性在馅料中的应用

作为增稠剂，褐藻胶常用于果酱、柑橘酱、水果调味料等产品，因为海藻酸盐和果胶之间的相互作用具有比单独成分更高的黏度（Brownlee，2005）。褐藻胶也用于包括蛋黄酱在内的甜点和酱汁中（Mancini，2002；Wendin，1997；Gujral，2001）。在这些应用中，褐藻胶具有良好的配伍性，可与果胶、CMC、

黄原胶等配合使用，起到协同增效作用。褐藻胶本身带有亲水基团，具有很强的吸水性，在加工过程中经充分溶解，与其他原辅料相调配后使原来较高含量的水分与凝胶有机溶为一体，形成组织细腻、乳状性能良好的酱体（Kumar，2007；Kumar，2006；Lin，1998）。这种方式的水胶体有助于保持水分并改善食品质地和感官品质，提高消费者的接受度。当 pH 接近蛋白质等电点时，溶液中的褐藻胶分子还可以与蛋白质形成可溶性的络合物，使黏度增大，抑制蛋白质沉淀的产生，维持均一稳定的体系，提高饮料、调味汁、果酱、罐装制品的稳定性质。

一、褐藻胶在果酱中的应用

在果酱生产中，褐藻胶可以代替果胶、琼胶提高果酱的凝固力、改善产品质量、提高产品风味、有效降低成本。褐藻胶具有胶黏性和增稠性，加工过程中经充分溶解、中和，与其他原辅料相调配，使原来较高含量的水分与凝胶有机溶合为一体，形成组织细腻、乳状性能良好的酱体，其成品可溶性固形物为 65% 以上。一般情况下，可节省果酱原料 6%~10%。

下面介绍一个猕猴桃酱的应用实例。

鲜果原料：30%；

糖液：55%（食糖 30%+ 水 25%）；

褐藻胶：0.6%~0.8%；

苯甲酸：0.04%；

其余为水。

因为鲜猕猴桃是一种果胶含量较高的果品，用其制作果酱以添加 0.6% 褐藻胶为宜。添加褐藻胶能减少原酱用量、降低成本、明显改善组织结构，获得较好的经济效益。

制作工艺如下。

（1）将褐藻胶（海藻酸钠）用温水溶解成溶液备用；

（2）猕猴桃去皮清洗入锅后在 65~80℃温度下软化 30~40min，加入糖浆（预先将需要糖量溶解成 45% 的糖浆，并滤去杂质）后提高温度至 85~90℃进行浓缩。浓缩液应不沸腾，以保持猕猴桃的色泽、减少维生素 C 损失；

（3）浓缩到接近酱状时，加入褐藻胶（海藻酸钠）溶液，充分搅拌下继续浓缩 10~15min，加入苯甲酸钠液，再熬煮 10min，搅拌均匀后出锅；

（4）出锅的猕猴桃酱趁热装入已灭菌的玻璃瓶中，装满时顶部不留空隙以免产品氧化变质。装后立即封口，在80~85℃下灭菌1min，再渐次分段降温，冷却后即为成品。

二、褐藻胶在耐焙烤果酱中的应用

近年来，焙烤食品越来越受到人们的喜爱，而果酱是焙烤食品的重要辅料，其中耐焙烤果酱应该在保证果酱独有的口感、天然质地的前提下承受150~250℃的高温，作为夹心或馅料时不会坍塌、胀馅、流失、发干，这就要求用于制作果酱的原料具有耐高温性、强保水性和热稳定性。

褐藻胶是从海藻中提取的天然高分子植物多糖类增稠剂，具有耐焙烤果酱需要的各种性能，其应用特性包括：

（1）保水塑形，形成的凝胶型果酱光滑有弹性，可减少酱体水分析出；

（2）耐烘焙，高温烘烤后不坍塌、不流淌，保留鲜果独有的风味、酱体充盈、口感细腻。

耐焙烤果酱中海藻酸钠的一般参考用量为0.1%~0.5%。表7-1介绍一个草莓果酱的参考配方和工艺。图7-1所示为制得的草莓果酱效果图。

图7-1　草莓果酱

表7-1　草莓果酱参考配方和工艺

步骤	工艺	添加材料	比例
1	投入原材料后搅拌	草莓	5%~8%
		苹果浓缩汁	1%~3%
		山梨醇	35%~40%
		变性淀粉	0.5%~2%
		柠檬酸钠	0.2%~0.6%
		白砂糖	30%~40%
2	加入配料溶液	复配褐藻胶BM-1207	0.1%~0.5%
		白砂糖	1%~3%
		精制水	20%~25%
3	加入柠檬酸	柠檬酸	0.3%~0.6%
		精制水	3%~5%
4	灌装、灭菌、成品		

三、褐藻胶在点心馅中的应用

点心、面包等常用苹果、草莓、枣泥等果子酱作为夹心馅，以提高产品的风味和营养价值。在果子馅生产中，褐藻胶可以替代果胶、琼胶提高果酱的凝固力，防止因温度高而融化流浆，保持果子酱的原有营养、风味和口感。

下面介绍一个果子馅的配方（包皮的配方按点心或甜面包配制）。

苹果酱（或草莓、枣泥等）：50kg；

白砂糖：12kg；

褐藻胶（海藻酸钠）：1kg；

磷酸氢二钙：0.025kg；

多聚磷酸钠：0.015kg；

柠檬酸：0.03kg；

色素和果味香精：适量。

制作工艺如下。

（1）将海藻酸钠用20倍左右温水完全溶解后备用；

（2）把果子酱和砂糖煮开溶化后，加入海藻酸钠溶液中，搅拌均匀；

（3）把磷酸氢二钙和多聚磷酸钠用少量水冲释，加入上述胶液中搅拌均匀，再将柠檬酸、色素、香精加入搅匀即成；

（4）将面团揉成圆形，包入馅料后按点心或面包制作工艺加工成最终产品。

第三节　褐藻胶在凝胶制品中的应用

随着人们生活水平的提高，肥胖、心脑血管疾病等患者越来越多，人们对饮食的要求也越来越高，更多的人开始关注健康饮食，其中"茹素"是近年来出现的新风潮。"小康饮食调查"显示，在每日菜谱中，"多是素食"或"完全是素食"的人占23.5%，即约4个人当中就有一个有素食倾向，约有八成人认同多吃素少生病。在此背景下，仿生素食产品以其"简便、卫生、富含营养"成了现今健康食品发展的新方向。

一、褐藻胶在仿生制品中的应用

仿生食品是利用食品工程手段从形状、风味或营养上模拟天然食品而制成的一种新型食品。根据其模拟特点主要包括功能模拟仿生、制作过程模拟仿生、风味模拟仿生、外形模拟仿生等。仿生模拟食品不是以化学原料聚合而成的，而是根据所仿生天然食品所含的营养成分，选取含有同类成分的普通食物做原料，制成各种各样的仿生模拟食品。

海藻酸钠与钙离子结合后形成热不可逆、口感爽滑的凝胶产品，加工过程中添加各类食品元素、功效原料后可制作不同口味、不同造型的健康食材和趣味食品。以海藻酸钠为主要原料，利用其独特的凝胶性能，可加工制作海藻凉粉、海藻脆丝、仿生发菜、仿生鱼子酱以及人造海蜇皮、人造蛋白肠、人造葡萄珠、爆爆珠、仿生果肉等各种风味独特、食用方便、天然健康的仿生食品。

二、褐藻胶在凝胶仿生制品中的应用案例

（1）凉粉　利用海藻酸钠与钙离子结合后形成凝胶制作的海藻凉粉是一种绿色、健康、安全的天然食品，其制作工艺如下。

①物料液配制：配制海藻酸钠胶液，按比例添加淀粉、蔬菜粉、果汁粉等不同物料后静置消泡；

②成型液配制：将营养强化剂用少量水溶开，倒入胶液中，充分混合均匀；

③成型：倒入模具封口，静置成型 3h 后切块或条，分装封口，巴氏杀菌，冷却后即为成品。

表 7-2 提供了一个海藻凉粉的参考配方。

表 7-2　海藻凉粉的参考配方

物料	参考比例 /%
海藻酸钠	1.2~1.5
淀粉或果蔬粉	5~10
营养强化剂	0.6~0.8
酸味剂	0.1
甜味剂	0.1
水	85~90

图 7-2 所示为海藻凉粉。这类凝胶凉粉产品的特点包括：

①热稳定性好，口感劲道爽滑；

②适宜凉拌、热炒、煲汤、涮火锅等；

③具有饱腹、促进胃肠蠕动、排除体内重金属离子等功能。

图 7-2　海藻凉粉

（2）凝胶脆丝　以海藻酸钠为主要原料制备的凝胶脆丝是一种海洋功能食品，其制作工艺如下。

①物料液配制：配制海藻酸钠胶液，按比例添加不同物料（如淀粉、蔬菜粉、果汁粉、海带粉等）后静置消泡；

②成型液配制：将食品级氯化钙溶解成一定浓度的溶液，备用；

③成型并固化：将海藻酸钠溶液通过漏斗滴入钙溶液中，成型 2min，固化 10min 以上；

④清洗：清水冲洗 3 遍，包装；

⑤灭菌：冷却即为成品。

表 7-3 提供了一个凝胶脆丝的参考配方。

表 7-3　凝胶脆丝的参考配方

物料	参考比例 /%
褐藻胶（海藻酸钠）	1.1~1.5
淀粉或果蔬粉	5~10
酸味剂	0.1
甜味剂	0.1
水	85~90
营养强化剂	5% 水溶液

图 7-3 所示为凝胶脆丝，这类产品晶莹剔透、口感爽脆、热量值低，适宜凉拌、热炒、煲汤、涮火锅等，具有饱腹、促进胃肠蠕动、排除体内重金属离子等功能，是下酒佐餐、消暑降温、送礼待客的佳品。

图 7-3　凝胶脆丝

（3）海藻豆腐　豆腐是最常见的豆制品，又称水豆腐，其生产过程包括两个主要的步骤，一是制浆，即将大豆制成豆浆；二是凝固成形，即豆浆在热与凝固剂的共同作用下凝固成含有大量水分的凝胶体，即豆腐。豆腐是我国素食菜肴的主要原料，被人们誉为"植物肉"。豆腐可以常年生产，不受季节限制，在蔬菜生产的淡季，豆腐可以用来调剂菜肴品种。

褐藻胶的凝胶特性可应用于豆腐的生产加工，做出来的海藻豆腐嫩滑爽口，具体制备方法如下。

①物料液配制：配制海藻酸钠胶液，按比例添加不同物料（豆粉或豆浆）后静置消泡；

②成型液配制：将营养强化剂用少量水溶开，倒入胶液中，充分混合均匀；

③成型：倒入模具封口，静置成型 3h 后切块或条，分装封口，巴氏杀菌，冷却即为成品。

表 7-4 提供了一个海藻豆腐的参考配方。

表 7-4　海藻豆腐的参考配方

物料	参考比例 /%
褐藻胶（海藻酸钠）	1.2~1.5
豆粉或豆浆	5~10
营养强化剂	0.6~0.8
酸味剂	0.1
甜味剂	0.1
水	85~90

（4）果冻　果冻是深受儿童和年轻人喜爱的休闲食品。但是，目前市售的果冻大部分是由胶凝剂、甜味剂、香精和色素等调制而成，无营养和保健功能。以褐藻胶为原料，添加不同口味的果汁、果肉、胡萝卜、蜂蜜、糖等营养物质，可以制备一种香味浓郁、爽滑可口、集营养与保健功能于一体的复合果冻。其制作工艺如下。

①调果冻胶液：将海藻酸钠、碳酸钠、磷酸氢钙、色素和 5 倍的糖粉混合均匀，在强力搅拌状态下，将混合料溶于 60℃水中（选用软水，以防硬水中 Ca^{2+}、Mg^{2+} 使胶液变稠或凝固），加热至接近沸腾时将余糖加入。

②胶液杀菌：胶液在 90℃下保持 15min 杀菌。

③脱气：将制备好的胶液于 30kPa 的真空度下维持 3~5min，使搅拌时混入的气体逸出，以免影响果冻的质地和外观。脱气结束后立即冷却至 50℃。

④酸化：气泡消失后，打开搅拌，把下沉的碳酸氢钙搅起来，再向溶液加入果汁、糖、柠檬酸混合液，调至胶液的 pH 为 3~5。

⑤装盒：将上述混合液搅拌均匀后立即倒入消毒的盒中，密封即得到成品。

三、褐藻胶在仿生海蜇中的应用

海蜇是一种风味独特的凉拌海鲜，深受人们喜爱。仿生海蜇是以海藻酸钠为主要原料经过系统加工处理后制备的一种仿生食品，通过调节海藻酸钠和钙离子的浓度及置换时间，可以得到口感和软硬度不同的仿生海蜇，既具有天然海蜇特有的脆嫩口感及色泽，也可以按人们的营养需要进行营养强化，是一种很受消费者喜爱的佐餐食品。

①配料：2.5%~3% 海藻酸钠，溶解于水后制成海藻酸钠胶液；

②脱模剂：2% 葡萄糖酸钙 %+1% 氯化钙制成脱模剂；

③老化剂：2% 葡萄糖酸钙 +5% 氯化钙制成老化剂；

④造形用具：将直径约 30cm 的塑料盆口平置一白布，以 8 号铁丝围圈，径同盆口，缝于布底，防胶液外溢，为制模器；

⑤工艺：将胶液摊匀在浸过脱模剂的制模器的布上，膜厚约 3mm，扣入脱模剂中，待膜凝固自行脱落。将膜捞入老化剂中浸泡至硬化，捞入清水，洗去钙盐苦味后得到海藻蜇皮。

四、仿生鱼翅

原料配方：海藻酸钠 1.1kg、明胶 3 kg、水 96kg、2% 氯化钙 100kg、1% 红

茶液 100kg。

制作方法如下。

①将 96kg 水加热至 80℃，加入海藻酸钠、明胶，溶解后冷却至 50℃左右。将该复合胶液通过口径 2mm 的喷嘴，加压挤入流速为 0.2m/s 的 2% 氯化钙水溶液中，挤出量每次 5mL，每分钟 80 次，得到前钝后尖的无色透明丝状体 75kg；

②放置 30min 后，用清水漂洗后放入红茶液中浸渍 5min，丝状体变为茶色；

③装罐、封罐、杀菌（121℃，15min）。该品与天然鱼翅的性状、口感基本相同，可在常温下保存一年，风味不变。

五、仿生木耳

①配方：50kg 水中加入 1kg 海藻酸钠后搅拌，完全溶解成糊状。以此溶液为原料制成的是白色木耳，如需仿制天然木耳的褐色，可加入焦糖色素少许。

②定形液：50kg 水中加入 2.5kg 氯化钙。

③造形工具：容量为 125mL 的瓷杯一只。

④工艺：向蘸过定形液的瓷杯内注入胶液，迅即放入定形液中倒出，待凝结成形完全硬化前，对半掰开至底部相连，再以两手拇指与食指捏压各半的中部，使边缘凸起呈木耳状。仍浸泡于定形液中至整体凝固并老化，捞出置清水中冲洗，即成。

六、人造葡萄珠

①配方：2% 海藻酸钠水溶液、40% 食糖（可不用）、1%~2% 山楂汁、蜂蜜适量（可不用）、食用色素适量、葡萄香精适量、3%~5% 柠檬酸、5% 葡萄糖酸钙。

②工艺：将 2% 海藻酸钠水溶液按比例与食糖、山楂汁、色素、葡萄香精等混合，搅拌均匀后静置消泡，滴入葡萄糖酸钙溶液中定型后水洗、包装。

第四节　褐藻胶在分子美食中的应用

分子美食（Molecular Gastronomy）又称为分子料理，是把葡萄糖、维生素 C、柠檬酸钠、麦芽糖醇等可以食用的化学物质进行组合、改变食材的分子结构、重新组合后创造出全新的食物，例如把固体食材变成液体甚至气体食用，或者使一种食材的味道和外表酷似另一种食材。从分子层面可以制造出无限多的食物，不再受地理、气候、产量等因素的限制，如泡沫状的马铃薯、用蔬菜和海藻酸钠制作的鱼子酱等。下面介绍几个以褐藻胶为原料制备分子美食的案例。

一、褐藻胶在仿生鱼子酱中的应用

产品型号：复配增稠剂（06）。

主要成分：海藻酸钠。

适用范围：仿生鱼子酱、爆爆珠、仿生果肉等。

功能特性：趣味、休闲、新时尚。

成品用途：餐饮、冷饮、果冻、饮料制品等。

使用方法如下。

①配制胶液：称取配料加入水中，用电动打蛋器或食物料理机进行高速搅拌，制成鱼子酱海藻胶液体；

②配制成型液：称取氯化钙加入水中，用勺子稍稍搅拌溶解后得到成型液；

③成型：将鱼子酱海藻胶液体倒入准备好的鱼子器中，滴入成型液中形成水晶凝胶珠，将滴落的小球浸泡在成型液中，约 30min 后捞出即为鱼子酱。

图 7-4　仿生鱼子酱效果图

表 7-5 提供了一个仿生鱼子酱的参考配方。图 7-4 所示为仿生鱼子酱的效果图。

表 7-5　仿生鱼子酱的参考配方

物料		参考比例 /%
鱼子酱胶液	海藻酸钠	1.2~1.5
	果蔬粉	3~8
	酸味剂	0.1
	甜味剂	0.1
	水	90~95
成型液	葡萄糖酸钙	5~10
	水	90~95

二、褐藻胶在爆爆珠中的应用

爆爆珠是以海藻胶（主要成分为水和海藻酸钠）薄膜外覆果汁、酸乳、咖啡、焦糖等制成的一种口感爽滑的魔力豆，用舌尖或牙齿挤压爆爆珠后汁液瞬间喷射，给人一种强烈的口感冲击。爆爆珠内部可以加入饮料、奶茶、果冻、冰淇淋、果味酸奶、蛋糕等，进一步丰富产品的口味。

产品型号：复配增稠剂（06）。

主要成分：海藻酸钠。

适用范围：爆爆珠。

功能特性：趣味、休闲、新时尚。

成品用途：常温、低温、冷饮均可，可用于奶茶、果饮、乳饮、蛋糕装饰、蛋挞夹心、冰粥等。

基本工艺：果汁调配—滴定—成型—过滤、清洗—灌装封口—灭菌。

使用方法如下。

①调配果汁溶液：用水果、糖酸等制作含钙果汁溶液；

②溶解包衣海藻胶溶液：把海藻酸钠溶解于水中形成均一透明的黏稠溶液；

③成型：用特制的泵滴漏装置使内芯滴入海藻酸钠溶液中，形成直径约1cm的滴珠；

④固化：在海藻酸钠溶液中浸泡5min，将半成型的滴珠捞出，迅速放入固化液中进一步固化；

⑤成品：放置一定时间后捞出，置于保存液中，即为成品。

表7-6提供了一个爆爆珠产品的参考配方。图7-5所示为爆爆珠的效果图。

表7-6　爆爆珠产品的参考配方

物料		比例 /%
果汁溶液	水果或果酱	35~42
	柠檬酸	0.2~0.3
	乳酸钙	0.8~1.5
	蔗糖	10~15
	色素	适量
	水	40~50

物料		比例 /%
外衣海藻胶液	复配褐藻胶 HZ-B08	0.8~1.5
	水	98.5~99.2
固化液	乳酸钙	1~2
	水	98~99

图 7-5 爆爆珠的效果图

第五节 褐藻胶在可食性包装膜中的应用

可食性包装膜（Edible Packaging Films，EPF）是以多糖、蛋白质等天然可食性物质为原料，添加可食增塑剂、交联剂等物质后，通过不同分子间相互作用形成的具有多孔网络结构的薄膜，可通过包裹（Packing）、涂布（Coating）、微胶囊（Microencapsulating）等形式覆盖于食品表面，可以阻隔水汽、其他气体或各种溶质的渗透，对食品起保护作用，防止食品在贮运过程中发生风味、质构等方面的变化，保证食品质量稳定、延长食品货架期、降低包装成本。

国内外对可食性褐藻胶膜的研究起始于 20 世纪 90 年代。Dewettinck 等（Dewettinck，1998）研究了 CMC、海藻酸钠等亲水胶体的成膜性能，为制作可食性膜奠定了基础。 Rhim（Rhim，2004）研究了经氯化钙处理的海藻酸钠膜的物理和机械性质。Pranoto 等（Pranoto，2005）以海藻酸钠为成膜材料，添加大蒜油制成了具有良好物理性能和抗菌性能的可食性膜。Zactiti 等（2006）研究了山梨酸钾在海藻酸钠生物可降解膜中的透过性能，以及抗菌剂浓度和交联度对膜性能的影响。刘通讯等（刘通讯，1996）研究了海藻酸钠的成膜特性及钙盐、环氧氯丙烷和己二羧酸等交联剂对膜性质的影响。徐云升（徐云升，1998）以海藻酸钠和淀粉为成膜主料，添加甘油、耐水剂制成了强度高、耐水耐油性好的海藻酸钠可食用膜。阚建全等（阚建全，1999）对比研究了几种可食包装膜与合成包装膜的综合性质，其中海藻酸钠复合膜的抗拉强度高于HDPE 膜和 LDPE 膜，直角撕裂强度和断裂伸长率低于 LDPE 膜和 HDPE 膜，并且具有热封性、较高的阻气、阻油和阻湿性能。刘建等（刘建，1999）研究了可食性硬脂酸与海藻酸钠复合薄膜的成膜影响因素、力学性能、透湿性、吸湿性，并应用于方便面调料包装。结果表明，硬脂酸 - 海藻酸钠复合膜有较好的水蒸气阻隔性能和阻油性能，可起到延长贮存期、保鲜等作用。

海藻酸钠易溶于水后形成均匀、黏稠的水溶液，以海藻酸钠水溶液为原料可以形成均匀透明的薄膜。这种薄膜具有良好的抗拉强度、柔韧度、阻水性和溶解特性，已经用于制造人造肠衣、食品保鲜膜、糯米纸等食品辅料，可以减缓食品失水、抑制微生物污染、保护肉制品颜色、防止食品成分氧化。

一、保鲜膜

以海藻酸钠为原料制成的薄膜可用作涂膜保鲜剂，在果蔬表面形成一层具有选择通透性的保护膜，使果蔬处于一种自发调节的微气候环境中实现保鲜。该方法成本较低，有很高的实用价值。

实际应用中，海藻酸钠可以通过直接涂膜法和化学成膜法两种方法形成保鲜膜。

（1）直接涂膜法　黄瓜是一种难贮的果蔬，通常只有 3~5d 的货架寿命。涂膜保鲜是一种新的、简便的贮藏方法，其做法是：用一定量的蔗糖脂肪酸酯，加水后加热至 60~80℃搅拌溶解，缓慢加入海藻酸钠后继续搅拌至充分溶解，冷却至室温备用，该涂膜液的最佳组成为 5% 的蔗糖脂肪酸酯 +0.8% 的海藻酸钠。在对黄瓜进行保鲜时，选择成熟度适当、无机械损伤、无病虫害的黄瓜浸入到上述涂膜液中，浸渍 30s 后取出，自然风干后用塑料袋包装，置室温下贮藏。该方法可明显延长货架寿命，贮藏 10d 以上仍能保持黄瓜鲜嫩脆绿的商品价值。

王小英等（王小英，2003）研究了不同涂膜处理对金瓜常温贮藏的保鲜效果。结果表明，由 0.5% 海藻酸钠 +0.5% 蔗糖酯 +0.5% 苯甲酸钠组成的复合涂膜剂对金瓜的防腐保鲜效果最好，贮藏 3 个月后无一腐烂。

张剑峰等（张剑峰,2003）在香菇的涂膜保鲜中对单膜和复合膜进行了研究。

结果显示，复合膜处理能结合各种单膜的优点，保鲜效果优于单膜。最佳的复合膜配方为：2.5g/L 聚乙烯醇 +5g/L 海藻酸钠 +0.4g/L 山梨醇 +0.8g/L 山梨酸钾，其中聚乙烯醇是很好的保湿剂，海藻酸钠有较好的阻氧、阻气作用，二者结合可协同增效，使香菇在常温下贮藏 7~8d 仍能保持较好品质。

宗会等（宗会，2000）用海藻酸钠涂膜保鲜苹果，结果表明，用海藻酸钠涂膜可延缓果肉硬度下降、保持苹果品质、减少果实失重和失水、保持果实鲜度。

（2）化学成膜法　在化学成膜法中，被膜保鲜剂包括两种分别盛装的溶液。一种是含有海藻酸钠的水溶液，其中海藻酸钠浓度为 0.5%~2.5%；该溶液中还可含有多元醇，如山梨醇、乙二醇等，其中多元醇的浓度为 1%~5%；此外，溶液中还可含有浓度为 0.05%~0.5% 的活性碘。另一种溶液一般为浓度为 1%~6% 的氯化钙水溶液。

实施过程中，在常温下将需要保鲜的果蔬洗涤后浸于含海藻酸钠的水溶液中 0.5~5min 后取出，然后浸入氯化钙水溶液中 1~5min 后取出，在果蔬表面形成具有防腐作用的海藻酸钙凝胶后在 40℃下风干，形成保鲜被膜（江涛，2002）。

二、可食性蔬菜纸

海藻酸钠的成膜性能可用于制作可食性蔬菜纸。李晓文（李晓文，1999）以芹菜叶为原料，添加 3% 海藻酸钠和 3% 甘油后制成清脆可口、具有芹菜香味的可食性芹菜纸。宫元娟等（宫元娟，2006）以胡萝卜为基料，添加海藻酸钠、甘油后制成的可食性彩色蔬菜纸具有较强的柔韧性和一定的防水性。高文宏等（高文宏，2006）以番茄为原料，添加不同比例的海藻酸钠、明胶、玉米淀粉后，经恒温干燥制成了可食用番茄纸。研究结果显示，添加 0.48% 海藻酸钠和 0.256% 明胶的番茄纸有较好的理化性能。

三、可食性包装膜

在食品领域，速食食品常使用塑料膜小包装，存放过程中塑料膜与食品紧密接触，对食品卫生和安全性有一定影响。此外，大量小包装塑料袋的废弃产生的白色垃圾严重污染环境。以多糖、蛋白质等生物材料制备可食性包装膜代替塑料膜，一方面可解决环境污染问题，另一方面还可强化食品的色、香、味和营养价值，在提升食品美感的同时增加消费者的食趣和食欲，具有良好的市场开发前景（李洪军，1993；彭姗姗，2005）。

赵志军等（赵志军，2004）制作的方便面油包可食性膜采用海藻酸钠为成膜剂、甘油为增塑剂，经氯化钙交联成膜。该可食性膜具有类似塑料膜的外观和机械性能，有良好的透明度、耐水性、抗拉强度和伸长率，并且可以通过调整甘油用量、氯化钙浓度、交联时间、涂膜厚度等工艺参数进一步改善可食性膜的性能。

利用海藻酸钠遇钙形成热不可逆凝胶的特性，可将海藻酸钠应用于香肠肠衣等可食性膜中。范素琴等（范素琴，2014）以海藻酸钠为主要原料，把 1.2% 海藻酸钠 +0.3% 明胶 +0.4% 羧甲基纤维素钠 +0.1% 卡拉胶 +0.05% 甘油混合后溶解于水中，用氯化钙作为凝胶剂形成凝胶后在 50℃下干燥 4.5h，得到的可食性膜厚度适中、表面光滑、硬度适宜、胶凝强度大，满足香肠肠衣的生产要求。

第六节　小结

褐藻胶具有独特的增稠、凝胶、成膜等性能，在海洋功能食品领域有广泛的应用，其优良的使用功效具有广阔的应用前景。

参考文献

[1] Brownlee I A，Allen A，Pearson J P，et al. Alginate as a source of dietary fiber[J]. Crit. Rev. Food. Sci. Nutr.，2005，45：497-510.

[2] Dewettinck K，Deroo L，Messens W，et al. Agglomeration tendency during top spray fluidized bed coating with gums[J]. Lebensmittel Wissenschaft und Technologie，1998，31（6）：576-584.

[3] Gujral H S，Sharma P，Singh N，et al. Effect of hydrocolloids on the rheology of tamarind sauce[J]. J. Food Sci. Technol.，2001，l38：314-318.

[4] Kumar M，Sharma B D，Kumar R R. Evaluation of sodium alginate as a fat replacer on processing and shelf-life of low-fat ground pork patties[J]. Asian-Australas J. Anim. Sci.，2007，20：588-597.

[5] Kumar N，Sahoo J. Studies on use of sodium alginate as fat replacer in development of low-fat chevon loaves[J]. J. Food Sci. Technol.，2006，43：410-412.

[6] Lin K W，Keeton J T. Textural and physicochemical properties of low-fat, precooked ground beef patties containing carrageenan and sodium alginate [J]. J. Food Sci.，1998，63：571-574.

[7] Mancini F，Montanari L，Peressini D，et al. Influence of alginate concentration and molecular weight on functional properties of mayonnaise

［J］. Food Sci. Technol.，2002，35：517-525.

［8］Pranoto Y，Salokhe V M，Rakshit S K. Physical and antibacterial properties of alginate based edible film incorporated with garlic oil［J］. Food Research International，2005，38（2）：267-272.

［9］Rhim J W. Physical and mechanical properties of water resistant sodium alginate films［J］. Lebensmittel Wissenschaft und Technologie，2004，37（3）：323-330.

［10］Smidsrod O，Draget K I. Chemistry and physical properties of alginates［J］. Carbohydr. Eur.，1996，14：6-13.

［11］Tiu C，Boger D V. Complete rheological characterization of time dependent food products［J］. Journal of Texture Studies，1974，5（3）：329-338.

［12］Wendin K，Aaby K，Edris A，et al. Low-fat mayonnaise：Influences of fat content，aroma compounds and thickeners［J］. Food Hydrocolloids，1997，11：87-99.

［13］Zactiti E M，Kieckbusch T G. Potassium sorbate permeability in biodegradable alginate films：effect of the antimicrobial agent concentration and crosslinking degree［J］. Journal of Food Engineering，2006，77（3）：462-467.

［14］刘通讯，曾庆孝，何慧华. 可食性褐藻酸膜的成膜特性及其应用的研究［J］. 食品工业科技，1996，（4）：4-9.

［15］徐云升. 可食用膜的研制［J］. 食品工业科技，1998，（3）：39-40.

［16］阚建全，陈宗道，陈永红. 可食包装膜与合成包装膜综合性质的对比研究［J］. 食品与发酵工业，1999，25（6）：10-13.

［17］刘建，赵宁阳，黄锦辉，等. 硬脂酸-海藻酸钠复合薄膜调料包装袋的研究［J］. 食品科学，1999，（6）：67-70.

［18］王小英，杨晓波. 金瓜复合涂膜保鲜研究［J］. 食品科技，2003，（9）：82-83.

［19］张剑峰，陈黎明. 香菇的涂膜保鲜［J］. 无锡轻工大学学报，2003，241：66-70.

［20］宗会，徐照丽，胡文玉. 海藻酸钠涂膜对苹果的保鲜效果［J］. 中国果菜，2000，（1）：18-19.

［21］江涛. 被膜果蔬保鲜剂［J］. 现代农业，2002，（10）：19.

［22］李晓文. 芹菜纸的研制［J］. 食品科学，1999，（5）：24-26.

［23］宫元娟，李艳玲. 胡萝卜纸生产工艺及配方研究［J］. 食品研究与开发，2006，127（6）：95-98.

［24］高文宏，朱思明，张鹰，等. 食用番茄纸的研制［J］. 食品研究与开发，2006，127（1）：94-96.

［25］李洪军. 可食性食品包装膜［J］. 食品科学，1993，（11）：14-16.

［26］彭姗姗，江松坚. 调味料膜包装的研究［J］. 包装工程，2005，26（5）：93-94.

［27］赵志军，白静.方便面油包可食用膜研究［J］.郑州牧业工程高等专科学
　　　校学报，2004，24（3）：164-166.

［28］范素琴，王晓梅，陈鑫炳，等.海藻酸钠在可食性肠衣膜中的应用研究
　　　［J］.肉类工业，2014，8（5）：34-37.

第八章 褐藻胶在肉制品中的应用

第一节 引言

肉类制品是日常生活中不可或缺的一类重要食品。随着社会的发展，国内外市场上肉制品的原料肉大多数是各种类型的冷冻肉，其在冻结过程中由于部分细胞膜破裂，容易造成细胞汁液流失，导致营养成分降低，同时影响肉的色、香、味。

由于肉本身的保水性较差，在冷冻保存过程中必须加入外来物质提高其保水性和结着性、增强肉的持水能力，从而增加肉的嫩度。对于午餐肉、火腿肠、红肠、鱼肉肠等肉制品，提高其保水性、鲜嫩性、凝胶性和乳化能力是必需的。保水性强，肉制品的出品率高；鲜嫩性好，肉制品的口味就鲜美、嫩滑爽口；凝胶性强，肉制品的黏度和强度就强、弹韧性也好；乳化能力强，肉制品就可以避免油析、松软等现象，还可降低原料成本。

褐藻胶有优良的增稠性、稳定性、持水性、凝胶性、乳化性、成膜性等性能，并可与多种胶体复配使用，可以有效改善肉制品的品质，在肉类制品加工过程中有重要的应用价值。

第二节 褐藻胶在肉制品中的作用

一、褐藻胶用作保水剂

肉制品的持水力是衡量其质量的一个重要指标(孙春禄，2009)，不仅影响色、香、味、营养成分、多汁性、嫩度等食用品质，而且还影响到产品的经济价值。肌肉持水力的高低直接关系到肉制品的质地、嫩度、切片性、弹性、口感、出品率等质量指标，也影响到肉类企业的经济效益。屠宰前管理、屠宰过程、冷藏冷冻等冷加工工艺、熟制工艺等加工过程造成的肌肉失水率高达 3%~6%，我国每年由于肌肉失水造成的肉类制品损失大约有 310 万吨，给生产企业带来巨大损失。因此有必要提高肌肉的持水能力。

褐藻胶具有亲水性结构，可以有效改善肉类制品的持水能力。Shand 等（Shand，1993）在对重组牛肉卷外加胶体的研究中发现，海藻酸钙与结冷胶复配可以使蒸煮产率显著改善。Yu 等（Yu，2008）用海藻酸盐涂层提高冻肉的质量，研究结果显示海藻酸钠能降低冻肉的解冻损失量，同时能保持冻肉的功能特性和总蛋白溶解度。

吴立根等（吴立根，2010）研究了卡拉胶、海藻酸钠、变性淀粉等对全溶大豆蛋白的增效作用。结果表明，蒸煮出品率都比单独使用全溶大豆蛋白好，其中添加 0.10% 海藻酸钠的样品效果最好，出品率达到 113%，比单独添加全溶大豆蛋白的高出 31.3%。在羊肉无磷保水剂中加入海藻酸钠后同样可以提高保水性能和出品率（景慧，2008）。

范素琴等（范素琴，2011）研究了保水剂对猪肉串保水性能的影响，其中保水剂 1 是一种卡拉胶复合物、保水剂 2 是一种海藻酸钠复合物。图 8-1 和图

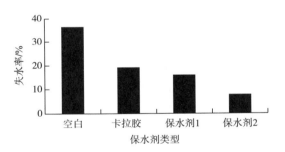

图 8-1　不同保水剂对鲜肉串保水性的影响

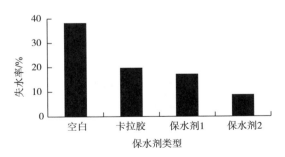

图 8-2　不同保水剂对冷冻肉串保水性的影响

8-2 所示分别为卡拉卡、保水剂 1、保水剂 2 对鲜肉串和冷冻肉串失水率的影响。可以看出，海藻酸钠复合保水剂的肉串失水率最低，与空白对照组相比，保水效果有明显提高。

二、褐藻胶用作脂肪替代物

脂肪是三大能量物质之一，也是人体必需的营养物，但过量摄入会引发心血管疾病、肥胖症等多种疾病。早在 20 世纪 70 年代，西方国家就开始强调控制脂肪在食品总能量中的比例，其中美国提出应使脂肪的总摄入量减少到总能量的 10% 左右。随着人们健康意识的不断增强，低脂或无脂肪食品越来越受人们欢迎，同时食品领域发展出了脂肪替代物，在保持食品原有口感和风味的同时，降低脂肪用量。

目前市场上的脂肪替代物包括植物油脂类、蛋白质类、碳水化合物类等种类，其中以橄榄油、亚麻籽油等制备的脂肪替代物已经应用于低脂法兰克福肠和一些含有过量饱和脂肪酸和胆固醇的熟肉制品中。大豆蛋白、胶原蛋白等蛋白质类脂肪替代物在热作用下形成易变形的圆形微小的颗粒，可以模拟脂肪的口感和质地。变性淀粉、麦芽糊精、卡拉胶、褐藻胶等碳水化合物也可用于制备脂肪替代物。

以褐藻胶为原料制备的脂肪替代物利用褐藻胶的凝胶特性，制作成类似脂肪的凝胶，其制作成本低、产品热量低，得到的脂肪替代物具有热不可逆的特性，添加到肉制品中可以改善产品质构，起到增弹、增脆、保水、保油的效果。此外，肉制品加工过程中的边角料肥脂与褐藻胶混合后可以制成规整形状的脂肪替代物。目前褐藻胶脂肪替代物已经应用在萨拉米、广式腊肠、哈尔滨大红肠、台湾烤肠、火腿肠等产品中。

表 8-1 为褐藻胶脂肪替代物应用于高温肠的参考配方和工艺，其中褐藻胶脂肪替代物的建议用量为馅料总重的 0.2%~0.8%。

表 8-1　高温肠参考配方和工艺

项目	辅料	比例 /%
参考配方	猪肉	35
	鸡肉	14.8
	淀粉	8

项目	辅料	比例 /%
	食盐	1.8
	大豆分离蛋白	2.8
	香辛料	0.3
	复合磷酸盐	0.3
	白砂糖	1.5
	褐藻胶脂肪替代物	0.2~0.8
	冰水	35
参考工艺	原料肉→解冻→选修→绞制→搅拌腌制（褐藻胶脂肪替代物）→斩拌（或滚揉）→灌制→熟制→冷却→成品	

图 8-3 所示为褐藻胶脂肪替代物在萨拉米中的应用效果图。在应用褐藻胶脂肪替代物时，首先将复配褐藻胶功能配料、水、脂肪进行高速斩拌，静置成型后根据产品需求用斩拌机斩成肉糜或用绞肉机绞成颗粒添加。

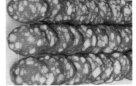

图 8-3　褐藻胶脂肪替代物在萨拉米中的应用效果图

三、褐藻胶用作乳化剂

褐藻胶具有良好的乳化性，应用在高温肉制品、乳化肉糜类产品中可以有效改善产品结构、提高品质。把褐藻胶与水、脂肪（或鸡皮）、蛋白类物质进行乳化后制成的乳化物，可直接添加到馅料中使用，也可常温放置形成凝胶后斩拌或绞碎与肉馅混合使用。

表 8-2 为一种肉丸的参考配方和工艺。制备肉丸时褐藻胶的建议用量为馅料总重的 0.2%~0.5%，将其与水、肥脂按照比例高速斩拌制成褐藻胶乳化物，然后添加到肉馅中进行斩拌即可。

表 8-2 肉丸参考配方和工艺

项目	辅料	比例 /%
参考配方	肥脂	15
	猪肉	35
	磷酸盐	0.2
	食盐	1.8
	香辛料	0.5
	香精	0.2
	淀粉	8.0
	大豆分离蛋白	3.0
	复配褐藻胶功能配料	0.2~0.5
	冰水	39
参考工艺	原料预处理→绞制→打浆（加入褐藻胶乳化物）→静置→熟制成型→速冻→包装→入库	

代增英等（代增英，2016）在肉丸的基础配方下，分别添加海藻酸盐功能配料 MY-G09、卡拉胶、复合卡拉胶（改良剂 I）以及其他改良剂（改良剂 II），并做空白对照，对制作的肉丸进行感官品评和质构分析。表 8-3 和表 8-4 分别为冷冻前和冷冻后肉丸品质的对照结果。

表 8-3 冷冻前肉丸感官品评和质构分析结果

添加剂	感官品评得分	质构分析数据			
		硬度 /N	弹性 /mm	内聚性	咀嚼性 /mJ
空白	8	2.85	2.11	0.69	4.24
MY-G09	18	4.22	3.20	0.72	6.91
卡拉胶	16	3.76	2.83	0.69	5.16
改良剂 I	17	3.96	2.96	0.70	5.33
改良剂 II	16	3.81	2.81	0.70	5.20

表 8-4　冷冻后肉丸感官品评和质构分析结果

添加剂	感官品评得分	质构分析数据			
		硬度 /N	弹性 /mm	内聚性	咀嚼性 /mJ
空白	6	2.85	2.11	0.69	4.24
MY-G09	18	4.14	3.19	0.70	6.82
卡拉胶	15	3.56	2.31	0.68	5.02
改良剂 I	17	3.65	2.55	0.69	5.23
改良剂 II	16	3.71	2.81	0.69	5.08

从表 8-3 和表 8-4 可以看出，添加肉丸改良剂能够提高肉丸的品质，其中添加卡拉胶、复合卡拉胶（改良剂 I）以及其它改良剂（改良剂 II）虽然能提高肉丸的品质、制作的肉丸比较滑嫩，但脆性、弹性和韧度较差，而添加海藻酸盐功能配料 MY-G09 的肉丸爽口、酥脆、细腻、弹性和软硬适中。与其他肉丸改良剂相比，海藻酸盐功能配料 MY-G09 能更好提高肉丸品质。

四、褐藻胶用作肉类粘合剂

肉制品企业在生产过程中产生很多边角料，例如在兔子肉的加工过程中，大块的兔排从兔子上割去后，剩下的小块兔肉的附加值低。把这些边角料用肉类粘合剂进行重新组合后可以有效提高肉制品的利用率，得到的产品可用于生产培根、涮锅肉片等产品。此外，肉类粘合剂还用于汉堡饼、肉夹馍专用肉饼等需要粘合重组的特殊产品。

褐藻胶的凝胶特性在肉类粘合剂中有很高的应用价值。褐藻胶与钙离子结合后形成的凝胶具有独特的热不可逆性，作为粘合剂有以下的优点。

①粘合强度大、范围广；

②可粘合瘦肉、脂肪、筋膜、骨、皮层等，可粘合肉的范围广；

③使用方便，操作简单；

④在促进粘合的同时能提高出品率。

褐藻胶粘合剂在肉制品加工中有良好的发展前景，可用在培根类产品、肉排类产品、各种碎肉粘合类产品中，目前使用方法主要有滚揉和撒粉两种类型，应用时根据原料的特性，可以选用合适的使用方法。

图 8-4 所示为撒粉型复配褐藻胶功能配料在肉类粘合中的使用方法。图 8-5

所示为应用复配褐藻胶功能配料制备的肉类产品的效果图。

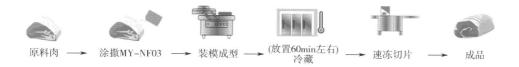

原料肉 → 涂撒MY-NF03 → 装模成型 → (放置60min左右)冷藏 → 速冻切片 → 成品

图8-4　撒粉型复配褐藻胶功能配料在肉类粘合中的应用

图8-5　应用复配褐藻胶功能配料制备的肉类产品

文献中有很多褐藻胶粘合剂的应用案例。杨琴等（杨琴，2010）对海藻酸钙粘结剂在重组牛肉中的应用进行了优化研究，发现最好的添加量是0.4%海藻酸钠+0.075%碳酸钙+0.6%乳酸。Means等（Means，2010）研究了海藻酸钙凝胶在重组牛排中的应用，从粘合后产品的色泽、强度、口感、风味等指标得出优化成分含量为（0.8%~1.2%）海藻酸钠+（0.144%~0.216%）碳酸钙和500mg/kg抗坏血酸钠。在重组猪肉卷的制备中，用0.7%海藻酸钠+0.125%碳酸钙+0.3%乳酸钙作为粘合剂得到的产品的硬度和黏度明显较高，感官评价较好、能延长货架期（Devatkal，2001）。

五、褐藻胶用作肉制品保鲜剂

褐藻胶可形成亲水性薄膜，适用于肉制品的涂膜保鲜。黄蕾等（黄蕾，2002）的研究结果表明，用海藻酸钠涂膜鲜牛肉可以显著降低冷却牛肉的汁液流失，海藻酸钠可食性复合膜则降低了肉品的 L 值、显著提高鲜肉的红色度，保鲜剂与磷酸盐、海藻酸钠复合膜相结合后在真空条件下包装可有效延长鲜牛肉的货架期，维持鲜牛肉色泽、防止汁液流失。用海藻酸钠溶液浸泡鲜肉后低温下贮藏，能明显抑制表面微生物的繁殖、防止脂肪的氧化、延缓酸败。含有乳酸和醋酸的海藻酸钙涂膜能降低牛肉组织中的单胞菌、球菌和大肠杆菌。

曾庆祝等（曾庆祝，1997）用海藻酸钠、壳聚糖等材料作为涂膜剂用于虾仁、扇贝柱的保鲜，发现这些可食用的保鲜膜使虾仁、扇贝柱的肉质更加细嫩、口感更好。徐玮东等（徐玮东，2011）用 2% 海藻酸钠 +3% 甘氨酸 +2% 氯化钙处理低温红肠制品后在冷藏（0~4℃）和室温（20℃）条件下贮藏，测定不同贮藏期低温红肠的感官评价、细菌总数、脂肪氧化值、硫化氢等指标。结果表明。低温红肠制品经保鲜剂处理后，货架期均优于对照组，且差异显著（$P < 0.05$）。张杰等（张杰，2010）的研究也显示海藻酸钠涂膜可延长鱼片的货架期。

吕跃钢等（吕跃钢，2000）将两种可食性涂膜材料，分别与无毒抑菌剂联合使用，对熟肉制品进行保鲜处理。结果显示，经 60% 乙醇、0.5% 乳酸和 0.2%醋酸复合抑菌剂浸泡并以海藻酸钠涂膜包被，处理后的熟肉制品在 28℃保温 7d不腐败变质，细菌总数及大肠菌群均未检出。经过海藻酸钠涂膜处理的熟肉制品显得晶莹剔透、鲜嫩柔软，熟肉制品的感官品质大大提高。

图 8-6 所示为褐藻胶在肉制品保鲜方面的应用。

图 8-6　褐藻胶在肉制品保鲜方面的应用

六、褐藻胶用作营养保护剂

将海藻酸钠涂膜用于畜禽肉制品的冻结与冻藏，通过隔离肉与外界的接触，可以降低冻结与冻藏过程中的肉自身干耗。海藻酸钠涂膜也能降低肉品解冻时的汁液流失，因为膜本身具有较强的吸水能力，即使水分流失不能完全被阻止，解冻造成的营养物质损失也会降到最低，这就是用海藻酸钠涂膜的贻贝肉解冻后，味道较鲜美的原因。研究显示（王康，2004），海藻酸凝胶对蛋白质扩散有较强的阻滞作用。

余小领等（余小领，2009）的研究结果表明，海藻酸钠被膜可以显著降低猪肉的解冻汁液流失，对保持冻结猪肉的功能特性也非常有用。海藻酸钠

　海洋功能性食品配料：褐藻多糖的功能和应用

被膜对总蛋白溶解度和活性巯基的含量有显著影响，通过试验确定的最优涂膜工艺条件为：3% 海藻酸钠 +7% 氯化钙，氯化钙溶液与涂膜在肉表面的海藻酸钠的反应时间为 5~7min。经过该工艺涂膜的猪肉冻藏 7 个月后的解冻汁液流失、剪切力等显著低于对照，而总蛋白溶解度、肌浆蛋白溶解度等指标显著高于对照，表明海藻酸钠被膜可以较好保持冻藏猪肉的功能特性和营养成分。

七、褐藻胶用作仿肉制品

利用海藻酸钠在钙离子作用下形成凝胶的特性，以海藻酸钠作凝胶成型剂、分离大豆蛋白作填充剂，在钙离子存在下搅拌可形成具有纤维结构、各向异性的大豆蛋白 - 海藻酸钠钙凝胶体，获得具有耐热性能的仿肉纤维。这种仿肉纤维可以直接调味后烘干或油炸，也可烘干或油炸后进行调味，后者可以减少调味剂中的钠离子对仿肉纤维品质的影响。

以这种仿肉纤维为原料，参照肉类制品的烹调方法可以制得多种色、香、味俱佳的大豆蛋白仿肉制品，如五香仿肉脯、美味仿虾条、糖醋仿肉丸、麻辣仿肉丝等。此外，这种仿肉纤维添加风味后，可加工成类似火腿、腊肉、鸡肉、牛肉的仿肉制品，其制品的组织比天然肉制品的组织更加柔软。图 8-7 所示为褐藻胶在仿生素肉中的应用。

图 8-7　褐藻胶在仿生素肉中的应用

第三节　褐藻胶在肉制品中的特殊应用

一、褐藻胶用于防止肉丸老化

牛肉丸是具有营养、方便、美味等特点的冷藏食品，目前市场上销售的肉丸的品种多样、味道各异，但经过长时间的冷冻贮存，吃起来咬劲大、口感发生明显变化，严重影响肉丸的品质，其中的主要原因是配方中使用大量的原淀粉，在水分30%~40%时或低温下极易"回生"，使产品变硬、咀嚼性差，也不易被人体消化吸收，影响了肉丸的营养价值和口感。

在牛肉丸生产过程中加入褐藻胶可以解决原淀粉的老化问题，使肉丸具有更好的口感。张盛贵等（张盛贵，2009）对牦牛肉丸老化问题进行了研究，通过感官评价选出能够最大限度控制肉丸老化现象发生的防止方法。首先利用木瓜蛋白酶对牦牛肉进行嫩化，然后把大豆蛋白、蔗糖酯、羧甲基淀粉和海藻酸钠配合使用。研究结果表明，0.4%海藻酸钠+3%大豆蛋白+20%羧甲基淀粉+0.3%蔗糖酯的防老化效果最好。图8-8显示添加海藻酸钠的肉丸与空白对照样品的效果图。

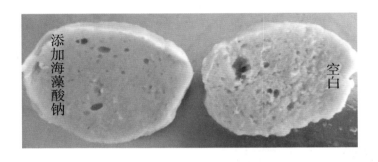

图8-8　添加海藻酸钠的肉丸与空白对照样品

二、褐藻胶用于鱼糜制品

褐藻胶能增强鱼糜体系的凝胶强度、提高复合凝胶体系的交联聚合、形成更均匀有序的网状结构，从而改善鱼糜制品的结构和品质（刘鑫，2010）。

三、褐藻胶肠衣配料用于共挤香肠

在香肠加工领域，"共挤香肠"技术不需要停机装载预先加工好的肠衣，而是将肉和肠衣一同连续挤出后凝固成型。褐藻胶肠衣配料制作的肠衣具有良好的弹性、拉伸强度和填充强度，可应用于"共挤肠衣"技术领域。

第四节　小结

褐藻胶是一种亲水性胶体，与钙离子结合后形成的凝胶具有热不可逆特性，用于肉制品中能形成致密、稳定的网状结构，有效提高肉制品的凝胶强度、粘结性和持水性能。褐藻胶与明胶、果胶、魔芋胶、卡拉胶、结冷胶等多种亲水胶体有协同增效作用，在肉制品中有良好的应用前景。

参考文献

［1］Devatkal S，Mendiratta S K，Use of calcium lactate with salt- phosphate and alginate-calcium gels in restructured pork rolls［J］. Meat Sci.，2001，（58）：371-379.

［2］Means W J，Schmidt G R. Algin/calcium gel as a raw and cooked binder in structured beef steaks［J］. J. Food Sci.，2010，51（1）：60-65.

［3］Shand P J，Sofos J N，Schmidt G R. Properties of algin/calcium and salt/ phosphate structured beef rolls with added gums［J］. J. Food Sci.，1993，58（6）：1224-1230.

［4］Yu X L，Li X B，Xu X L，et al. Coating with sodium alginate and its effects on the functional properties and structure of frozen pork［J］. J. Muscle Foods，2008，19（4）：19.

［5］孙春禄.肉制品复合保水剂的研制［J］.中国食品添加剂，2009，（4）：140-145.

［6］吴立根，王岸娜. 全溶大豆蛋白对鸡胸肉蒸煮出品率的影响［J］.食品研究与开发，2010，31（3）：25-27.

［7］景慧.羊肉无磷保水剂和粘结剂的研究［D］.内蒙古农业大学，2008.

［8］范素琴，黄海燕，王晓梅，等. 不同凝胶保水剂对猪肉肉串保水性的影响［J］.肉类研究，2011，25（8）：34-36.

［9］代增英，刘海燕，范素琴，等.海藻酸盐复配肉制品增稠剂在肉丸中的应用研究［J］.肉类工业，2016，（1）：33-35.

［10］杨琴，胡国华，马正智.海藻酸钠的复合特性及其在肉制品中的应用研究进展［J］.中国食品添加剂，2010，（1）：164-168.

［11］黄蕾，雷晓勇.鲜牛肉综合保鲜技术的研究［J］.肉类工业，2002，（2）：31-34.

［12］曾庆祝，许庆陵.鱼虾贝可食性涂膜保鲜技术的研究［J］.大连海洋大学学报，1997，12（2）：37-42.

［13］徐玮东，夏秀芳，王颖，等.低温红肠在天然可食性膜包装条件下的货架寿命研究［J］.包装与食品机械，2011，29（1）：9-12.

［14］张杰，王跃军，刘均忠，等.抗菌性海藻酸钠涂膜在罗非鱼片保鲜中的应用［J］.渔业科学进展，2010，31（2）：102-108.

［15］吕跃钢，顾天成，张培.可食性涂膜对熟肉制品保鲜作用的初步研究［J］.食品科学技术学报，2000，18（3）：16-20.

［16］王康，何志敏.海藻酸凝胶性质对蛋白质扩散的影响［J］.化学工程，

2004，32（5）：53-56.

[17] 余小领，周光宏，李学斌. 海藻酸钠被膜及其在食品加工中的应用 [J].
食品研究与开发，2009，30（9）：181-184.

[18] 张盛贵，张珍，蒋玉梅. 牦牛肉丸老化防止方法的研究 [J]. 食品科技，
2009，（10）：114-116.

[19] 刘鑫. 褐藻胶-鱼肉蛋白质复合凝胶体系流变特性及水分状态的研究 [D].
中国海洋大学，2010.

第九章 褐藻胶在面制品中的应用

第一节　引言

海藻酸钠、海藻酸钙、海藻酸钾、海藻酸铵等褐藻胶食品配料是一类从海洋褐藻中提取的高分子多糖聚合物，广泛应用于食品的生产加工，在美国被誉为"奇妙的食品添加剂"，具有优良的理化性能和健康功效。

本章介绍褐藻胶在面制品中的应用。

第二节　褐藻胶在面制品生产中的作用

一、对面团流变学特性的影响

褐藻胶是一类亲水性很强的生物高分子，在面团中加入海藻酸钠后，面团的吸水率显著增加，面团形成时间和稳定时间增长、最大忍受指数（MTI）减小，说明引入海藻酸钠后可以形成面筋较强的面团（Rosell，2001；李可昌，2015）。表 9-1 所示为海藻酸钠、海藻酸钙、瓜尔胶、CMC、黄原胶、聚丙烯酸钠等不同胶体对面团粉质指标的影响。

表 9-1　不同胶体对面团粉质指标的影响

不同胶体	吸水率 /%	形成时间 /min	稳定时间 /min	弱化度 /BU	粉质评价指数
对照	59.0	2.1	5.9	75	47
海藻酸钠	61.9	5.5	8.3	50	62
海藻酸钙	60.0	2.4	8.0	55	56
瓜尔胶	59.3	3.0	7.0	70	51
CMC	61.2	2.0	7.2	60	49

续表

不同胶体	吸水率 /%	形成时间 / min	稳定时间 / min	弱化度 / BU	粉质评价 指数
黄原胶	61.5	2.5	2.7	50	53
聚丙烯酸钠	63.9	3.8	6.4	70	53

研究表明，添加 0.1%~0.5% 海藻酸钠后，由于海藻酸钠与面粉中蛋白的相互作用，使 P（面泡形变的最大压力）增大、L（面泡膨胀破裂点）减小、P/L（曲线形状比值）增大、W（形变能力）增大，显示海藻酸钠对面团流变特性有很大影响（Rosell，2001；Guarda，2004；Sim，2011）。添加 0.2% 海藻酸钠后，面团的 R_{max}（最大拉伸阻力）增加、A（拉伸曲线面积）下降。Upadhyay 等（Upadhyay，2012）的研究发现，引入海藻酸钠后面团的弹性模量增加，且随浓度增加而逐渐增大。

杨艳（杨艳，2010）研究了海藻酸钠对燕麦复合粉的揉和特性及拉伸特性的影响，结果显示添加海藻酸钠后面团的吸水率、面团形成时间、稳定时间、粉质评价值都有所增大、弱化度降低，其中海藻酸钠添加量在 0.3% 时面团的稳定性得到明显改善，但添加海藻酸钠对燕麦面团的拉伸特性没有明显影响。

Rosell 等（Rosell，2001）的研究显示，添加海藻酸钠后面团的持气率没有明显变化、面团内气体损失体积减小、面团在发酵过程中的稳定性得到提高。也有研究表明海藻酸钠通过与面筋蛋白的相互作用产生更强的网络，可以将发酵产生的二氧化碳更多保留在网络中，改善面筋的持气性能。

二、对面团糊化特性的影响

研究表明（Rosell，2001；Rojas，1999）添加海藻酸钠对峰值黏度、蒸煮稳定性、冷却稳定性、面积等面粉糊化特性有很大影响，如糊化温度与空白相比下降 1.3℃、峰值黏度与空白相比增加 70 BU、回生值下降、水溶性组分中蛋白质含量降低、冷却稳定性增加。在面团中加入海藻酸钠有利于直链淀粉 - 脂类复合物的形成，使面包芯更柔软。另有研究表明（杨艳，2010），加入 0.3% 海藻酸钠能降低燕麦粉的起始糊化温度，提高峰值黏度、50℃ 最低黏度和破损值，降低燕麦粉的胶凝值。

三、对面团微观结构的影响

Upadhyay 等（Upadhyay，2012）用共聚焦扫描电镜观察食品胶对面团微观结构的影响，发现在面团中加入海藻酸钠后气泡分布比较细密，且随着添加量的增加气泡截面直径逐渐减小。这主要是由于引入海藻酸钠后，气泡周围形成吸附层，能增加水介质的黏度，使气体扩散减慢、气泡膜更稳定，从而使气泡较密、面团较硬，测得的弹性模量值增加。

杨艳（杨艳，2010）研究了海藻酸钠对面团微观结构的影响。结果显示，海藻酸钠加固了面筋蛋白的网络结构，使面团的网络结构致密度增加、淀粉颗粒更好包裹在海藻酸钠和面筋蛋白形成的网络结构中。

第三节　海藻酸钠在面制品中的应用

海藻酸钠具有良好的增稠性和凝胶性，作为增稠剂、稳定剂、组织改良剂和抗老化剂广泛应用于功能食品行业（郭辽朴，2007），在面制品中也有很好的应用价值。

一、海藻酸钠在面条中的应用

在挂面、粉丝、米粉制作中添加海藻酸钠可改善制品组织的黏结性，使其拉力强、弯曲度大、断头率少，尤其是对面筋含量较低的面粉效果更为明显。在面条制品中，海藻酸钠可防止可溶性淀粉和营养成分渗出、提高面团延展性、改善口感和风味（戎志梅，2002；程晓梅，2008）。赵振玲等（赵振玲，2008）的研究表明，黏度为300mPa·s的海藻酸钠适用于制作面条，添加量为0.20%~0.25%时制成的面条拉力强、弯曲度大、断头少、表面光洁。许春华（许春华，2013）的研究表明，海藻酸钠可以降低面条的蒸煮吸水率和蒸煮损失，提高鲜面拉伸应力、煮后面条剪切应力、表面硬度、硬度和咀嚼性，改善面条品质。

毛汝婧等（毛汝婧，2017）研究了海藻酸钠对湿面条质构及蒸煮特性的影响。结果表明，单独添加0.4%海藻酸钠可使面条具有良好的蒸煮特性，吸水率降低34.5%、蒸煮损失率降低97.3%、硬度提高47.9%、黏附性降低64.7%、弹性提高10.1%、咀嚼性提高5.5%、粘结性提高15.6%。王涛（王涛，2011）的研究发现，生鲜面条冷藏条件下改良剂的添加量分别为海藻酸钠0.20%、卡拉胶0.10%、聚丙烯酸钠0.20%，采用最佳复配方案后，面条硬度提升34.3%、弹性提高29.9%、拉断力和最大剪切力分别上升57.4%和20.9%，同时蒸煮损失率降低17.4%、湿面筋含量增加13.1%，显著改善了面条品质。高海燕等（高海燕，2018）研究发现，海藻酸钠与单辛酸甘油酯、丙二醇等复配用于面条中，能更好延缓鲜湿面条的腐败变质，并且操作简单、经济成本低。

　　杨艳（杨艳，2010）的研究显示，加入 0.3% 海藻酸钠能提高燕麦面条的硬度、粘合性、咀嚼度、弹性和回复性，降低黏附性粘黏结性，使面条柔软有弹性，蒸煮过程中不易粘连，大大改善燕麦面条品质，使面条表面结构更加细密光滑、适口性提高、弹性和咬劲增加、更加爽滑可口。段卓等（段卓，2018）的研究结果表明，燕麦粉质量组成为 8%+ 水 32%+ 海藻酸钠 0.2% 时，获得的燕麦挂面感官品质最佳。其他研究（邵佩兰，2006）也显示了海藻酸钠对面制品的改良效果。刘一鸣等（刘一鸣，2015）的研究表明，当小麦粉添加量为 20%、木薯 α- 淀粉添加量为 23%、小麦淀粉添加量为 55.66%、复合增筋剂添加量为 0.34%、海藻酸钠添加量为 1% 时，得到的低蛋白面条品质优良，可满足糖尿病、肾病患者的需求。图 9-1 所示为用不同海藻酸钠添加量制备的面条的显微结构。

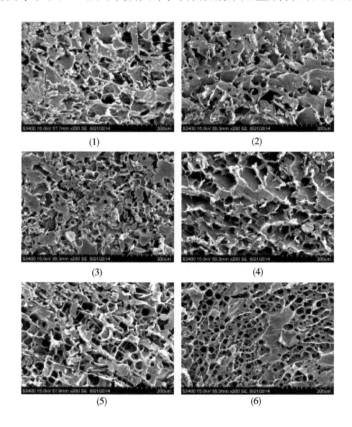

图 9-1　不同海藻酸钠添加量制备的面条的显微结构

注：添加量分别为 1、0%；2、0.2%；3、0.4%；4、0.6%；5、0.8%；6、1.0%

陈洁等（陈洁，2011；钱晶晶，2011）发现，添加海藻酸钠可以普遍提高冷冻面条的质构品质和抗剪切性能，使面条的硬度增加、黏着性降低、拉伸力增大、拉伸距离变大，有效提高面条的口感。刘海燕等（刘海燕，2017）也在研究中发现，加入海藻酸钠后，冷冻面条面汤的浑浊度有所下降、烹调损失降低，同时在长期冻藏过程中，加入海藻酸钠能提高面条的硬度、弹性、拉断力，对冷冻面条的品质有较好的改善效果。图 9-2 所示为海藻酸钠添加量对冷冻面条弹性的影响。

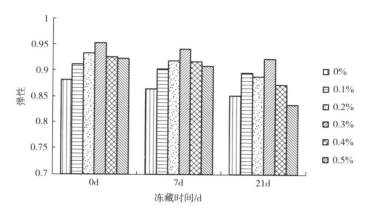

图 9-2　海藻酸钠添加量对冷冻面条弹性的影响

海藻酸钠在面制品中有较好的应用效果，可显著改善产品品质，其主要功能特性如下。

（1）增强面筋网络结构，改善面团稳定性

①提高面筋值和面筋交联度、增强面筋网络结构；

②提高面团的延伸性和持水能力；

③改善面团粉质拉伸特性、增强面团稳定性。

（2）改善面制品质构特性，提高面制品蒸煮和感官品质

①降低面制品易断条（面条）、易断裂（饺子皮、馄饨皮、烧麦皮）概率；

②提高面制品硬度、咀嚼性、弹性等质构特性，使面制品口感筋道爽滑、有弹性，提升口感；

③降低面条干物质损失率，缩短最佳蒸煮时间，使面条耐煮、抗泡、不浑汤、不粘条，口感爽滑；

④提高冻融稳定性，有较好的保水性和持水性，提高耐煮性和光亮度。

表 9-2 和表 9-3 所示分别为添加海藻酸盐的荞麦面和乌冬面的参考配方和工艺。制备面条时的建议用量为 0.1%~0.5%（以面粉用量为基数），具体的使用方法如下。

表 9-2　添加海藻酸盐的荞麦面参考配方和工艺

步骤	工艺	添加材料	比例（原料中除面粉和苦荞粉外其余配料以面粉和苦荞粉总量为基数）/%
1	和面	小麦粉	70~80
		苦荞粉	20~30
		盐	0.5~2
		海藻酸钠或复配海藻酸盐功能配料	0.3~2
		水	40~55
2		醒面—压面—切面—烘干—包装	

图 9-3 所示为乌冬面的成品图。

表 9-3　添加海藻酸盐的乌冬面参考配方和工艺

步骤	工艺	添加材料	比例（原料中除面粉外其余配料配比以面粉用量为基数）/%	备注
1	和面	小麦粉	100	将海藻酸盐配料与食盐混合后放入水中搅拌均匀，缓慢倒入面粉中，使水与原料充分接触，进行和面
		谷朊粉	2~8	
		淀粉	10~15	
		海藻酸钠或复配海藻酸盐功能配料	0.1~0.3	
		盐	1~2	
		水	40~50	
2		粗制—醒面—切面—煮面—水洗—浸酸—包装—灭菌		

①湿法添加：将海藻酸钠溶于水中形成均匀胶液后添加。

图9-3　添加海藻酸盐的乌冬面

　　②干法添加：将面粉等干性物料与海藻酸钠混合均匀使用，混合不均会使添加剂局部成团，其功能不能充分发挥，影响使用效果。

　　③注意事项：配制好的海藻酸钠水溶液不宜放置过久，尤其在夏季高温时，否则导致黏度下降，或由于微生物分解作用而变质；溶解海藻酸钠时，不宜用过热的水，一般水温掌握在30~40℃为宜。

二、海藻酸钠在馒头、包子等发酵面制品中的应用

　　Sim等（Sim，2011）的研究表明添加0.2%或0.8%的海藻酸钠使馒头的比容和宽展率降低，但在27℃贮藏几天后，馒头的硬度增加速率明显降低，表明面团中的海藻酸钠能阻碍大分子聚合物的形成、抑制淀粉老化。赵阳等（赵阳，2015）的研究表明，海藻酸钠显著影响小麦淀粉性质，明显改善馒头品质。在馒头生产过程中，海藻酸钠可以提高小麦粉的加工品质，使面团吸水率、形成时间、稳定时间增加、降落值降低，其中海藻酸钠在馒头中的建议用量为小麦粉质量的0.05%~0.15%。何承云等（何承云，2008）发现添加适量的海藻酸钠对馒头有显著的抗老化效果，复配比例为：海藻酸钠0.055%+黄原胶0.15%+卡拉胶0.15%时，馒头的抗老化效果较好。

　　胡二坤等（胡二坤，2017）用响应面法分析木聚糖酶、谷氨酰胺转氨酶和海藻酸钠对茯苓糙米黑豆馒头品质的影响。研究结果显示，木聚糖酶添加量0.02%、谷氨酰胺转氨酶添加量为0.04%、海藻酸钠添加量为0.3%时馒头的品质最好。在此条件下经过品质改良的馒头与未经改良馒头相比，弹性增加40.1%、粘结性降低38.5%、硬度降低15.5%、咀嚼性降低20.4%。

胡红芹等（胡红芹，2012）的研究发现，黄原胶、海藻酸钠、高温 α- 淀粉酶对馒头均有一定的抗老化效果。抗馒头老化效果较好的复配比例以面粉为基准，黄原胶添加量为 0.15%、海藻酸钠添加量为 0.10%、高温 α- 淀粉酶添加量为 0.0001%。范会平等（范会平，2012）以速冻馒头为研究对象，以海藻酸钠、结冷胶、硬脂酰乳酸钙等几种改良剂为原料，研制了一种速冻馒头保水剂的配方。响应面优化试验结果表明，速冻馒头保水剂的最佳配方为海藻酸钠 0.37%、结冷胶 0.15%、硬脂酰乳酸钙 0.21%。在此条件下速冻馒头微波复热后质量损失率为 6.02%。

海藻酸钠在发酵面制品中的应用效果良好，可以显著改善产品品质，其功能特性包括：

图 9-4　添加海藻酸钠的速冻馒头

①改善面团操作性能，增加面团吸水率，提高馒头产量；

②增大产品体积，表皮亮白有光泽，柔软有弹性，防止产品老化回生；

③改善产品内部组织结构，气孔细腻均匀；

④防止产品在生产过程中收缩、开裂、起皱等现象；

⑤增大面团体系粘结性，便于机械化操作。

表 9-4 介绍了添加海藻酸钠的速冻馒头参考配方和工艺。图 9-4 所示为速冻馒头成品图。

表 9-4　添加海藻酸钠的速冻馒头参考配方和工艺

步骤	工艺	添加材料	比例（原料中除面粉外其余配料配比以面粉用量为基数）/%
1	和面	小麦粉	100
		酵母	1~2
		海藻酸钠 / 复配海藻酸盐功能配料	0.1~0.5
		水	40~45
2		醒发—揉面—整型—速冻—冷冻	

第四节 海藻酸钙在面制品中的应用

与海藻酸钠相似，海藻酸钙是从海洋褐藻中提取的多糖，具有良好的食用安全性、生物降解性和生物相容性。海藻酸钙较海藻酸钠具有更好的分散性，可作为增稠剂、稳定剂和凝固剂，在日、美等国家已被广泛应用于食品领域。国际食品法典委员会、欧盟委员会、日本厚生劳动省、美国食品药品管理局等批准其作为增稠剂用于食品。根据联合国粮农组织、世界卫生组织食品添加剂联合专家委员会评估结果，该物质的每日允许摄入量为"不需要限定"。

中华人民共和国国家卫生和计划生育委员会 2016 年第 8 号文中显示：根据《中华人民共和国食品安全法》规定，审评机构组织专家对海藻酸钙等 10 种食品添加剂新品种的安全性评估材料审查并通过，标志着海藻酸钙可作为一种新型食品添加剂用于小麦粉制品和面包产品中。

一、海藻酸钙对面团流变特性的影响

表 9-5 所示为不同添加量的海藻酸钙对面团粉质特性的影响（刘海燕，2015）。利用布拉本德粉质仪和拉伸仪研究了添加 0、0.1%、0.3%、0.5%、0.7%、0.9% 的海藻酸钙对面团粉质和拉伸特性的影响，结果表明，添加海藻酸钙能提高面团吸水率、延长面团稳定时间、提高粉质评价指数、降低弱化度、明显改善面团稳定性，尤其是海藻酸钙添加量为 0.3% 时的改善效果最显著。同时，添加海藻酸钙能显著提高面团的拉伸阻力、拉伸比值（R/E）和能量值，但对延伸性基本没有影响。

表 9-5 不同添加量的海藻酸钙对面团粉质特性的影响

海藻酸钙添加量 / %	吸水率 / %	形成时间 / min	稳定时间 / min	弱化度 / BU	粉质评价指数
0	59.0	2.1	5.9	75	47
0.1	60.0	2.5	7.1	60	49
0.3	60.0	2.4	8.0	55	56
0.5	60.8	2.5	7.2	55	52
0.7	61.2	5.0	6.6	65	53
0.9	61.2	4.5	6.3	70	50

二、海藻酸钙在面制品中的应用

在面条产品中，海藻酸钙能提高面条的硬度、咀嚼度、弹性和回复性，降低黏附性和粘结性，使面条滑爽不浑汤、有嚼劲、具有耐泡性。与海藻酸钠相比，添加海藻酸钙的面条硬度和咀嚼性增加、面条较硬。海藻酸钙应用于发酵面制品中可增强面筋，且有较好的保湿性，使制品口感柔软、有弹性、货架期延长。表 9-6 比较了海藻酸钠和海藻酸钙对面条质构参数的影响。

表 9-6　不同海藻酸盐对面条质构参数的影响

面条质构参数	空白	海藻酸钠	海藻酸钙
硬度 / N	20.31	21.07	23.09
胶黏性 / N	12.74	12.43	13.22
弹性 / mm	0.57	0.58	0.56
咀嚼性 / mJ	7.30	7.19	7.42

作为一种新型功能性食品配料，海藻酸钙在面制品行业有着非常广泛的应用前景。表 9-7 介绍了一个添加海藻酸钙的挂面参考配方和工艺。

表 9-7　添加海藻酸钙的挂面参考配方和工艺

步骤	工艺	添加材料	比例 （原料中除面粉外其余配料配比以面粉用量为基数）/ %
1	和面	小麦粉	100
		食盐	0.5~2
		海藻酸钙	0.1~0.5
		水	28~33
2		醒面—压面—切面—烘干—包装	

第五节　小结

海藻酸钠、海藻酸钙等褐藻胶具有优良的亲水特性和凝胶、增稠性能，在面条、馒头等面制品中有很高的应用价值。大量应用案例显示，在面制品中添加褐藻胶可以在改善面团性能的基础上，有效提高面制品的品质，成为面制品生产中一种重要的食品配料。

参考文献

[1] Guarda A，Rosell C M，Beneditoc，et al. Different hydrocolloids as bread improvers and antistaling agents[J]. Food Hydrocolloids，2004，18（2）：241–247.

[2] Rojas J A，Rosell C M，De Barber C B. Pasting properties of different wheat flour-hydrocolloid systems[J]. Food Hydrocolloids，1999，13（1）：27-33.

[3] Rosell C M，Rojas J A，De Barber C B. Influence of hydrocolloids on dough rheology and bread quality[J]. Food Hydrocolloids，2001，15（1）：75-81.

[4] Rosell C M，Rojas J A，De Barber C B. Combined effect of different antistaling agents on the pasting properties of wheat flour[J]. European Food Research and Technology，2001，212（4）：473–476.

[5] SimS Y，Noor Aziah AA，Cheng L H. Characteristics of wheat dough and Chinese steamed bread added with sodium alginates or konjac glucomannan[J]. Food Hydrocolloids，2011，25（5）：951-957.

[6] Upadhyay R，Ghosal D，Mehra A. Characterization of bread dough：Rheological properties and microstructure[J]. Journal of Food Engineering，2012，109（1）：104–113.

[7] 李可昌，刘海燕，詹栩，等.不同胶体对面团粉质和拉伸特性的影响研究[J].中国食品添加剂，2015，（3）：158-162.

[8] 杨艳.海藻酸钠对燕麦粉质特性及其面团质构的影响[D]. 山东轻工业大学，2010.

[9] 郭辽朴，李洪军. 褐藻胶生物活性及在食品中应用的研究进展[J].四川食品与发酵，2007，43（6）：9-12.

[10] 戎志梅. 生物化工新产品与新技术开发指南[M]. 北京：化学工业出版社，2002：227-228.

[11] 程晓梅，程兰萍. 面条品质改良剂的应用研究[J].河南工业大学学报，2008，29（6）：75-78.

[12] 赵振玲，于功明，刘洪武，等. 海藻酸钠对面条质构影响的研究[J]. 粮食加工，2008，33（1）：78-81.

[13] 许春华.亲水胶体对面条品质的影响研究[J].粮食与食品工业，2013，（6）：45-49.

[14] 毛汝婧，杨富民.3种品质改良剂对湿面条质构及蒸煮特性的影响[J].甘

肃农业大学学报，2017，8（4）：164-170.

［15］王涛.生鲜湿面条的保鲜与品质改良研究［D］.河南工业大学，2011.

［16］高海燕，曹蒙，曾洁，等.复合保鲜剂对鲜湿面条保藏效果的影响［J］.食品工业科技，2018，（23）：312-317.

［17］段卓，肖冬梅，夏赛美，等.燕麦挂面生产工艺优化研究［J］.粮食与饲料工业，2018，（11）：21-24.

［18］邵佩兰，徐明.麦麸膳食纤维荞麦面条的工艺探讨［J］.粮油加工，2006，（6）：75-77.

［19］刘一鸣，徐同成，徐志祥，等.糖尿病肾病患者专用低蛋白面条配方的研究［J］.粮食与油脂，2015，40（5）180-186.

［20］陈洁，钱晶晶，王春.胶体在冷冻面条中的应用研究［J］.中国食品添加剂，2011，（2）：178-180.

［21］钱晶晶，陈洁，王春，等.冷冻面条的品质改良研究［J］.河南工业大学学报（自然科学版），2011，32（1）：36-38.

［22］刘海燕，杨照悦，张强，等.海藻酸钠对冷冻面条品质的影响研究［J］.粮食与饲料工业，2017，（8）：20-26.

［23］赵阳，王雨生，陈海华，等.海藻酸钠对小麦淀粉性质及馒头品质的影响［J］.中国粮油学报，2015，（1）：44-50.

［24］何承云，林向阳，孙科祥，等.亲水胶体抗馒头老化效果的研究［J］.农产品加工·学刊，2008，（1）：23-28.

［25］胡二坤，张首.酶制剂及乳化剂对葛根黑豆黑米馒头品质改良研究［J］.食品研究与开发，2017，（15）：122-128.

［26］胡红芹，陈海伟，张桂红，等.复配型抗馒头老化改良剂的实验研究［J］.粮食加工，2012，（4）：57-60.

［27］范会平，潘治利，陈军，等.微波复热速冻馒头保水剂及其对质构的影响［J］.食品科学，2012，（24）：315-320.

［28］刘海燕，周桂婷，张娟娟，等.海藻酸钙对面团粉质和拉伸特性的影响研究［J］.中国食品添加剂，2015，（8）：114-117.

第十章　褐藻胶在缓控释放活性因子中的应用

第一节　引言

　　功能食品具有一系列营养保健功能，含有多肽、活性蛋白、多不饱和脂肪酸、抗氧化剂、益生菌等生物活性物质，可增强人体体质、防止疾病、恢复健康、调节身体节律、延缓衰老，在现代健康产业中起重要作用。功能食品中的活性因子有很强的生物活性，同时具有环境敏感、气味难掩、刺激胃等特性。为了使功能食品在具有优良保健功效的同时拥有良好的可加工性和食用性能，现代食品加工过程通常将各种活性因子进行包埋处理后改变物料状态、掩盖不良味道、降低挥发性、隔离氧气、控制释放速度。这种将活性因子进行包埋的技术称为微胶囊技术，其中被包在胶囊内的物料称为芯材、胶囊的外壳称为壁材。褐藻胶具有独特的溶液特性、凝胶特性和成膜性，适用于微胶囊的壁材，在脂溶性植提物、蛋白质、多肽、益生菌等活性因子的包埋过程中有重要应用价值。

第二节　功能食品及活性因子

　　功能性食品（Functional Food）不同于药物或膳食补充剂，是常规饮食的组成部分，其含有的活性因子对预防糖尿病、心脑血管疾病等慢性疾病有重要作用。伴随现代社会经济水平的提高以及人们保健意识的增强，功能性食品开发已逐渐成为食品行业热点发展趋势之一。

一、功能性食品的发展历史

　　功能性食品的起源可追溯到中国，因为中国人利用野菜提供营养、预防和治疗疾病的历史已有数千年之久。现代功能性食品的概念首先由日本人于

20 世纪 70 年代提出，并于 20 世纪 80 年代传入欧洲（于国萍，2011；Sir，2008）。日本将功能性食品定义为"具有与生物防御、生物节律调整、防治疾病和恢复健康等有关的功能因素，经设计加工对生物体有明显调整功能的食品"（李朝霞，2010；秦志浩，2012）。1998 年，欧洲成立了功能性食品科学协会（FUFOSE）（Warfel，2007）。2009 年，美国营养协会发布了一份声明，将功能性食品描述为"作为消费者日常饮食的一部分，对健康具有潜在益处的食品，包括全食品和含有强化、富集或增强生物活性成分的食品"（Halser，2009）。

我国卫生部于 1996 年发布了功能性食品的管理规定，将其定义为具有特殊保健功能的食品。2005 年，中国国家食品药品管理局（SFDA）更新了功能性食品注册指南，将其扩展为具有特殊健康功能或能够提供维生素或矿物质的食品，适合特定的消费人群，能够调节人体生理功能，但不以治疗疾病为目的。它不会造成任何伤害，不具有急性、亚急性和慢性毒性（Yang，2008）。

功能性食品发展至今已近 50 年，并已成为国际食品市场的重要组成部分。为促进食品专家、营养学家、政府官员以及公众之间的更好沟通，使国家之间能够更好地开展贸易，食品行业迫切需要一个关于功能性食品的统一的定义。2014 年，美国农业部和农业研究服务联合举办的国际会议上专门组织了一次题为"功能性食品和生物活性化合物定义"的小组讨论，将功能性食品定义为：含有已知或未知生物活性物质的天然食品或加工食品，其中生物活性物质的含量要明确，确保功能性食品有功效、无毒并且临床实验证明其有助于预防或治疗慢性病（Martiosyan，2015）。

二、功能性食品市场

随着全球消费者对功能性食品的兴趣和接受度日益增长，亚洲、北美、西欧、拉丁美洲、澳大利亚、新西兰等国家和地区的功能性食品市场不断扩大，2010 年功能性食品市场份额达到 763 亿美元，年销售额以每年 8% 的速度增长。美国、日本和欧盟是国际上功能性食品的三大主要市场。北美市场的功能性食品从 2006 年的 200 多种增长到 2008 年的 800 多种，其中加拿大在该领域呈现出显著增长态势，其功能性食品生产公司的数量近几年增长了 32%，如 Hamonium 国际公司（益生菌）、CV 技术公司（天然健康产品）和海洋营养加拿大有限公司（ω-3 脂肪酸）等。德国、法国、英国和荷兰是欧洲功能性食品领域最重要的 4 个国家，联合利华（Unilever，英国）、Raisio 食品集团（芬兰）、雀巢（Nestle，瑞士）、达能集团（Danone，法国）、伊帕尔拉特集团（Iparlat，西班牙）以及CorporacionAlimentariaPenasanta，SA（CAPDA，西班牙）是欧洲主要的功能性食品生产企业。

我国的功能性食品市场经历了起步、迅速发展以及规范提高 3 个阶段，其中开发生产的功能性食品大致分为三代，第一代为各类强化食品和滋补产品，未经过严格的实验证明或者科学论证，仅根据食品中的营养成分来推断功能；第二代为经过动物和人体实验证明具有某种生理调节功能的食品，目前我国市场上大多为该类功能性食品；第三代是在明确食品中的功能因子及其产生的作用机理的基础上，开发出的量效与构效明确的新型功能性食品，是未来我国功能性食品研究和发展的重点（凯信，2015）。

三、功能性活性因子

功能性食品可分为 3 大类：第一类是天然含有生物活性成分的常规食品，如含有番茄红素的番茄、含有鞣花酸的覆盆子、含有 β- 葡聚糖的燕麦麸皮等；第二类是改良食品，含有富集或者强化的生物活性成分，例如富含 ω-3 不饱和脂肪酸的鸡蛋、钙强化的橙汁、具有较高含量番茄红素的番茄等；第三类是分离纯化的食品成分，包括从大豆中分离出的异黄酮、从植物油中分离出的植物甾醇以及从鱼油中提取出的 ω-3 不饱和脂肪酸等。

功能性食品中的活性因子成分主要包括传统型和新型两类，其中传统型包括氨基酸、核苷酸、维生素等，新型高效功能因子包括植物提取物黄酮、萜类、多酚类、低聚糖等以及动物来源的功能糖、甾体、多不饱和脂肪酸等（Granato，2010；陈坚，2013）。目前在功能性食品领域公认的生物活性化合物包括酚类、类胡萝卜素、膳食纤维、β- 葡聚糖、ω-3 脂肪酸、益生菌、益生元、植物激素、大豆蛋白、植物甾醇、多元醇以及一些矿物质和维生素等。

（1）非淀粉碳水化合物　非淀粉碳水化合物是葡萄糖分子和半乳糖、果糖等其他糖的聚合物和膳食纤维，由于单糖之间不通过 α-1,4 或 α-1,6 糖苷键连接，它们不能被消化酶水解，但是可以被肠道中的益生菌微生物发酵。膳食纤维包括水溶性和非水溶性两种，前者可以溶解或吸收水，并能结合肠道中的毒素和胆固醇；后者可以有效增加粪便体积和食物在肠道的通过率，还能稀释潜在的致癌物，减少毒素与肠道的接触、加速其排出体外。

富含可溶性膳食纤维的食物包括苹果、芒果、橙子、芦笋、花椰菜、胡萝卜、花生、豆类和燕麦，而不溶性膳食纤维主要存在于香蕉、浆果、菠菜、谷物以及糙米和全麦面包中。非淀粉碳水化合物具有多种生物活性，国内外大量研究已经证实膳食纤维的作用包括预防便秘和结肠癌、降低血清胆固醇、预防冠状动脉硬化性心脏病、改善末梢神经对胰岛素的感受性从而调节血糖水平、减少胆汁酸的再吸收、预防胆结石等（郑建仙，1994）。岩藻多糖是另一类代表性的非淀粉碳水化合物，可通过抑制肿瘤细胞黏附于细胞外基质，诱导引起成人T细胞白血病病毒（HTLV-1）的凋亡，抑制癌细胞扩散。研究表明岩藻多糖可通过刺激巨噬细胞的吞噬作用和免疫细胞的调节作用增强人体对抗感染的能力（Chan，2009；Ahmad，2012）。

（2）类胡萝卜素　作为脂溶性四萜疏水化合物，类胡萝卜素是含有至少40个碳和多个共轭双键体系的氧化或非氧化烃类化合物。α-胡萝卜素、β-胡萝卜素和番茄红素是主要的非极性类胡萝卜素，叶黄素是主要的极性类胡萝卜素。在自然界中已鉴定的700多种类胡萝卜素中，常出现在食物中的有24种，人乳、血清和组织中大约有40种。在谷物中，类胡萝卜素的主要来源是黄玉米、硬质小麦、单粒小麦和黄金大米，其含量随着品种、栽培条件、地理位置、组织部分、成熟阶段、加工和储存条件的变化而变化。加热、烹饪、机械破碎以及脂肪/油脂的存在可以提高类胡萝卜素的生物利用度。日常饮食中可以从黄玉米、黄金大米等谷物，罗勒属植物、西芹、菠菜、羽衣甘蓝、韭菜、红辣椒等蔬菜，以及蛋黄和人乳中获得人体所需的类胡萝卜素。研究发现，叶黄素连同其代谢产物内消旋玉米黄质有助于预防心脑血管疾病、癌症、老年性黄斑变性和白内障（曹淑芬，2015）.

（3）多酚　酚类化合物广泛存在于植物中，其结构中含有一个或多个苯环以及不同数量的羟基、羰基、羧基等多种基团。目前已知的酚类化合物超过8000种，它们通常以连接一个或多个糖残基的共轭形式存在。膳食酚类分为黄酮类（花色苷、黄酮醇、黄酮、黄烷酮、异黄酮、黄烷-3-醇、凝缩类单宁或原花青素、木质素、查耳酮、香豆素、香豆酸和橙酮）和非黄酮类（简单酚类、酚酸和芪类化合物）。黄酮类化合物作为辅助降血糖功能性食品中的功效成分使用频率最高（臧茜茜，2017）。

多酚类的食物来源主要包括蔬菜、水果、谷物、茶、葡萄酒和其他饮料等。在细胞内，酚类物质通过提供氢原子或电子，猝灭自由基和活化内源性抗氧化酶来抑制活性氧（ROS）和活性氮（RNS）的含量，还能通过螯合金属助氧化剂降低氧化剂的产生。酚类的作用包括：抗氧化、预防心脑血管疾病、抗血栓生成、抗溃疡、抗癌、抗诱变、抗炎、抗菌，能改善眼睛健康和视力、提高肌肉性能和免疫反应,此外酚类物质还可用作食品防腐剂、食品着色剂和风味剂(齐典，2006)。

（4）植物固醇　植物固醇是一种脂溶性的类胆固醇，包含甾醇和甾烷醇，二者的区别仅在于后者环上的不饱和双键变成了饱和的 C-C 单键。植物甾醇的功能和动物固醇相似，但是结构上的不同之处在于侧链含有双键和甲基或乙基。目前已知的存在于自然界中的植物甾醇大约有 250 多种，其主要来源包括油菜籽油、大豆油、玉米油、葵花籽油等植物油，玉米、黑麦、小麦、大麦、小米、水稻、燕麦等作物种子，以及坚果和松科树木的树油（安磊，2014）。人体中低密度脂蛋白胆固醇是冠状动脉粥样硬化和心脑血管疾病的危险因素，植物甾醇能显著降低低密度脂蛋白胆固醇的吸收。日常饮食中每天摄取 2g 植物甾醇就可以降低血浆中 10% 的低密度脂蛋白胆醇。由于对肠道微生物菌群的结构和代谢反应有差异，植物甾醇阻析胆固醇吸收能力的顺序为：游离甾烷醇 > 甾烷醇酯 > 游离甾醇 > 甾醇酯。流行病学和实验研究表明，植物甾醇可以预防大多数常见的癌症，如结肠癌、乳腺癌、前列腺癌等（安磊，2014；Boothe，1978）。

（5）益生元　益生菌是指对身体有益的活微生物，如乳酸菌、双歧杆菌等。益生元是不能被消化的食物成分，能刺激消化系统中益生菌的生长和活性。最常见的益生元是非淀粉碳水化合物，如可溶性膳食纤维等。益生元的来源还包括大豆及未加工处理的燕麦、小麦、大麦等。目前可提供益生菌的食物主要是酸奶，其中富含乳杆菌、嗜热链球菌、双歧杆菌等益生菌，对肠道健康有重要作用（戚向阳,2003）。益生菌一方面维持消化道内有益菌群和有害菌群的平衡，促进营养成分的吸收并将其提供给所需要的人体细胞；另一方面还可以通过抑制性物质的产生、黏附位点的阻断、营养物的竞争、毒素受体的降解和免疫的激活等方式排除不良微生物（Wan，2018）。益生菌对预防和治疗腹泻疾病、胃肠道炎症和神经系统疾病都有一定功效（Begum，2017）。

第三节　微胶囊与缓控释放

食品中的各种功能因子对改善食品性能和功效起重要作用，与此同时，基于其化学、物理、生物性能的特殊性，加工过程中需要对功能性食品中的各种功能因子提供缓控释放、稳定性、热保护、合适的口感组合等配套技术，其中微胶囊包埋技术在此过程中起到不可替代的作用。

一、微胶囊的定义及结构

微胶囊是指一种具有聚合物壁的微型容器或包装物。微胶囊造粒技术是将固体、液体或气体包埋、封存在微型胶囊内成为一种固体微粒产品的技术。图10-1所示为用于包埋活性物质的微胶囊的不同形态结构。

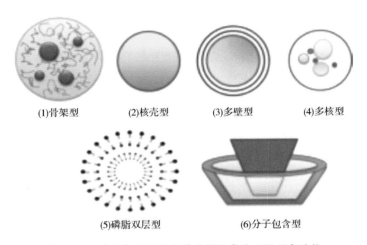

(1)骨架型　　(2)核壳型　　(3)多壁型　　(4)多核型

(5)磷脂双层型　　　　　(6)分子包含型

图 10-1　用于包埋活性物质的微胶囊的不同形态结构

微胶囊的壁材主要有天然高分子材料、半合成高分子材料、合成高分子材料和无机材料四大类。壁材的选取在很大程度上决定了微胶囊产品的理化性质，理想的壁材必须具备的特点包括：

①高浓度下仍具有较好的流动性，以确保包埋过程中操作性能良好；

②能在乳化芯材的同时生成稳定的乳化体系；

③在加工和贮藏过程中均能对芯材实现完整包埋；

④容易干燥且容易脱落；

⑤具有较好的溶解性、可食用性和经济合理性；

⑥食品微胶囊中壁材的选择必须满足与芯材互不相溶、与芯材不发生化学反应以及满足安全卫生要求的条件。

在四类壁材中，天然高分子材料的优点是无毒、成膜性能好，缺点是机械性能不佳、原材料质量不稳定。半合成高分子材料的优点是毒性较小、黏度较大、且成盐后溶解度有所增加，缺点是容易水解、不耐高温、耐酸性差（王鉴，

2008）。全合成高分子材料的优点是成膜性及化学稳定性好，缺点是因受到相关食品法规的限制，绝大多数全合成高分子材料不能应用于食品工业。无机材料在食品微胶囊化中的应用是很少的。表 10-1 总结了功能食品领域常用的微胶囊壁材及其分类。

表10-1 常用微胶囊壁材及其分类

微胶囊壁材	分类
碳水化合物	植物胶类：褐藻胶、琼脂、卡拉胶、阿拉伯胶、瓜尔胶
	淀粉类：玉米淀粉、马铃薯淀粉、交联改性淀粉等
	纤维素类：羧甲基纤维素、羧乙基纤维素、二醋酸纤维素、丁醋酸纤维素等
	其他类：麦芽糊精、环糊精、蔗糖、黄原胶、阿拉伯半乳聚糖、半乳糖甘露聚糖、壳聚糖等
蛋白质	明胶、乳清蛋白、白蛋白、玉米蛋白、酪蛋白、大豆蛋白等
合成高分子	聚乙烯醇、聚苯乙烯、聚丙烯酰胺等
脂类与蜡	磷脂、虫胶、石蜡、蜂蜡、硬脂酸、甘油酸酯等

微囊化的芯材有很多种，包括单一的固体、液体或气体物质，以及固液、液液、固固或气液等物质的混合体，其中功能性食品领域主要有三类，即水溶性物质、脂溶性物质以及水分散性物质。水溶性物质包括一些抗氧化物质（如花青素等）、色素类物质等；脂溶性物质包括叶黄素、虾青素等抗氧化物质，以及辣椒红素等色素类物质；常用在微胶囊领域的水分散性物质为益生菌、噬菌体等。具体的分类如表 10-2 所示。

表10-2 常用微胶囊芯材及其分类

微胶囊芯材	分类
活性蛋白、酶	超氧化物歧化酶（SOD）、免疫球蛋白、蛋白酶、淀粉酶、果胶酶
氨基酸	赖氨酸、精氨酸、组氨酸
维生素	维生素 A、维生素 B_1、维生素 B_2、维生素 C、维生素 E
香精香油	橘子香精、柠檬香精、薄荷油、冬青油及其他植物精油
微生物细胞	乳酸菌、黑曲霉、酵母及噬菌体
抗氧化剂	酶类、维生素类、黄酮类、色素类、多酚类

二、微胶囊的功能

微胶囊技术广泛应用于食品、制药、农业、日化、染整工艺、涂料、生物技术等各个领域，其应用功能体现在五个方面。

（1）改善物理性质 物理性质的改变主要包括挥发性、颜色、外观形态、体积、溶解性等（李莎莎，2015）。例如，当液态的精油添加到化妆水中时，由于油水两相不相容，无法均匀分散。精油被包覆于微胶囊中后，生成纳米级水溶性香精微胶囊，即可在水相中均匀分散，便于溶解添加。此外，液态物质经过喷雾干燥等手段胶囊化后，可以得到细粉状物质，而其内部仍为液体，这样既能保存液体的优异性能，也能便于运输和储存。

（2）提高物质稳定性 物质中的某些成分对光、热、水分、氧气、紫外线、温度、pH等敏感，暴露在空气中和光热条件下容易被氧化或变质而减轻活性。微胶囊包埋后芯材与外界环境隔绝，可避免芯材受不良因素影响，提高其在加工过程中的稳定性进而延长产品保质期。

（3）控制释放 芯材的控释主要集中在医药、农业、香料香精以及功能性食品等行业。在医药领域，活性物质通过包埋能延长释放时间，使给药平稳、持续，从而使活性物质的释放能达到治疗所需血药浓度的满意效果。同样，对于农药喷洒，微胶囊包埋可以有效延长药效期限，使农产品更符合绿色安全需要。而对于香熏产品，香精在微胶囊化后能使香熏产品的香气浓度适中，持续给香（Lubbers，1998）。对于功能性食品，微胶囊包埋可以保护活性物质免受胃酸的破坏，延缓活性物质释放，延长活性物质的作用时间。

（4）隔离组分 对于混合物体系，加工过程中为了避免成分与成分之间相互作用或食品领域为了减少添加剂的毒副作用，可通过包埋技术达到隔离组分的目的，使各成分能共存于同一体系中（张亚婷，2015；Tang，2013）。

（5）掩味 芯材的掩味主要集中在食品和制药行业。微胶囊化可用于修饰或掩盖某些化合物令人不愉快的气味和味道，以调节产品香味和口感。有些中药极其味苦或带有异味，使患者服药感到困难。制成微胶囊既可掩盖药物的不良气味，也可避免药物对胃的刺激及其在胃中消化失活，有效提高药效。

三、微胶囊与食品功能因子的缓控释放

微胶囊芯材的释放主要是因为壁材在各种因素作用下破裂，或由于内外

环境存在浓度差，芯材通过渗透作用从细小的空隙间释放。释放机制取决于许多因素，如：壁材的理化性能、芯材的理化性能、微胶囊的几何形状和形态、释放条件（如溶剂、pH、离子强度、温度、压力）等。胶囊的制备方法和壁材的厚度对控制释放性能有非常重要的作用。成囊之后，芯材的释放可分为瞬间释放、缓慢释放和控制释放三大类。瞬间释放是通过使用物理或者化学方法将壁材压碎或者溶解，芯材物质迅速从被严重破坏的囊壁中释放出来，其中化学法是通过发生化学反应将壁材溶解，同时保证芯材不参与反应且不溶解；物理法主要指通过控制反应温度、浓度、渗透压、酸碱度、压强等相关参数，施加外力破坏壁材后使芯材释放。缓慢释放是指芯材通过溶解、渗透、扩散的过程，不断缓慢的透过壁膜释放到外界环境中。控制释放是指通过调控温度、pH、溶解度等因素控制芯材在特定条件下以一定速率释放，其中影响芯材释放速率的因素包括壁材与芯材的材料特性、壁材聚合物的分子量、囊壁厚度或者表面积、微胶囊壁材的交联度、微胶囊的制备方法、微胶囊的粒径及粒径分布、表面带电情况、微胶囊壁两侧的浓度差等。

第四节　褐藻胶微胶囊在缓控释放活性因子中的应用

褐藻胶的凝胶和成膜特性使其成为功能性食品领域中制备微胶囊的一种优质原料。褐藻胶包括海藻酸、海藻酸钠、海藻酸钾、海藻酸钙等一系列具有不同化学结构和物理性能的褐藻提取物，其中水溶性的海藻酸钠在溶解于水后形成黏稠的溶液，成为分散食品功能因子的良好介质。海藻酸钠的水溶液在与 Ca^{2+} 等二价阳离子接触后，通过大分子链之间形成的"鸡蛋盒"状的交联结构形成凝胶。这种凝胶在胃的强酸作用下被转化成海藻酸，由于海藻酸不溶于水，因此凝胶结构在胃中得到保存，而在进入肠道后，海藻酸在微碱性环境下被转化为海藻酸钠后溶解，从而实现食品功能因子在肠道内的控制释放。图 10-2 所示为海藻酸钠在与钙离子结合后形成凝胶的示意图。

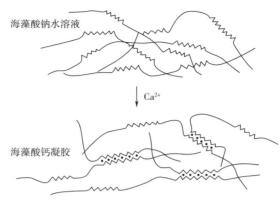

图 10-2　海藻酸钠与钙离子结合后形成凝胶的示意图

　　作为一类从海洋褐藻中提取出的天然高分子物质，海藻酸、海藻酸钠、海藻酸钙等褐藻胶具有良好的生物相容性，安全无毒，并且与功能食品因子有良好的配伍性，已经在缓控释放活性因子中得到广泛应用。表 10-3 总结了文献中报道的大量应用案例。

表10-3　褐藻胶在缓控释放功能食品活性因子中的应用案例

活性因子及分类		活性因子的功效	微囊化的作用	参考文献
益生菌、噬菌体	双歧杆菌	调节肠道菌群	定点释放	Holkem et al，2016
	噬菌体	抑菌	定点释放	Samtlebe et al，2015
	乳酸菌	调节肠道菌群	定点释放	李晓岩，2009
	戊糖片球菌	调节肠道菌群、增强机体免疫力	定点释放	Kiranet al，2015
	双歧杆菌	调节肠道菌群、增强机体免疫力	定点释放	Atchara et al，2015
植物提取物	香橙油	改善风味	延缓释放	Xiao et al，2016
	灵芝孢子	抑制肿瘤、增强免疫	稳定、隔离	Zhao et al，2016
	姜黄素	降血脂、抗肿瘤、消炎	稳定、隔离、缓释	Zhang et al，2016a

续表

活性因子及分类		活性因子的功效	微囊化的作用	参考文献
蛋白质、多肽	乳清蛋白	增强免疫力	保护、稳定	Zhang et al，2016b
	乳铁传递蛋白	抗菌、抗病毒、增强人体免疫力	稳定、隔离	Bokkhim et al，2016
	胶原蛋白肽	补钙、改善免疫	稳定、缓释	Guo et al，2015
其他成分	奎尼酸	降血脂、抗肿瘤、消炎	稳定、隔离、缓释	Zhang et al，2016c
	蔗糖铁	补铁	缓释	Khosroyar et al，2012
	β-胡萝卜素	抗氧化	稳定、隔离、缓释	Donhowe et al，2014

在功能性食品领域，益生菌可以通过调节肠道菌群改善肠道健康，但是益生菌在消费者食用后首先进入胃部，如果没有得到保护，在胃的强酸性环境中大部分益生菌失活，实际进入肠道发挥作用的益生菌只有很少一部分。把益生菌用褐藻胶进行包埋后可以使其在胃部稳定存在不失活，随后进入肠道释放。李晓岩（李晓岩，2009）以海藻酸钠为壁材、稻麸纤维为载体，利用挤压法成功制备出乳酸菌 - 海藻酸钠微胶囊。结果表明，乳酸菌的微胶囊化可以提高菌体对胃酸的耐受性，维持菌体的生物活性。在 pH=1.2 的模拟胃液中处理 2h 后菌体的存活率可达 89%。

多肽和蛋白类物质在胃肠道也极易被强酸性环境及消化道酶破坏导致活性降低。Bokkhim 等（Bokkhim，2014）利用挤出法将乳铁传递蛋白包埋在海藻酸钙胶囊内，使蛋白与胃部强酸性环境隔离后避免其在胃部失活，到达肠道后在微碱性环境下海藻酸钙被转化为海藻酸钠后溶解，包埋在微胶囊内的蛋白得到释放，其活性得到有效保护。

甜橙油、玉米油等植物提取物可以改善食品的风味，这种风味保留的时间越长，产品的质量越稳定，因此需要控制其释放。Xiao 等（Xiao，2014）研究了海藻酸钙、壳聚糖包覆海藻酸钙、壳聚糖 - 海藻酸钙直接混合 3 种壁材对甜橙油的包埋率及缓释效果，发现海藻酸钙与壳聚糖聚合包埋甜橙油可以最大程度上控制甜橙油在口香糖咀嚼过程中的释放，延长口香糖的风味作用时间。

花青素、虾青素、维生素 C 等抗氧化物质在功能性食品和保健品领域得到越来越多的应用，但是在应用过程中存在抗氧化物质极易在空气中被氧化的难题，如何将此类活性物质与氧气进行隔绝成为加工过程中的一项关键技术问题。

Bakhshi 等（Bakhshi，2013）利用电流体技术将易于氧化且对热、温度、氧气和光敏感的叶酸包埋在海藻酸钠中，通过控制流速和电压将微粒的直径控制在微米和纳米之间。研究显示，通过对叶酸的包埋使其与环境隔绝可以对叶酸产生很好的保护作用。

Donhowe 等（Donhowe，2014）研究了微胶囊化对 3 种 β- 胡萝卜素的生物体外释放活性和物理性能的影响。以海藻酸钠为壁材、β- 胡萝卜素为芯材制备的微胶囊可以有效控制 β- 胡萝卜素的释放。

第五节　小结

食品在现代生活中的作用超出了它提供营养的基本功能，现代功能性食品更多趋向于防治与营养相关的疾病以及为消费者改善身体和精神健康。进入 21 世纪，生物活性物质已成为促进健康的治疗剂，为功能食品、保健品、营养品提供了新的发展潜力。目前从天然产物中提取出的生物活性物质的稳定性是在食品中添加这类功能因子的一个关键因素。益生菌、维生素、矿物质、多酚、ω-3 多不饱和脂肪酸、植物甾醇等具有保健功效的生物活性物质对氧气、光照、热、水、强酸碱等敏感，影响了食品的保质期以及在应用过程中的有效释放。褐藻胶独特的乳化、增稠、凝胶、成膜等特性在包埋功能食品因子中有重要的应用价值，是功能性食品制备过程中负载生物活性物质的重要载体。

参考文献　　［1］Ahmad A，Munir B，Abrar M，et al. Perspective of β-glucan as functional ingredient for food industry［J］. Journal of Nutrition and Food Sciences，2012，2（2）：100-133.

［2］Atchara P，Suphitchaya C，Supayang V. Preparation of eleutherine americana-alginate complex microcapsules and application in bifidobacterium longum［J］. Nutrients，2015，7（2）：831-848.

［3］Bakhshi P，Nangrejo M，Stride E，et al. Application of electrohydrodynamic technology for folic acid encapsulation［J］. Food & Bioprocess Technology，2013，6（7）：1837-1846.

［4］Begum P，Madhavi G，Rajagopal S，etal. Probiotics as functional foods：Potential effects on human health and its impact on neurological diseases［J］. International Journal of Nutrition，Pharmacology，Neurological Diseases，2017，7（2）：23-33.

［5］Bokkhim H，Bansal N，Gr Ndahl L，et al. Characterization of alginatelactoferrin beads prepared by extrusion gelation method [J] . Food Hydrocolloids, 2014: S0268005X14004391.

[6] Boothe D M. Nutraceuticals in veterinary medicine, Part I. Definition and regulations [J]. Compendium on Continuing Education for the Practicing Veterinarian, 1978, 19（11）: 1248-1255.

[7] Chan G C F, Chan W K, Sze D M Y. The effects of β-glucan on human immune and cancer cells [J] . Journal of Hematology and Oncology, 2009, 2: 25.

[8] Conti B, Colzani B, Papetti A, et al. Adhesive microbeads for the targeting delivery of anticaries agents of vegetable origin [J] . Food Chemistry, 2013, 138（2-3）: 898-904.

[9] Donhowe E G, Flores F P, Kerr W L, et al. Characterization and in-vitro bioavailability of β-carotene: Effects of microencapsulation method and food matrix [J] . LWT-Food Science and Technology, 2014, 57（1）: 42-48.

[10] Granato D, Branco G F, Cruz A G, et al. Probiotic dairy products as functional foods [J]. Comprehensive Reviews in Food Science and Food, 2010, 9（5）: 455-470.

[11] Guo H, Hong Z, Yi R. Core-shell collagen peptide chelated calcium/calcium alginate nanoparticles from fish scales for calcium supplementation [J] . Journal of Food Science, 2015, 80（7）: N1595-N1601.

[12] Halser C M, Brown A C. Position of the American dietetic association: Functional foods [J] . Journal of the American Dietetic Association, 2009, 109（4）: 735-746.

[13] Holkem A T, Raddatz G C, Nunes G L, et al. Development and characterization of alginate microcapsules containing Bifidobacterium BB-12 produced by emulsification/internal gelation followed by freeze drying [J] . LWT - Food Science and Technology, 2016, 71: 302-308.

[14] Khosroyar S, Akbarzade A, Arjoman M, et al. Ferric, saccharate capsulation with alginate coating using the emulsification method [J] . Afr. J. Microbiology Research, 2012, 6（10）: 2455-2461.

[15] Kiran F, Mokrani M, Osmanagaoglu O. Effect of encapsulation on viability of pediococcus pentosaceus during its passage through the gastrointestinal tract model [J] . Current Microbiology, 2015, 71（1）: 95-105.

[16] Lubbers S, Landy P, Voilley A. Retention and release of aroma compounds in foods containing proteins [J] . Food Technology, 1998, 52（5）: 68-74.

[17] Martiosyan D M, Singh J. A new definition of functional food by FFC: What makes a new definition unique? [J] . Functional Foods in Health

and Disease, 2015, 5（6）: 209-223.

［18］Samtlebe M, Ergin F, Wagner N, et al. Carrier systems for bacteriophages to supplement food systems: Encapsulation and controlled release to modulate the human gut microbiota［J］. LWT-Food Science and Technology, 2015: S0023643815303960.

［19］Sir IK, Polna EK, Polna B, et al. Functional food, product development, marketing and consumer acceptance-A review［J］. Appetite, 2008, 51（3）: 456-467.

［20］Tang C H, Li X R. Microencapsulation properties of soy protein isolate and storage stability of the correspondingly spray-dried emulsions［J］. Food. Res. Int., 2013, 52（1）: 419-428.

［21］Wan M L Y, Ling K H, El-Nezami H, et al. Influence of functional food components on gut health［J］. Critical Reviews in Food Science and Nutrition, 2018,（6）: 1-8.

［22］Warfel K, Aso Y, Gee D L. Regulation of functional foods in Japan: Foods for specialized health uses（FOSHU）［J］. Journal of the American Dietetic Association, 2007, 107（8）: 34.

［23］Xiao Z, He L, Zhu G. The preparation and properties of three types of microcapsules of sweet orange oil using alginate and chitosan as wall material［J］. Flavour and Fragrance Journal, 2014, 29（6）: 350-355.

［24］Yang Y X. Scientific substantiation of functional food health claims in China［J］. Journal of Nutrition, 2008, 138（6）: 1199S-1205S.

［25］Zhang Z, Zhang R, Zou L, et al. Tailoring lipid digestion profiles using combined delivery systems: mixtures of nanoemulsions and filled hydrogel beads［J］. RSC Adv. 2016a, 6（70）: 65631-65637.

［26］Zhang Z, Zhang R, Zou L, et al. Encapsulation of curcumin in polysaccharide-based hydrogel beads: Impact of bead type on lipid digestion and curcuminbioaccessibility［J］. Food Hydrocolloids, 2016b, 58: 160-170.

［27］Zhang Z, Zhang R, Zou L, et al. Protein encapsulation in alginate hydrogel beads: Effect of pH on microgel stability, protein retention and protein release［J］. Food Hydrocolloids, 2016c, 58: 308-315.

［28］Zhao D, Li J S, Suen W, et al. Preparation and characterization of Ganodermalucidum spores-loaded alginate microspheres by electrospraying［J］. Materials Science & Engineering C, 2016, 62: 835-842.

［29］于国萍, 程建军（译）. 功能性食品学［M］. 北京: 中国轻工业出版社, 2011: 1-2.

［30］李朝霞. 保健食品研发原理与应用［M］. 南京: 东南大学出版社, 2010: 59-78.

［31］秦志浩.我国功能性食品的现状及发展趋势［J］.科技资讯，2012，10（24）：192-193.

［32］凯信，陈树喜，陈秀丽，等. 我国功能性食品发展状况分析［J］.农产品加工，2015，15（7）：53-59.

［33］陈坚.功能性营养化学品的研究现状及发展趋势［J］.中国食品学报，2013，13（1）：5-10.

［34］郑建仙，高孔荣.功能性食品及其在我国的开发前景［J］.食品与机械，1994，10（3）：6—10.

［35］曹淑芬.类胡萝卜素可减缓老年力衰退［J］.北京青年报，2015-11-19（B7）.

［36］臧茜茜，陈鹏，张逸，等.辅助降血糖功能食品及其功效成分研究进展［J］.中国食物与营养，2017，23（7）：55—59，88.

［37］齐典，金哲雄.植物多酚在保健食品方面的应用［J］.黑龙江医药，2006，19（2）：120-122.

［38］安磊，崔欣悦. 植物功能性食品的研究进展［J］. 食品研究与开发，2014，35（15）：131-133.

［39］戚向阳，陈维军，王小红. 苹果原花青素稳定性及其保健饮品的研究［J］.食品科技，2003，（1）：88-90.

［40］王鉴，王登飞，郭丽，等.超临界CO_2协助固相接枝改性PP研究进展［J］.塑料，2008，37（4）：66-68.

［41］李莎莎.微胶囊缓释包被酸化剂的作用机理及应用［J］.畜牧兽医科技信息，2015，1：101-105.

［42］张亚婷.大豆蛋白酶解/糖基化接枝复合改性制备微胶囊壁材的研究［D］.江南大学，2015.

［43］李晓岩.基于海藻酸钠的微胶囊构建技术及其在干态乳酸菌中的应用［D］.中国海洋大学，2009.

第十一章　藻酸丙二醇酯在焙烤制品和面制品中的应用

第一节　引言

藻酸丙二醇酯（Propylene Glycol Alginate，PGA）是海藻酸的酯化衍生物，具有优良的乳化、增稠、膨化、耐酸、稳定等特性，在美国、日本、韩国、俄罗斯等国家和地区作为食品配料已经广泛应用于功能食品生产，有成熟的使用方法和标准要求。我国在 1988 年批准其作为食品添加剂使用。PGA 用于发酵面制品、面包、糕点等领域扩大范围申请已经在 2017 年 11 月通过国家卫计委公告［中华人民共和国卫生部 . 关于食品用香料新品种 2- 乙酰氧基 -3- 丁酮、食品添加剂 β- 环状糊精等 4 种扩大使用范围的公告（2017 年 第 10 号）］。

在焙烤食品等面制品中加入 PGA，面粉中面筋蛋白的氨基基团与 PGA 通过形成复合物可以降低面筋蛋白的疏水性、提高面团的吸水率，在产品贮藏过程中，PGA 能控制面制品体系中水分的迁移，使水分子处于相对稳定的状态。PGA 优良的乳化特性与淀粉分子相互作用形成稳定的复合结构，可以显著减缓淀粉的老化。PGA 与面团中面筋蛋白的结合还可以改善面筋的网络结构，提高产品的质构特性，达到较好的组织改良效果。PGA 的水合、抗老化、组织改良等特性适用于生干面制品、生湿面制品、方便米面制品、冷冻米面制品、面包、糕点及其他焙烤食品，其主要功能特性包括：

①提高面团吸水性，改善焙烤制品保水性，使产品柔软、耐干性好；

②提高面团筋力和稳定性，改善焙烤制品内部组织结构，提升口感；

③乳化稳定性好，降低水分活度，延缓淀粉老化速度，延长货架期。

第二节　藻酸丙二醇酯在焙烤制品中的应用性能

面包是典型的焙烤制品，随着贮藏时间的延长面包易发生老化，口感和风味变劣、产品货架期缩短，因此开发面包改良剂在烘焙行业显得十分重要。刘海燕等（刘海燕，2017）在研究 PGA 对面团流变学特性和面包烘焙特性的影响时发现，添加 PGA 能改善面团的粉质和拉伸特性、显著提高面团的吸水率、延长面团稳定时间、提高粉质评价指数、增大面团延展性、拉伸阻力和拉伸比值。在对面包烘焙特性进行评价时发现，添加 PGA 能增大面包比容、显著提高面包弹性、降低面包硬度、改善面包口感、提高面包感官评分。PGA 添加量在 0.2%~0.3% 时，面团和面包的改善效果最为显著。

刘然然等（刘然然，2016；刘然然，2018）在研究 PGA 对面包品质影响时发现 PGA 有很好的增稠、乳化、稳定特性，将不同黏度的 PGA 应用到面包品质改良中的结果表明，PGA 能显著增大面包比容、提高面包弹性、延缓贮藏期面包硬度和咀嚼性的降低、提升面包口感和风味。将不同黏度 PGA 应用于面包烘焙后可以看出，添加 PGA 可以显著增加面包比容、提高面包弹性，且在贮藏过程中可以延缓面包硬度和咀嚼性增大、改善面包口感和风味、提高面包整体接受度。当 PGA 黏度在 300~400mPa·s 时，能够显著改善面包品质、提高面包抗老化特性、延长面包货架期，对面包的改善效果最好。图 11-1 所示为不同黏度的 PGA 对面包比容的影响。

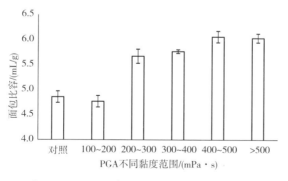

图 11-1　不同黏度的 PGA 对面包比容的影响

蛋糕是另一种重要的焙烤制品，在贮藏过程中也会出现结构粗糙、松散干硬、弹性和风味变差等老化现象。刘海燕等（刘海燕，2013）针对实际问题研究出了一个含 PGA 的蛋糕品质改良剂，其配方为：0.15% 藻酸丙二醇酯 +0.15% 海藻酸钠 +0.10 黄原胶。该配方能改善蛋糕面糊比重、提高蛋糕质构特性和感官评分，使蛋糕弹性较好、硬度降低、贮藏阶段老化程度降低。

第三节　藻酸丙二醇酯在面包生产中的应用

面粉是生产面包的主要原料，面粉中的面筋含量对面包制品的质量有较大的影响，用藻酸丙二醇酯作为面包添加剂可起到强化面粉中面筋值的作用，从而增加面团的延伸型、韧性和弹性，使面团内能保持大量气体、制成的面包体积大、柔软有弹性，面包切片食用时不易掉渣（李慧东，2006；王绍裕，1997；王树林，2007；邢瑞雪，2007）。

藻酸丙二醇酯在面包中有以下几个主要的应用特性。

①添加 PGA 可以显著提高面团吸水率；

②添加 PGA 可以加大面包用水量、增大面包比容、提升面包柔韧口感；

③添加 PGA 可以明显提升面包弹性。

藻酸丙二醇酯在面包中的添加量为 1‰~3‰，工艺流程有一次发酵法、二次发酵法、快速发酵法、液体发酵法、连续搅拌法、冷冻面团法等。

一、一次发酵法（直接发酵法）

一次发酵法是将所有配料按照顺序放在搅拌机中，一次完成搅拌。发酵 90min 后，当面团的体积增大到一倍左右时进行翻面，使面团再次充入新鲜空气后体积更加膨胀。翻面后再进行短时间发酵后烘烤，具体的工艺流程如下：

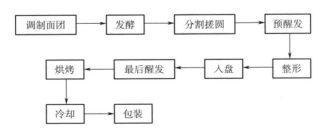

二、二次发酵法（间接发酵法）

二次发酵法是两次搅拌面团、两次发酵的方法。面团在第一次搅拌时，将配料中 2/3 的面粉和相应的水及全部酵母、改良剂等放入搅拌机中进行第一次搅拌后使面粉充分吸水、酵母均匀分布在面团中，然后放入醒发箱内进行第一次发酵。当面团体积膨胀到原来的2~3倍时，取出重新放入搅拌机内，加入剩余的面粉、水、盐等配料后进行二次搅拌至面筋充分扩展，具体工艺流程如下：

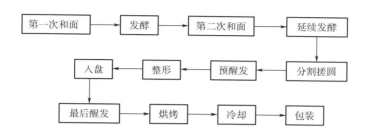

三、快速发酵法（不发酵法）

快速发酵法是指将所有的原料依次放入搅拌机内，其中酵母用量比传统方法多、搅拌时间比正常的搅拌时间多2~3min、发酵时间一般在30~40min，其他步骤与一次发酵方法相同，具体的工艺流程如下：

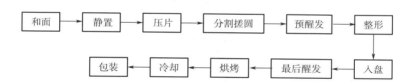

面团的发酵过程是一个复杂的生化反应过程，其所涉及的因素很多，水分、温度、湿度、酸度、酵母营养物质等环境因素对整个发酵过程有较大影响。

表11-1介绍了一个添加PGA的吐司面包的参考配方和工艺。图11-2所示为普通和含PGA的吐司面包的对比图。

表11-1 添加PGA的吐司面包的参考配方和工艺

步骤	工艺	添加材料	比例（原料中除面粉外其余配料配比以面粉用量为基数）/%
1	和面	高筋粉	100
		白砂糖	18~20

步骤	工艺	添加材料	比例（原料中除面粉外其余配料配比以面粉用量为基数）/%
1	和面	起酥油	6~9
		酵母	1.5~2
		盐	1~2
		褐藻胶（海藻酸钠、藻酸丙二醇酯、海藻酸钙）	0.1~0.3
		水	57~60
2	松弛—揉圆—整型—醒发—焙烤		

图 11-2　吐司面包对比图

注：左：空白；右：添加 0.2%PGA

第四节　藻酸丙二醇酯在蛋糕中的应用

蛋糕是一种烘焙产品，以其良好的口感和风味深受人们喜爱。刚制作的蛋糕的内部组织结构松软、有弹性、口感良好，但随着贮存时间的延长会由软变硬，组织变得松散、粗糙后弹性和风味也随之消失，使产品质量下降。大量研究显示，藻酸丙二醇酯是提高蛋糕品质的一种功能性食品配料（李慧东，2006；王绍裕，1997；王树林，2007；邢瑞雪，2007；郭雪霞，2006）。

蛋糕是以蛋类为主要原料，通过剧烈搅打使蛋浆组织内部充入大量空气，加热后随着气体膨胀逸出，产品中形成疏松多孔的海绵组织。在配料过程中加入藻酸丙二醇酯等褐藻胶有助于蛋浆的乳化，打擦时起泡性好，有助于蛋糕形成多孔膨松组织、气孔细密均匀、富有弹性、内质柔软润滑、耐干性好，可以保持浓郁的蛋香甜味。

制作蛋糕过程中藻酸丙二醇酯等褐藻胶的添加量为1‰~3‰，工艺流程如下：

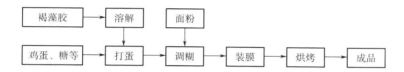

打蛋过程中把鸡蛋、白砂糖、植物油放入打蛋机中搅拌，完全溶解后加入藻酸丙二醇酯等褐藻胶溶液和蛋糕油，高速搅打下使蛋液体积增加到原体积的2~3倍，在此过程中可根据蛋液的黏度加入适量的水。打蛋结束后，加入混有泡打粉的面粉，混合均匀。灌装成型时，蛋糕模具要求在100℃以上，内涂刷一层植物油。将调好的面糊灌入模具中，入模体积约为模具体积的2/3。灌模后轻轻震荡使蛋糕面糊表面平整均匀，然后将装有面糊的烤盘放入烤箱，使烤箱温度快速达到180℃，要求底火稍大于面火，防止表面很快定形，影响体积增大。烘烤10min左右上下倒盘，进入中段炉温200℃烘烤，再烘烤10min左右，使出炉温度为220℃。

在蛋糕中加入藻酸丙二醇酯可以产生以下作用。

①乳化蛋浆，稳定面糊；

②增加蛋糕比容，使蛋糕膨发性好；

③提高蛋糕弹性；

④改善蛋糕内部组织结构，使其均匀细密。

生产时以面粉用量为基数添加0.1%~0.3%，可用少量的水先完全溶解后加入蛋糕面糊。表11-2介绍了添加PGA的海绵蛋糕的参考配方和工艺。图11-3所示为普通和含PGA的海绵蛋糕的对比图。

表11-2 添加PGA的海绵蛋糕参考配方和工艺

步骤	工艺	添加材料	比例（以低筋粉为基准）/%
1	打发蛋浆	鸡蛋	175~200
		白砂糖	80~100
		藻酸丙二醇酯	0.1~0.3
		盐	1~1.5
2	加入面粉，搅拌均匀	低筋粉	100
		泡打粉	0.5~1
3	加入水和油，搅拌均匀	纯净水	35~45
		植物油	35~45
4	倒模—焙烤		

图 11-3　海绵蛋糕对比图

注：左：空白（40g 面糊）；右：添加 PGA（40g 面糊）

第五节　藻酸丙二醇酯在面制品中的应用

一、藻酸丙二醇酯对面团流变学特性的影响

研究显示，在面团中添加 PGA 能改善面团的粉质和拉伸特性、显著提高面团的吸水率、延长面团稳定时间、提高粉质评价指数、增大面团的延展性、拉伸阻力和拉伸比值（刘海燕，2017）。杨爱华等（杨爱华，2010）的研究表明，面粉中添加 PGA 能提高面粉的吸水率、增加面团的最大稠度、延长面团的形成时间和稳定时间，使面粉的筋力增强，还能提高面条的硬度、黏着性和弹性。

尹晓杰等（尹晓杰，2017）研究了添加不同量藻酸丙二醇酯对冷冻面团拉伸特性、失水率和可冻结水含量的影响。结果表明，随着冻藏时间的延长，冷冻面团的品质呈现下降趋势，在相同的冻藏时间下，添加 0.2% 藻酸丙二醇酯后得到的冷冻面团的内部结构稳定、失水率和可冻结水的含量降低、面团品质较好。

表 11-3 所示为 PGA 对面团粉质特性的影响。

表11-3　PGA 对面团粉质特性的影响

PGA 添加量 /%	吸水率 /%	形成时间 /min	稳定时间 /min	弱化度 /BU	粉质评价指数
0	66.6	7.5	9.0	70	60
0.1	67.5	7.5	9.5	65	64
0.2	68.7	9.0	9.8	60	67
0.3	70.2	9.5	9.7	62	65
0.4	72.2	8.5	9.4	65	62

二、藻酸丙二醇酯在面制品中的应用

面条的生产和消费过程中经常出现不筋道、断条率增加、浑汤较严重、口感发囊等现象。在面条中加入 PGA 能降低面条最佳蒸煮时间和干物质损失率、提高面条的硬度、咀嚼度、弹性和回复性，同时降低黏附性和黏结性、改善面条的各项感官品质，使面条表面结构细密光滑，有咬劲，富有弹性，咀嚼爽口不粘牙。在面条产品的贮藏过程中，PGA 能控制产品体系中水分的迁移，使水分子处于相对稳定的状态。PGA 有优良的乳化特性，可与淀粉分子相互作用后形成稳定的复合结构，显著减缓淀粉的老化。同时，PGA 与面团中面筋蛋白的结合可以改善面筋的网络结构，从而提高产品的质构特性，达到较好的组织改良效果。表 11-4 所示为不同浓度 PGA 对面条全质构的影响（刘然然，2016）。

表11-4　不同浓度PGA对面条全质构的影响

质构性能	空白	PGA 添加量				
		0.1%	0.2%	0.3%	0.4%	0.5%
硬度 /N	6.55	6.53	6.78	7.48	7.95	7.91
弹性 /mm	0.63	0.64	0.64	0.62	0.63	0.63
咀嚼性 /mJ	2.89	3.18	3.30	3.53	3.93	3.51
胶黏性 /N	4.47	4.67	4.97	5.43	5.81	5.25

于沛沛等（于沛沛，2017）研究了 PGA 对紫薯面条断条率和烹煮品质的影响。结果表明，PGA 对紫薯面条的断条率和烹煮损失都有不同程度的改善，最适添加量为 0.3%~0.4%。刘然然等（刘然然，2016）在对不同浓度低酯化度 PGA 在面条中的应用研究过程中发现，低酯化度 PGA 能有效改善面条品质，当 PGA 添加量在 0.2%~0.3% 时，能较大程度增大面条硬度、咀嚼性和胶黏性，同时降低面条吸水率和淀粉溶出率，使面条筋道、爽滑，达到最佳食用口感。杨艳等（杨艳，2009）发现，PGA 在面条中的添加量为 0.3% 时，面条品质的改良效果最为明显，制得的面条口感筋道、有弹性。

在方便面中加入 PGA 后可以显著提高产品弹性、改善口感。作为亲水性胶体，PGA 能改善质构，使面条劲道、爽滑有弹性，并提高耐煮、耐泡性能。作为一种乳化剂，PGA 能降低面饼油炸时的吸油率、减轻油脂酸败现象，使产品冲泡时更容易复水。表 11-5 介绍了添加 PGA 的方便面参考配方和工艺。

表11-5　添加PGA的方便面参考配方和工艺

步骤	工艺	添加材料	比例（原料中除面粉外其余配料配比以面粉用量为基数）/%	备注
1	和面	小麦粉	100	将藻酸丙二醇酯与食盐混合后放入水中搅拌均匀，缓慢倒入面粉中，使水与原料充分接触，进行和面
		淀粉	1~5	
		醋酸酯淀粉	1~3	
		食盐	1~5	
		谷朊粉	1~2	
		藻酸丙二醇酯	0.1~0.3	
		纯碱	0.05~0.3	
		瓜尔胶	0.1~0.2	
		水	28~36	
2	熟化—复合压延—连续压延—切丝成型—蒸煮—切断—油炸—风冷—包装			

由于 PGA 的耐酸性强，应用于乌冬面等保鲜湿面时，能使产品在长期贮藏过程中保持口感爽滑、弹性好、筋力强等优良特性，保证产品的长期稳定性、延长货架期。表 11-6 介绍了添加 PGA 的乌冬面的参考配方和工艺。

　海洋功能性食品配料：褐藻多糖的功能和应用

表11-6　添加PGA的乌冬面参考配方和工艺

步骤	工艺	添加材料	比例 （原料中除面粉外 其余配料配比以面 粉用量为基数）/%	备注
1	真空和面	小麦粉	100	将藻酸丙二醇酯与 食盐混合后放入水 中搅拌均匀，缓慢倒 入面粉中，使水与原 料充分接触，进行和 面
		谷朊粉	2~8	
		淀粉	10~15	
		藻酸丙二醇酯或复配海藻酸 盐功能配料	0.1~0.3	
		盐	1~2	
		水	40~50	
2	熟成—压延—成型—蒸面—煮面—水洗—浸酸—包装—灭菌			

第六节　小结

藻酸丙二醇酯具有独特的结构特性和应用功效，其亲水性、稳定性、增稠性、乳化性等性能在焙烤制品和面制品中有很高的应用价值，已经广泛应用于面包、蛋糕、方便面等产品的生产中，取得良好的使用效果。

参考文献

[1] 刘海燕，逄锦龙，王小霞，等.海藻酸丙二醇酯对面团流变学和面包烘焙特性的影响[J].粮油食品科技，2017，25（6）：1-4.

[2] 刘然然，姜进举，杨艳，等.不同浓度低酯化度PGA对面条品质的影响研究[J].中国食品添加剂，2016，（8）：148-152.

[3] 刘然然，范素琴，王晓梅，等.不同黏度海藻酸丙二醇酯（PGA）对面包品质改良效果研究[J].中国食品添加剂，2018，（6）：137-140.

[4] 刘海燕，张娟娟，王晓梅，等.海藻酸钠对面包烘焙特性的影响研究[J].食品工业科技，2013，（20）：319-322.

[5] 李慧东，刘管勇.木糖醇富锗黑米面包的研制[J].食品科技，2006，（12）：37-39.

[6] 王绍裕.褐藻胶在面包生产中的应用[J].粮食加工，1997，（1）：21-22.

[7] 王树林，刘晖，周清平，等.裸燕麦面包配方和工艺研究[J].食品

工业科技，2007，28（2）：179-182.

［8］邢瑞雪.面包制作工艺的探讨［J］.食品工程，2007，（1）：49-50.

［9］郭雪霞，房淑珍，田键，等.无糖蛋糕的研制［J］.中国食品添加剂，2006，（3）：125-127.

［10］杨爱华，王成忠，杨艳，等.PGA对面条品质的影响研究［J］.食品工业科技，2010，21（4）：323-326.

［11］尹晓杰，陈钢，简素平，等.藻酸丙二醇酯对冷冻面团品质影响的研究［J］.中国食品添加剂，2017，（5）：149-152.

［12］于沛沛，毛延妮，姜启兴，等.PGA对紫薯面条断条率及烹煮品质的影响［J］.食品研究与开发，2017，38（24）：57-61.

［13］杨艳，于功明，王成忠.海藻酸丙二醇酯对酸性湿面条质构影响研究［J］.粮食与油脂，2009，（5）：16-18.

海洋功能性食品配料：褐藻多糖的功能和应用

第十二章　藻酸丙二醇酯在乳制品和功能饮料中的应用

第一节　引言

藻酸丙二醇酯（Propylene Glycol Alginate，PGA）是海藻酸的酯化衍生物，其分子结构中兼具亲水性和亲油性两类基团，是一种具有耐酸性的水溶性高分子表面活性剂。与褐藻胶系列的其他产品相比，PGA 具有更强的乳化性和稳定性，在乳制品中有独特的应用价值。

基于其耐酸特性，PGA 可应用于酸性含乳饮料中，能与乳蛋白形成复合体后将蛋白质包裹起来，稳定乳化体系、防止乳蛋白凝集沉淀、避免保质期内发生分层现象，使乳制品口感平滑、圆润，同时有效防止产品形成不美观的粗糙凹凸表面，使产品外观平滑亮泽。PGA 的乳化和稳定性能在功能饮料中也有重要的应用价值。

第二节　藻酸丙二醇酯在酸乳中的应用

酸乳可分为凝固型、搅拌型、饮用型等类型。这类产品的成分复杂，而且生产过程中经常加入果汁等添加物，容易发生乳清脱水收缩，导致产品表面粗糙、质地劣化。尽管生产过程中常添加各种稳定剂，很多情况下还会出现沉淀现象。

在应用于酸乳的稳定剂中，明胶是素食者和犹太教规禁用的，其稳定效果也不是很理想。卡拉胶在低 pH 的酸性乳产品中不很稳定。以果胶作为稳定剂的酸乳存放时间稍长后产品质地易变硬，且成本较高。用淀粉作稳定剂的酸乳的口感过黏、热量偏高。

藻酸丙二醇酯是酸乳制品最理想的稳定剂，可以在稳定产品中各种组分的同时产生优异的口感（陈迎琪，2016；王树林，2003；刘建福，2006；代增英，2017）。表 12-1 总结了藻酸丙二醇酯在酸乳中的应用优势。

表12-1　藻酸丙二醇酯在酸乳中的应用优势

1	PGA 赋予酸乳产品天然的质地口感，即使在乳固形物添加量降低的条件下也能很好地呈现出这种特性
2	PGA 能有效防止产品形成不美观的粗糙凹凸表面，使产品外观平滑亮泽
3	PGA 与其他所有配料完全融合，在发酵期间的任何 pH 范围均可运用，并且在温和搅拌条件下就容易均匀分散在酸乳中。PGA 在分散性和溶解性二方面都较优异，在整个加热过程中也保持稳定
4	PGA 在酸乳中不仅充当稳定剂，还可以在酸乳中提供乳化作用，使含脂的酸乳平滑、圆润、口感更好

PGA 可应用于凝固型、搅拌型、饮用型酸乳。表 12-2 介绍了添加 PGA 的搅拌型酸乳的参考配方和制作工艺。图 12-1 所示为添加 PGA 的搅拌型酸乳。

表12-2　添加PGA的搅拌型酸乳参考配方和制作工艺

步骤	工艺	操作过程	
1	设备预处理	用开水冲洗发酵用的玻璃容器或酸奶机，进行杀菌处理。	
2	待发酵乳准备	纯牛乳（或用乳粉配制的复原乳）	1000mL
		白砂糖	40g
		藻酸丙二醇酯（PGA）	2g
3	灭菌	待发酵乳加热到95℃以上杀菌5min后盛入灭菌发酵容器或酸奶机中，冷却到40℃以下，备用。	
4	接种	1~2g 乳酸菌菌粉或酸乳发酵剂倒入待发酵乳中混匀。	
5	发酵	37~40℃恒温发酵 6~9h，酸乳凝固且表面无乳清析出。	
6		搅拌破乳、冷藏（2~5℃）、成品	

图 12-1　添加 PGA 的搅拌型酸乳

第三节　藻酸丙二醇酯在调配型酸性含乳饮料中的应用

调配型酸性含乳饮料是指用乳酸、柠檬酸或果汁等将牛乳或豆乳的 pH 调整到酪蛋白的等电点（pH4.6 以下）而制成的一种含乳饮料，生产过程中的原料包括牛乳、乳粉或豆浆、乳酸、柠檬酸或苹果酸、糖或其他甜味剂、稳定剂、香精、色素等，其中蛋白质含量应大于 1%。由于成分多且复杂，沉淀和分层是调配型酸性含乳饮料生产和贮藏过程中最为常见的质量问题，稳定剂对保证这类产品的质量起关键作用。

果胶和以果胶为主的复合稳定剂是调配型酸性含乳饮料中常用的稳定剂。近年来，PGA 越来越多地应用于调配型酸性含乳饮料的生产（刘海燕，2015；卫晓英，2009；吕心泉，2003）。在这类产品中，PGA 可以单独使用或与耐酸性 CMC、黄原胶、果胶等复配，总用量一般在 0.5% 以下，其中 PGA 占 60%~70%。实践证明，以 PGA 为主的复合稳定剂生产出的产品的稳定性和口感都能完全满足该类产品的品质要求，贮藏 9 个月后无沉淀和分层现象。

表 12-3 介绍了添加 PGA 的乳饮料的参考配方和制作工艺。图 12-2 所示为添加 PGA 的调配型乳饮料。

表12-3 添加PGA的乳饮料参考配方和制作工艺

步骤	工艺	操作过程	
1	设备预处理	用开水冲洗发酵用的玻璃容器或酸奶机,进行杀菌处理	
2	原料准备	纯牛乳(或用乳粉配制的复原乳)	1000mL
		白砂糖	40g
3	灭菌	待发酵乳加热到95℃以上杀菌5min,盛入灭菌发酵容器或酸奶机中冷却到40℃以下,备用	
4	接种	1~2g乳酸菌菌粉或酸乳发酵剂倒入待发酵乳中混匀	
5	发酵	37~40℃恒温发酵6~9h,酸乳凝固且表面无乳清析出	
6	调配	发酵乳	350g
		白砂糖	55g
		柠檬酸	1g
		乳酸	0.8g
		安赛蜜	0.1g
		PGA	1g
		柠檬酸钠	0.8g
		补纯净水至1000g	
7		搅拌均匀,95℃灭菌5min,成品。	

图 12-2 添加 PGA 的调配型乳饮料

第四节 藻酸丙二醇酯在功能饮料中的应用

饮料是供人或者牲畜饮用的液体，是经过定量包装、供直接饮用或按一定比例用水冲调或冲泡饮用的、乙醇质量分量不超过 0.5% 的饮品。按照国民经济统计分类标准，我国饮料行业分为碳酸饮料、瓶（罐）装饮用水、茶饮料、果汁及果蔬汁饮料、功能饮料、含乳饮料、凉茶、植物蛋白饮料等。

藻酸丙二醇酯的增稠和乳化特性在饮料生产中有重要的应用价值，尤其适用于果蔬汁复合饮料、发酵乳饮料、含乳饮料等功能饮料。

一、果蔬汁复合饮料

中国的果汁行业在经历了十余年高速增长后，年产量已超过 2000 万吨，占软饮料的 16% 以上。尽管如此，中国的人均果蔬汁消费量仅为发达国家的 1/10。随着国民可支配收入的增长以及中产阶级的崛起，健康、天然的果汁饮品展现出巨大的发展前景。

蔬菜富含类胡萝卜素和矿物质，具有很高的营养价值。蔬菜常用于生产蔬菜汁，但是很多消费者难以接受蔬菜杀菌后产生的生焖味，桃、杏等水果汁与蔬菜汁复合后可以改善饮料的口味，生产出营养更加丰富的果蔬汁复合饮料。

吴治海（吴治海，2006）研究了胡萝卜、杏复合果蔬汁饮料的配方和加工工艺，通过添加亲水胶体对复合汁进行稳定化处理，并对可溶性成分对浑浊物分散稳定性的影响和复合饮料沉淀的微观结构进行观察和研究。结果表明，在 6 个月贮藏过程中，添加藻酸丙二醇酯、果胶、黄原胶的复合汁的浊度、相对黏度、悬浮稳定性变化小、悬浮稳定性好，最佳复配组合为：0.085%PGA+0.03% 果胶 +0.085% 黄原胶。

表 12-4 介绍了添加 PGA 的胡萝卜苹果复合果蔬汁饮料的参考配方和制作工艺。图 12-3 所示为添加 PGA 的胡萝卜苹果复合果蔬汁。

表12-4 添加PGA的胡萝卜苹果复合果蔬汁饮料的参考配方和制作工艺

步骤	工艺	添加材料	比例 /%
1	原料混合、过滤	胡萝卜汁	35~40
		苹果汁	20~30
		纯净水	25~30
		白砂糖	6~8

续表

步骤	工艺	添加材料	比例 /%
2	加入配料溶液	藻酸丙二醇酯（PGA）	0.1~0.3
		柠檬酸	0.1~0.2
		维生素	0.3~0.5
		柠檬酸钠	0.1~0.2
		香精	0.3~0.5
		复配稳定剂	0.3~0.5
		纯净水	10~15
3	调和、均质、脱气、杀菌、灌装		

图 12-3　添加 PGA 的胡萝卜苹果复合果蔬汁

二、植物蛋白饮料

植物蛋白饮料是以大豆、花生、杏仁、核桃仁、椰子、榛子等植物果仁、果肉为主要原料加工制成的以植物蛋白为主体的乳状液体饮品，以不含或较少的胆固醇含量、丰富的蛋白质和氨基酸、适量的不饱和脂肪酸、营养成分较全等特点深受消费者喜爱。目前我国植物蛋白饮料每年以 30% 的速度增长，处于最佳发展期。自 20 世纪 80 年代初广东引进第一条豆奶生产线至今，国内已有数千家豆奶加工厂。

我国的植物蛋白资源从北到南极为丰富，以大豆为例，我国是世界四大生产国之一。发展植物蛋白饮料是适合国情的一个提高国民蛋白质摄入量的有效措施。豆奶等植物蛋白饮料的营养丰富、营养素组成合理，其特殊的色香味均适合中国广大消费者，是一种物美价廉的健康型营养饮料。

植物蛋白饮料是一种含脂肪的蛋白质胶体，是一个复杂的热力学不稳定体系，既含有蛋白质形成的胶体溶液，又有乳化脂肪形成的乳浊液，还有糖等形成的真溶液。生产、贮藏过程中常出现蛋白质和其他固体微粒聚沉以及脂肪上浮现象，严重影响产品的感官质量（李运冉，2010）。

藻酸丙二醇酯可用于稳定植物蛋白饮料。沈金荣等（沈金荣，2009）以黄豆、红枣粉、红豆粉和枸杞粉为主要原辅料，研究植物蛋白饮料的配方以及复合乳化剂和复合增稠剂对产品稳定性的影响。结果表明，复合增稠剂的最佳配比为藻酸丙二醇酯：海藻酸钠：瓜尔豆胶 =2：1：3，最佳添加量为 0.065%。采用该配方得到的蛋白饮料呈淡黄色，口感顺滑，具有奶香味。

三、功能饮料

功能饮料是指通过调整饮料中营养素的成分和含量，可在一定程度上调节人体功能的饮料。随着人们健康意识的增加，碳酸饮料的市场份额在不断下降，而茶饮料、果汁饮料和功能饮料正在受到越来越多的青睐。

藻酸丙二醇酯是功能饮料生产中一种重要的配料。申娟利（申娟利，2015）对富硒发芽糙米饮料进行稳定剂选择，研究了黄原胶、羧甲基纤维素钠、藻酸丙二醇酯等稳定剂对离心沉淀率的影响，发现最合适的稳定剂为：0.1% 黄原胶 +0.1% 藻酸丙二醇酯。李伟等（李伟，2017）在以糙米为主要原料制备富硒发芽糙米饮料时发现最佳的稳定剂为：0.06% 黄原胶 +0.10% 藻酸丙二醇酯 0.10%。在对全燕麦发酵饮料进行研究过程中，葛磊（葛磊，2015）确定稳定剂的最佳添加量为：0.077% 阿拉伯胶 +0.027% 藻酸丙二醇酯 +0.017% 海藻酸钠。

表 12-5 介绍了添加 PGA 的抗疲劳饮料参考配方。

表12-5　添加PGA的抗疲劳饮料参考配方

配料名称	配比 /%	配料名称	配比 /%
纯净水	89.0	维生素 B_{16}	0.005
苹果汁	5.4	维生素 B_{12}	0.006
白砂糖	5.0	柠檬酸	0.02
藻酸丙二醇酯（PGA）	0.03	柠檬酸钠	0.05
食用香精	0.3	苯甲酸钠	0.05
牛磺酸	0.05	柠檬黄	0.03
赖氨酸	0.01		

第五节　藻酸丙二醇酯在啤酒中的应用

啤酒泡沫稳定剂是高酯化度藻酸丙二醇酯最典型的应用，一般用量为40~100mg/kg。当啤酒瓶中残留脂肪性物质时，PGA可以防止由此引起的泡沫破裂现象。加入PGA的啤酒的泡持力明显提高，泡沫洁白细腻、挂杯持久，而啤酒的口味和贮藏期均不会改变。

表12-6所示为PGA对啤酒质量的影响。图12-4所示为PGA稳定啤酒泡沫的效果图。

表12-6　PGA对啤酒质量的影响

项目	加PGA	未加PGA
透明度	清亮透明	清亮透明
泡沫形态	洁白细腻	洁白
泡持性/s	387	230
酒精度（质量分数）/%	3.32	3.26
真正浓度/%	3.57	3.52
原麦汁浓度（质量分数）/%	10.07	10.02
真正发酵度/%	64.55	64.16
总酸/（mL/100mL）	1.8	1.8
CO_2（质量分数）/%	0.52	0.50
pH	4.5	4.5
双乙酰/（mg/L）	0.04	0.05
色度/EBC	6.5	6.5
苦味质/BU	13	14

图12-4　PGA稳定啤酒泡沫的效果图

第六节　小结

PGA 是一种性能优良的增稠剂、乳化剂和稳定剂，在食品和饮料中可以应用于 pH=3~5 的酸性环境中。同时，PGA 有很高的发泡和乳化能力，可应用于酸乳制品、功能饮料和啤酒泡沫稳定剂。

参考文献

［1］陈迎琪，姜启兴，夏文水，等.海藻酸丙二醇酯与果胶在搅拌型酸奶中的应用对比研究［J］.中国乳品工业，2016，44（11）：17-20.

［2］王树林，陈友亮.搅拌型橙汁酸凝乳配方及工艺研究［J］.中国乳品工业，2003，31（3）：10-13.

［3］刘建福，郑玉明，陈健.龙眼汁凝固型酸乳的研制［J］.食品与发酵工业，2006，32（4）：142-144.

［4］代增英，范素琴，王晓梅.海藻酸丙二醇酯在搅拌型酸乳中的应用［J］.乳业科学与技术，2017，40（5）：12-15.

［5］刘海燕.海藻酸丙二醇酯在发酵风味乳中的应用［J］.食品工业科技，2015，36（3）：30-31.

［6］卫晓英，李全阳，赵红玲.海藻酸丙二醇酯（PGA）对凝固型酸乳结构的影响［J］.食品与发酵工业，2009，35（2）：180-183.

［7］吕心泉，闵健慧，安辛欣.复配乳化稳定剂的研制及其在饮料中的应用［J］.中国食品添加剂，2003，1：57-63.

［8］吴治海.胡萝卜、杏复合汁饮料加工工艺及悬浮稳定性研究［D］.四川农业大学，2006.

［9］李运冉.果汁豆奶饮料关键技术研究［D］.江南大学，2010.

［10］沈金荣，史梦珂，邓泽元，等.大豆复合植物蛋白饮料配方优化及其理论性质［J］.食品工业科技，2009，（11）：35-38.

［11］申娟利.富硒发芽糙米抗氧化性研究及其饮料的开发［D］.吉林大学，2015.

［12］李伟，朱畅.富硒发芽糙米饮料的研制［J］.食品研究与开发，2017，（4）：32-35.

［13］葛磊.燕麦发酵饮料的研制［D］.江南大学，2015.

第十三章　岩藻多糖在功能食品和保健品中的应用

第一节　引言

岩藻多糖是海带、裙带菜等褐藻类海洋植物中含有的一种具有多种生理功效的海藻活性物质。海洋中的褐藻一般生长在基岩海岸潮间带，其生存环境相对于其他种类的海藻更为恶劣，其中潮汐的涨退使褐藻不断处于海水包围和阳光暴晒的环境中。退潮时的褐藻处于无水、光照状态，此时藻体从细胞间分泌出具有很强锁水保湿、抗氧化作用的岩藻多糖，为藻体维持湿润的生长环境、抵御光照对藻体的破坏。

岩藻多糖在褐藻中的含量相对于褐藻胶低，是一种非常珍贵的褐藻源生物活性物质。基于其优良的性能，岩藻多糖在功能食品和保健品中有很高的应用价值。

第二节　岩藻多糖的应用价值

全球各地的科研人员对岩藻多糖进行了大量的生物学功能研究，在1000多篇已经公开发表的文献中，岩藻多糖被证明具有抗肿瘤、改善胃肠道、抗氧化、增强免疫力、抗血栓、降血压、抗病毒等多种功效（王鸿，2018；张国防，2016），为其在功能食品、保健品等健康产品中的应用奠定了基础。图13-1总结了岩藻多糖的主要生理功效。

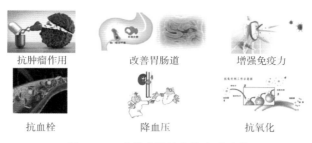

抗肿瘤作用　　　　改善胃肠道　　　　增强免疫力

抗血栓　　　　　　降血压　　　　　　抗氧化

图 13-1　岩藻多糖的主要生理功效

一、岩藻多糖的抗肿瘤功效

1980 年，Usui 等（Usui，1980）首次发现了岩藻多糖的抗肿瘤作用，在 50mg/kg/d 的剂量下对肉瘤具有 30% 的抑制作用。1984 年，Maruyama & Yamamoto（Maruyama，1984）从海带中提取岩藻多糖，发现其对白血病癌细胞具有显著的抑制作用。在 1996 年的第 55 届日本癌症学会大会上发表了《岩藻多糖可诱导癌细胞凋亡》的报告，引发岩藻多糖的研究热潮。

图 13-2 所示为肿瘤细胞转移过程。岩藻多糖抗肿瘤作用的一个机理是抑制细胞的有丝分裂。Han 等（Han，2015）的研究发现，岩藻多糖通过调节人结肠癌细胞生长周期、抑制肿瘤细胞中细胞周期蛋白和周期蛋白激酶的表达，通过影响正常的有丝分裂使其停滞在有丝分裂前期、抑制肿瘤细胞增殖。

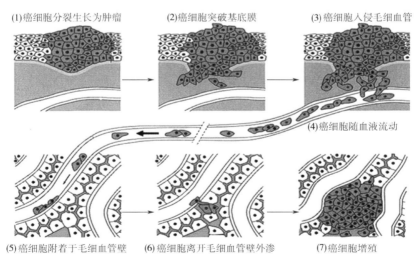

(1)癌细胞分裂生长为肿瘤　　(2)癌细胞突破基底膜　　(3) 癌细胞入侵毛细血管

(4)癌细胞随血液流动

(5)癌细胞附着于毛细血管壁　(6)癌细胞离开毛细血管壁外渗　(7)癌细胞增殖

图 13-2　肿瘤细胞转移过程

细胞凋亡是一种细胞程序性死亡的生理现象，是生物体生长发育、维持体内平衡的重要生理活动。正常细胞都存在凋亡现象，而由于基因的改变，肿瘤细胞不会自发凋亡，具有无限增殖的能力。研究表明，岩藻多糖具有诱导肿瘤细胞凋亡的作用。Xue 等（Xue，2012）的研究发现，岩藻多糖能激活肿瘤细胞的凋亡信号 -Bax 凋亡蛋白，引起癌细胞 DNA 损伤、染色体凝聚后诱导肿瘤细胞自发凋亡，从而抑制肿瘤生长。

转移是肿瘤细胞从原发部位向远处扩散，并最终发展为继发部位肿瘤。肿瘤转移是一个复杂的过程，包括侵袭、黏附和血管新生，其中细胞外基质对肿瘤细胞侵袭最为重要。研究（Huang，2015）显示岩藻多糖具有抑制肿瘤转移的作用，能增加组织抑制因子（TIMP）表达、下调基质金属蛋白酶（MMP）表达，抑制肿瘤细胞在体内的转移。

肿瘤周围血管新生对其生长和转移至关重要。血管新生是一个非常复杂的过程，包括血管通透性增加、上皮细胞迁移、分化、新血管形成及成熟等过程，其中涉及 VEGF、bFGF、IL-8 等重要的细胞因子。Chen 等（Chen，2015）发现，岩藻多糖能通过降低血管内皮生长因子（VEGF）的生成，抑制肿瘤血管的新生、切断瘤体的营养供给源后饿死肿瘤。

Maruyama 等（Maruyama，2006）的研究发现，岩藻多糖能增强机体免疫力，利用患者自身的免疫系统特异性杀伤癌细胞。岩藻多糖进入肠道后能被免疫细胞识别，产生激活免疫系统的信号，对 NK 细胞、B 细胞和 T 细胞产生激活后特异性杀伤癌细胞，抑制肿瘤的形成和生长。

二、岩藻多糖清除幽门螺旋杆菌的功效

幽门螺旋杆菌是一种螺旋形、微需氧、对生长条件要求十分苛刻的革兰阴性菌，是目前所知能够在人胃中生存的唯一微生物种类。幽门螺旋杆菌感染可引起胃炎、消化道溃疡、淋巴增生性胃淋巴瘤等疾患，甚至可以引发胃癌。

幽门螺旋杆菌的感染途径包括进食受其污染的水或食物、聚餐传播、接吻传播、母婴传播等。我国中青年人群中幽门螺旋杆菌的感染率呈逐年递增趋势，50 岁以上人群感染率高达 69%，感染后表现出的症状有上腹疼痛、早饱、口臭、恶心呕吐、腹胀等。

图 13-3 所示为幽门螺旋杆菌的致病机制，包括：①黏附作用：幽门螺旋杆菌穿过胃黏液层后与胃上皮细胞黏附；②中和胃酸：为了自己的生存，幽门螺

旋杆菌释放尿素酶与胃中的尿素反应生成氨气后中和胃酸；③破坏胃黏膜：幽门螺旋杆菌释放 VacA 毒素，侵蚀胃黏膜表面细胞；④产生毒素氯胺：氨气侵蚀胃黏膜后与活性氧反应，产生毒性更高的氯胺；⑤引起炎症反应：为了防御幽门螺旋杆菌，大量白细胞聚集在胃黏膜上产生炎症反应。

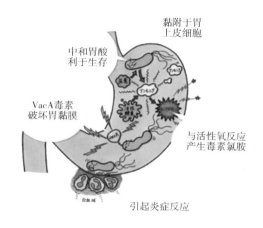

图 13-3　幽门螺旋杆菌的致病机制

　　岩藻多糖具有清除幽门螺旋杆菌的独特功效。Cai 等（Cai，2014）的研究显示，岩藻多糖具有很好的抗菌作用，浓度为 100μg/mL 时就能完全抑制幽门螺旋杆菌增殖。岩藻多糖分子结构中的硫酸基能与幽门螺旋杆菌表面的结合蛋白特异性结合后抑制其与胃黏膜的黏附（Shibata，1999）。

三、岩藻多糖抗氧化、抗炎症、减少毒素的功效

　　岩藻多糖是很好的抗氧化剂，能快速清除氧自由基、减少有害毒素氯胺的生成。岩藻多糖能抑制选凝集素、补体以及乙酰肝素酶的活性，降低炎症反应（Besednova，2015）。

四、岩藻多糖改善肠道的功效

　　岩藻多糖对改善肠道健康作用明显，能改善便秘、治疗肠炎。Matayoshi 等（Matayoshi，2017）在 30 位便秘患者的试验中，试验组每天服用 1g 岩藻多糖、对照组服用安慰剂。2 个月后发现服用岩藻多糖的试验组每周排便天数由原来的平均 2.7d 升至 4.6d，排便体积和软度都有明显增加。在另一项研究中发现，岩藻多糖还能有效改善小鼠肠炎（Lean，2015）。

五、岩藻多糖改善慢性肾病的功效

目前，慢性肾脏病的发病率在世界范围内呈逐年增长趋势，其中我国慢性肾脏病患者约1.3亿人，是继心脑血管疾病、糖尿病、肿瘤之后又一直接威胁人类健康的重大疾病。慢性肾炎占慢性肾脏疾病的30%~40%，约有4000万患者。

慢性肾炎可发于任何年龄段，以青壮年居多，多数起病隐匿、无明显的表现。随着病变发展出现不同程度的肾功能损害，表现为血尿、蛋白尿、血肌酐升高等，部分患者进入终末期肾病，称为尿毒症。

作为一种药食同源的植物，中国人在很早以前就用海藻治疗肾水肿。当今科学研究显示，岩藻多糖对改善慢性肾脏疾病，尤其是慢性肾炎具有显著效果。Chen 等（Chen，2017）的研究发现，肾小管间质纤维化是慢性肾炎的决定因素，岩藻多糖能很好地抑制肾小管间质纤维化、改善肾脏功能，具有治疗糖尿病肾病、延缓慢性肾衰的活性。Wang 等（Wang，2012）的研究发现，岩藻多糖能有效降低小鼠体内血清尿素氮、血清肌酐浓度。肾小管和肾间质组织病理学显示岩藻多糖能显著改善慢性肾炎症状，有望成为一种保护肾脏的海洋药物。

第三节　岩藻多糖在功能食品和保健品中的应用

目前我国对岩藻多糖的开发和应用尚处于起步阶段，市场上的产品以原料供应为主。国际上，日本、韩国和美国处于岩藻多糖研究、开发和应用的领先地位，已经有很多成熟的产品应用于功能食品和保健品，发挥其防抗肿瘤、提高免疫力、改善胃肠道和肾脏疾病等功效。此外，国内外市场上岩藻多糖更多应用于护肤品、动物营养品等领域。

一、日本市场上的岩藻多糖产品

日本在岩藻多糖领域的研究处于世界领先地位，是相关产品研发、生产、推广、应用最成熟的国家。日本市场上的岩藻多糖产品主要涉及肿瘤康复、增强免疫力等。

图13-4所示为日本海之滴岩藻多糖产品。该产品中岩藻多糖的含量为85%，其使用的岩藻多糖主要来自于日本冲绳海蕴及裙带菜孢子叶，另外的15%是巴西蘑菇菌丝。海之滴岩藻多糖产品主要针对肿瘤康复人群，对于中晚期人群，每天推荐的岩藻多糖服用量是5~8g，早期或预防人群每天推荐量为

2~3g。产品包括 3 种服用剂型：固体饮料、胶囊和液体饮品，其中固体饮料为绿茶口味，适用于疾病预防；胶囊产品含有纤维素和葡聚糖，适用于早中期人群，体积小、便于携带和服用；液体产品含有维生素 C、维生素 E、维生素 B，适用于精神、食欲差且吞咽困难的晚期人群。

图 13-4　日本海之滴岩藻多糖产品

图 13-5 所示为日本 NatureMedic ™品牌的岩藻多糖产品，主要包括 2 种：一种是 AHCC 岩藻多糖，另一种是 3-Plus 岩藻多糖。AHCC 岩藻多糖产品含有 2 种不同分子结构的岩藻多糖，主要成分是冲绳海蕴岩藻多糖、裙带菜孢子叶岩藻多糖及巴西蘑菇菌丝，其中岩藻多糖纯度达到 85% 以上。产品剂型为胶囊，每天推荐用量为 1.2g。3-Plus 岩藻多糖产品含有 3 种高纯度岩藻多糖，主要成分是海蕴岩藻多糖、裙带菜孢子叶岩藻多糖及墨角藻岩藻多糖，纯度均超过 85%，产品剂型为胶囊，每天推荐用量为 1.0g。NatureMedic ™品牌岩藻多糖产品主要用于营养补充剂，改善胃口、维持良好体力和精神状态，同时能有效提升免疫力、维持肠道健康。

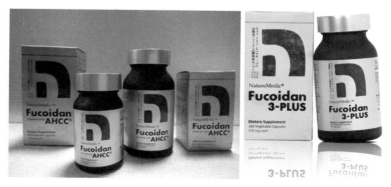

图 13-5　日本 NatureMedic ™品牌岩藻多糖产品，左边为 AHCC、右边为 3-Plus

图 13-6 所示为日本 LAC（利维喜）岩藻多糖产品，是以海蕴岩藻多糖为主要原料，添加鹿角灵芝、维生素 C 等活性成分，产品剂型为胶囊，每天推荐用量为 1.5g。主要适用人群包括易生病人群、术后人群、肾功能低下人群及中老年人群，能提升机体免疫力、增强体质。

图 13-6　日本 LAC（利维喜）岩藻多糖产品

日本 KANEHIDE（金秀生物）岩藻多糖产品的原料为 100% 冲绳海蕴岩藻多糖，产品剂型为胶囊，每天推荐用量为 1.4g。图 13-7 所示为日本 KANEHIDE（金秀生物）岩藻多糖产品。

图 13-7　日本 KANEHIDE（金秀生物）岩藻多糖产品

海洋功能性食品配料：褐藻多糖的功能和应用

二、美国市场上的岩藻多糖产品

美国对岩藻多糖的研究和产品开发处在世界前列，其岩藻多糖产品多集中于营养补充剂，用于提高免疫力。表 13-1 介绍了几款美国岩藻多糖产品。

表13-1　几款美国岩藻多糖产品

产品	岩藻多糖来源	主要配料	剂型及推荐量	声称功效
	裙带菜	岩藻多糖	胶囊 0.5g/d	心血管健康、营养补充剂
	褐藻	岩藻多糖	胶囊 1g/d	清除体内毒素、增强免疫力
	褐藻	岩藻多糖	胶囊	抗氧化、增强免疫力

三、韩国市场上的岩藻多糖产品

韩国 HAERIM（海林）产品中岩藻多糖（固形物 10%）含量为 83.3%，岩藻多糖主要来自于裙带菜孢子叶，另外还含有野樱莓、姜黄、松树皮提取物等有利于肿瘤康复的活性成分。海林岩藻多糖产品为液体剂型，每天推荐量为 4~6g。图 13-8 所示为韩国 HAERIM（海林）岩藻多糖产品。

图 13-8　韩国 HAERIM（海林）岩藻多糖产品

四、中国市场上的岩藻多糖产品

岩藻多糖在我国台湾地区应用较多，目前主要集中于小分子岩藻多糖。图 13-9 所示为台湾小分子岩藻多糖产品，其岩藻多糖源自台湾周围纯净海域的褐藻，产品剂型为固体饮料，每天推荐用量为 2.2g。

图 13-9　台湾小分子岩藻多糖产品

近年来，我国大陆关于岩藻多糖的研究开发逐渐增多，其中青岛明月海藻集团有限公司、北京雷力联合、北京绿色金可、大连深蓝肽等均在积极推动岩藻多糖原料的产业化。青岛明月海藻集团有限公司已经开发出岩藻多糖系列功能产品并开始向全国各地销售，所用岩藻多糖源自纯净海域的褐藻，产品剂型包括液体饮料、压片糖果等，每天推荐用量为 1~4g。

图 13-10 所示为青岛明月海藻集团有限公司的岩藻多糖系列产品，其中"清

幽乐"由明月集团子公司——青岛明月海藻生物科技公司倾力打造，以富含岩藻多糖的海带浓缩粉为主要功效成分，复配多种益胃草本精华、协同增效，旨在帮助人们预防和抵抗幽门螺旋杆菌感染、养胃护胃。

图 13-10　青岛明月海藻集团有限公司岩藻多糖系列产品

"生命跃动（Elanvital）"褐藻植物饮料采用 VIP 定制模式，依据食品营养学和客户自身情况，可以为客户一对一量身定制。本品以富含岩藻多糖的褐藻浓缩粉为主要原料，采用先进的生物提取技术从褐藻中精制、提取而成，是一种优质的褐藻生物活性物质，同时复配多种植物活性物质均衡营养，在改善生活方式和饮食习惯的同时实现食疗法康复。

"岩藻宝"褐藻浓缩粉压片糖果是以富含岩藻多糖的褐藻浓缩粉为主要成分制成的复合片，其岩藻多糖含量高、品质优良，原料采用优质食品级天然褐藻、提取工艺温和，最大程度保证了岩藻多糖原有的化学结构。

第四节　小结

科学界关于岩藻多糖的功效研究已取得大量研究成果，相比之下，岩藻多糖的应用研究和产品开发相对不足。目前美国市场上的岩藻多糖主要应用于食品补充剂、功能饮料和动物营养等领域，日本和韩国市场上主要应用于营养补充剂、肿瘤康复辅助剂及护肤品等领域。我国对岩藻多糖的应用研究和产品开发尚处于起步阶段，尚未有大规模的产品应用，但目前已取得的大量科研成果定能推动岩藻多糖市场的增长。同时，在大健康产业背景下，具有多种健康功效的岩藻多糖的市场应用潜力巨大。

参考文献

［1］Besednova N N, Zaporozhets T S, Somova L M, et al.Review: prospects for the use of extracts and polysaccharides from marine algae to prevent and treat the diseases caused by Helicobacter pylori [J]. Helicobacter, 2015, 20: 89-97.

［2］Cai J, Kim T S, Jang J Y, et al. In vitro and in vivo anti-Helicobacter pylori activities of FEMY-R7 composed of fucoidan and evening primrose extract［J］. Lab Anim Res, 2014, 30: 28-34.

［3］Chen M C, Hsu W L, Hwang P A, et al. Low molecular weight fucoidan inhibits tumor angiogenesis through down regulation of HIF-1/VEGF signaling under hypoxia［J］. Marine Drugs, 2015, 13: 4436-4451.

［4］Chen C H, Sue Y M, Cheng C Y, et al. Oligo-fucoidan prevents renal tubulointerstitial fibrosis by inhibiting the CD44 signal pathway［J］. Sci. Rep., 2017, 7: 40183-40195.

［5］HanY S, Lee J H, Lee S Hun. Fucoidan inhibits the migration and proliferation of HT-29 human colon cancer cells via the phosphoinositide-3 kinase/Akt/mechanistic target of rapamycin pathways［J］. Molecular Medicine Reports, 2015, 12: 3446-3452.

［6］Huang T H, Chiu Y H, Chan Y L, et al. Prophylactic administration of fucoidan represses cancer metastasis by inhibiting vascular endothelial growth factor (VEGF) and matrix metalloproteinases (MMPs) in Lewis tumor-bearing mice［J］. Marine Drugs, 2015, 13: 1882-1900.

［7］Lean Q Y, Eri R D, Fitton J H, et al. Fucoidan extracts ameliorate acute colitis［J］. PLoS ONE, 2015, 10: e0128453.

［8］Maruyama H, Tamauchi H, Iizuka M, et al. The role of NK cells in antitumor activity of dietary fucoidan from *Undaria pinnatifida* sporophylls (Mekabu)［J］. Planta. Med., 2006, 72: 1415-1417.

［9］Maruyama H, Yamamoto I. An antitumor fucoidan fraction from an edible brown seaweed *Laminaria religiosa*［J］. Hydrobiologia, 1984, 116/117: 534-536.

［10］Matayoshi M, Teruya J, Yasumoto-Hirose M, et al. Improvement of defecation in healthy individuals with infrequent bowel movements through the ingestion of dried Mozuku powder: a randomized, double-blind, parallel-group study [J]. Functional Foods in Health and Disease, 2017, 7: 735-742.

［11］Shibata H, Kimura-Takagi I, Nagaoka M, et al. Inhibitory effect of

Cladosiphon fucoidan on the adhesion of Helicobacter pylori to human gastric cells[J]. J. Nutr. Sci. Vitaminol., 1999, 45: 325-336.

[12] Usui T, Asari K, Mizuno T. Isolation of highly purified fucoidan from *Eisenia bicyclis* and its anticoagulant and antitumor activities [J]. Agric. Biol. Chem., 1980, 44: 1965-1966.

[13] Wang J, Wang F, Yun H, et al. Effect and mechanism of fucoidan derivatives from Laminaria japonica in experimental adenine-induced chronic kidney disease[J]. Journal of Ethnopharmacology, 2012, 139: 807-813.

[14] Xue M, Ge Y, Zhang J, et al. Anticancer properties and mechanisms of fucoidan on mouse breast cancer in vitro and in vivo[J]. PLoS ONE, 2012, 7: e43483.

[15] 王鸿，张甲生，严银春，等. 褐藻岩藻多糖生物活性研究进展 [J]. 浙江工业大学学报，2018, 46（2）：209-215.

[16] 张国防，秦益民，姜进举，等. 海藻的故事 [M]. 北京：知识出版社，2016.

第三部分

褐藻多糖的健康功效

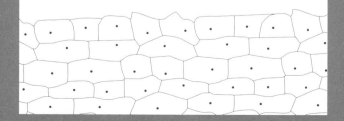

第十四章　褐藻多糖的健康功效概述

第一节　引言

　　海藻对人类的健康功效在全球各地得到广泛认可。近年来，随着越来越多海藻活性物质得到分离纯化，其生物活性和健康功效也通过更多的科学研究得到证实，源于褐藻、绿藻、红藻的各种纯天然海藻活性物质在海洋药物、保健品、功能食品、生物医用材料、化妆品、生态肥料等领域得到广泛应用（Smit，2004），海藻加工行业生产的各种海藻生物制品已经形成包括褐藻胶、卡拉胶、琼胶等海藻胶在内的海藻生物产业，具有广阔的应用和发展前景。2016 年全球海藻养殖规模超过 3000 万吨，为海藻活性物质的在健康产品中的进一步研究、开发和商业化应用提供了丰富的物质基础。海藻，尤其是以海洋褐藻为原料提取的褐藻多糖，已经成为新时代健康产业的一个重要组成部分。

第二节　食用海藻的健康功效

　　日常生活中,海藻具有很高的食用价值,是人们熟知的海洋蔬菜,海带、紫菜、裙带菜、羊栖菜、石莼、石花菜等海藻的营养丰富,具有独特的健康功效,被人们誉为"长寿菜"。海藻类食品在我国不但有悠久的历史,其食用方法之多也是世界闻名的。

　　海藻生物体中含有多糖、蛋白质、氨基酸、脂肪酸、维生素、微量元素等很多种有利于人体健康的生物活性物质,其中海藻蛋白质是人体补充蛋白质的最佳选择、不饱和脂肪酸可预防高脂血症,其他很多生命活性物质也对人类健康起到重要作用（董彩娥，2015；李岩，2015）。《本草纲目》《本草经集注》《海药本草》《本草拾遗》等古代图书均有用海藻治疗各种疾病的记载，日常生活中石莼和礁膜藻具有解热和治咳嗽、痰结、水肿、泌尿不顺等用途；海带和马尾藻除可治甲状腺肿外，也有降血压、降血脂、降血糖和抗凝血功效；紫菜有预防高血压、抗衰老和延长寿命的效用；麒麟菜能治支气管炎、气喘和化痰结，具有降低血清胆固醇含量的作用；鹧鸪菜和刺松藻有驱蛔虫的功效。在印度尼西亚等东南亚国家，海藻作为传统药材用于退烧、止咳以及治疗气喘、痔疮、流鼻涕、肠胃不适和泌尿疾病。在日本，人们普遍喜欢食用海藻，以加强身体抗癌和抗肿瘤能力、改善糖尿病症状、纾解紧张压力（徐明芳，1996；陈家童，1998）。

海藻含有陆地食物中没有的凝集素、植物蛋白、氨基酸、多酚、多糖等生物活性物质，具有抗病原体、抗肿瘤、抗凝血以及调节胃肠道、减肥、预防糖尿病等健康功效，大量研究证据显示海藻及其生物活性成分对人体健康和疾患有优良的保健和预抗功效（Teas，2017；张国防，2016；Fukuda，2006）。

海藻含有人体消化系统不能降解的多种多糖成分，为胃肠道提供一类重要的膳食纤维。海藻源膳食纤维的化学结构和理化性能与陆生植物中获取的完全不同，其总膳食纤维含量为每100g中有33~50g，高于大多数水果和蔬菜的膳食纤维含量。食用海藻源膳食纤维具有以下促进健康的功效。

①保护有益的肠道菌群并促进其增长；

②减少总体的血糖反应；

③大大增加粪便体积，减轻便秘；

④降低患结肠癌的风险。

除了提供膳食纤维，经常食用海藻被认为与日本人中绝经期后乳腺癌发病率和死亡率低相关（Teas，2013）。在美国进行的一项试验中，15个健康的绝经后妇女参与了为期3个月的试验，其中5个没有患过乳腺癌的作为对照组、10个是患过乳腺癌的幸存者。结果显示，食用裙带菜对泌尿道人类尿激酶类型的原激活剂受体（uPAR）的浓度有明显影响，食用海藻后其浓度降低约一半。临床上uPAR浓度与乳腺癌发生率呈正相关性，食用海藻可以降低uPAR浓度可能解释了日本绝经后妇女乳腺癌发病率和死亡率低的现象。

表14-1　海藻中典型的营养成分

营养成分	干基含量 /%	营养成分	干基含量 /%
蛋白质	7~31	碳水化合物	32~60
脂质	3~13	灰分	9~45

表 14-1 所示为海藻中主要营养成分的含量。海藻含有较高的蛋白质、脂质和碳水化合物，但其能量较低，食用 1kg 海藻产生的能量只有 10~18 MJ。作为一种海洋蔬菜，海藻含有大量人体必需氨基酸，其必需氨基酸指数在中等（0. 77~0. 86）到高（0. 93~1. 07）之间（Tibbetts，2016）。如表 14-2 所示，海藻也含有丰富的矿物质和微量元素。

表14-2　海藻中主要的矿物质和微量元素成分

矿物质和微量元素	干基含量 /%	矿物质和微量元素	干基含量 /（mg/kg）
钙 (Calcium)	0. 1~1. 1	铜 (Copper)	1~21
镁 (Magnesium)	0. 2~0. 8	铁 (Iron)	26~945
磷 (Phosphorous)	0. 1~0. 6	锰 (Manganese)	3~191
钾 (Potassium)	2. 1~4. 6	锌 (Zinc)	28~74
钠 (Sodium)	1. 1~3. 9		
硫 (Sulphur)	0. 4~6. 5		

明代李时珍在《本草纲目》中记载："海藻，咸能润下，寒能泄热引水，故能消瘿瘤、结核、阴溃之坚聚"。作为一类富含膳食纤维的海洋蔬菜，海藻对清理肠道毒素、排除体内垃圾有特效。经常食用海藻可以平衡体内环境，保证排泄畅通，减少有害物质在人体内的积聚，对于防治便秘有明显效果。我国古代对海藻的药用保健功效也有很多记载，《本草纲目》记载海藻具有软坚、消痰、利水、泄热等功效，主治瘰疬、瘿瘤、积聚、水肿、脚气、睾丸肿痛。

进入 21 世纪，随着生活水平的不断提高，人们的消费方式和饮食结构逐渐向健康和保健方向转移，海藻及其各种衍生制品以其对人类健康所起的特殊作用，正在受到各界广泛关注，是健康产品领域的一个热点（李子昆，1997；魏玉西，2002）。流行病学研究中，通过比较日本人和西方人的饮食结构可以看出，食用海藻与癌症、高脂血症、冠心病等慢性疾病的低发生率相关（Iso，2011；

Kim，2009）。日本人平均每天消费的海藻高达 5. 3g（Matsumura，2001），与此相对应的，日本成年人中冠心病的发病率大大低于美国和欧洲（Verschuren，1995；Menotti，2008）。移民到美国的日本人在接受当地西方人的生活方式和饮食文化后，几代之后乳腺癌的发病率提高到了与西方人相似的水平，这与海藻食用量的变化不无关联性（Ziegler，1993；Jemal，2011）。

第三节　褐藻多糖的健康功效

随着科学技术的进步，海藻中的各种活性成分得到分离和纯化，对其健康功效可以进行精准的研究。目前文献中有大量海藻活性物质健康功效的报道。以褐藻胶、岩藻多糖为代表的褐藻多糖被大量实验和临床研究证明具有一系列优良的健康功效。

一、改善胃肠道

肠道微生物在人体健康和疾病预防中起重要作用。微生物群落在肠黏膜局部和人体全身均与宿主互动，产生广泛的免疫、生理和代谢作用。食用海藻通过营养成分对人体产生直接影响的同时，也通过影响肠道微生物对人体健康产生有益影响（Rowland，1999；Rastall，2005；Blaut，2007；Cani，2007）。研究显示，源自海藻的膳食纤维对肠道健康有积极影响（Vaugelade，2000；Deville，2004），低分子量海藻多糖可以促进益生菌的活性（Deville，2007；Ramnani，2012）。海藻酸盐、褐藻淀粉、琼胶等海藻多糖是独具特色的具有益生功效的碳水化合物（O' Sullivan，2010），可增加益生菌成活率，在消化系统中提供物理保护作用（Ding，2009；Islam，2010；Chavarri，2010）。

二、抑制胃食管反流

从褐藻中提取的海藻酸是一种高分子羧酸，其与一价金属离子形成的盐是水溶性的。当海藻酸盐的水溶液进入胃与胃酸接触后，水溶性的海藻酸盐被转化成不溶于水的海藻酸后形成凝胶，这样形成的凝胶在胃中可以滞留 3h，其在胃液里形成的凝胶可以为胃液反流到食管提供一个物理障碍，抑制胃食管反流。当胃中的凝胶进入肠道后，随着 pH 的升高，海藻酸被转换成海藻酸钠而溶解，在肠道中起到一种高度亲水的膳食纤维的作用。图 14-1 所示为胃食管示意图。

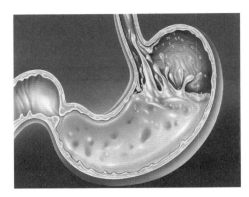

图 14-1　胃食管示意图

三、膨化大便、缓解便秘

在一项试验中，5 个健康的成年人在 7d 内每天每千克体重吃了 175mg 的海藻酸钠，结果显示，粪便的干重和湿重都有明显增加。与纤维素、木聚糖、卡拉胶等膳食纤维相比，海藻酸盐的亲水性更强、凝胶性能更好，在胃肠道中通过膨化其中的物体，使各种有害物质得到稀释并降低其吸收，同时通过其亲水特性缓解便秘（Brownlee，2009；Dettmar，2011）。

四、吸附重金属离子

作为一种高分子羧酸，海藻酸对重金属离子有很强的结合力。在对海藻酸吸附金属离子的研究中，Haug 等（Haug，1967）以及 Smidsrod（1972）详细研究了海藻酸钠与多种金属离子的离子交换系数。结果显示，海藻酸对金属离子的结合力按照以下顺序递减：

$$Pb^{2+}>Cu^{2+}>Cd^{2+}>Ba^{2+}>Sr^{2+}>Ca^{2+}>Co^{2+}=Ni^{2+}=Zn^{2+}>Mn^{2+}$$

海藻酸对铅离子有很强的结合力，利用该性能可以开发具有排铅功能的保健产品。

五、减肥活性

Chater 等（Chater，2016）采用浊度计脂肪酶活性测定法研究了 3 种褐藻提取物对脂肪酶的活性，分别测试了海藻匀浆、碳酸钠提取物、酒精提取物的活性。3 种提取物对脂肪酶均显示很强的抑制作用，说明海藻中的海藻酸盐、岩藻多糖、褐藻多酚等多种活性物质具有抑制脂肪酶的作用，是食用海藻产生减肥功效的主要原因。

肥胖症是发达国家及越来越多的发展中国家的一种流行病（Selassie，

2011）。肥胖使 2 型糖尿病、高血压、血脂异常等疾患的风险增加，也与骨关节炎和冠心病的发病相关（Haslam，2006）。褐藻胶等膳食纤维可以通过提高饱感等机理降低进食量而起到减肥功效（Kristensen，2011；MacArtain，2007）。

越来越多的证据显示，食品中的海藻酸盐可以减弱食欲，一项涉及 12 个健康肥胖男人的研究显示，食用含 4% 泡叶藻的面包可以明显减少能量的摄入（Hall，2012），该结果与海藻酸盐在胃肠道内引起的膨化效应密切相关（Paxman，2008）。海藻酸盐在体重控制中有独特的作用，在一项有 68 个健康志愿者参与的研究中，饮用含海藻酸盐的饮料可以明显降低能量的摄入，海藻酸盐饮料可以在肥胖人群中选择性地减弱胆固醇和葡萄糖的吸收，从而降低血液中胆固醇和葡萄糖含量，起到减肥作用（Paxman，2008）。海藻酸盐对餐后血糖的影响在两项试验中分别得到证实（Williams，2004；Wolf，2002），在食品和饮料中加入海藻酸盐均明显降低了餐后血糖浓度。

海藻酸盐通过在胃中形成凝胶所提供的饱感可以降低能量的摄入，给肥胖患者提供一种减肥渠道（Pelkman，2007）。在一项有 96 个肥胖者参与的试验中，Georg Jensen 等通过让受试者饮用含海藻酸盐的饮料实现提供饱感和降低能量摄入的目的，12 周后观察到明显的体重下降（Georg Jensen，2012）。但也有研究显示，以胃排空、餐后胃容量、餐后饱感、能量摄入为指标的饱感在服用海藻酸盐胶囊的 7d 后没有明显变化（Odunsi，2010），这个区别可能是载体上的区别，即胶囊和饮料的区别。饮料的体积更大、更容易调节胃伸展受体和增加饱腹感，从而降低能量的摄入。总的来说，这些研究在短期内验证了海藻酸盐对能量摄入、血脂、血糖的影响，大多数结果表明海藻酸盐对降低体重有一定的影响。

六、抗凝血作用

世界卫生组织调查发现心脑血管疾病是人类的头号杀手，动脉粥样硬化等心脑血管疾病已成为严重危害公众健康，尤其是老年人健康的常见病与多发病。目前临床上常用的抗血栓药物，如抗血小板药中最常用的阿司匹林，有明显的胃肠道不良反应，其他抗血小板药也不能干扰血小板激活的全部代谢过程、不能完全阻断血栓形成。抗凝血药中应用最广的肝素，近年来发现不能抑制与纤维蛋白结合的凝血酶，已经成为血栓复发的关键因素。

褐藻中的岩藻多糖具有抗凝血作用，相当于肝素抗凝活性的 81%~85%，因此食用褐藻可降低中风的发生率。海藻含有一定量的亚油酸、亚麻酸等人体必需脂肪酸，其中不少是高度不饱和的二十碳五烯酸，具有防止血栓形成的作用。日本人，尤其是冲绳岛居民的寿命是全球最长的，一般认为这与他们饮食中的鱼、大豆和海藻有关。日本人心血管疾病和癌症的发病率是很低的（Yamori，2006），有研究证实日本人食用海藻对预防心血管疾病的关键作用（Iso，2007；Shimazu，2007）。在对 20 个移民到巴西的日裔人的研究中发现，在他们的饮食中每天加入 5g 海藻粉末，10 周后体内的胆固醇明显降低（Yamori，2001）。

褐藻中提取的岩藻多糖具有抗凝血的作用，可以预防心血管疾病（Berteau，2003）。此外，从泡叶藻等褐藻中提取出的褐藻淀粉具有抗氧化（Heo，2005）、抗炎（Ostergaard，2000）和抗凝血作用（Miao，1999）。这些研究显示岩藻多糖和褐藻淀粉在预防心血管疾病中可以起到调节剂的作用。

七、降血糖

食物中含有的海藻酸盐具有降低血糖的功效。在一项研究中，糖尿病患者的食物中加入 5g 海藻酸盐后，血液中的葡萄糖峰值和血浆胰岛素的上升分别降低了 31% 和 42%。在饮料中加入海藻酸钠对餐后血浆葡萄糖和胰岛素升高也产生类似的效果。这些结果显示在海藻酸盐存在的情况下，葡萄糖的吸收速度有所下降（Brownlee，2009；Dettmar，2011）。

八、降血脂

高脂血症是脂代谢异常造成的，表现在血液中总胆固醇水平、总甘油三酯和低密度脂蛋白胆固醇的升高，高密度脂蛋白胆固醇含量的下降。动物实验表明小肠腔中海藻酸盐的存在可以减少脂肪的吸收、降低血浆胆固醇，其作用机理可能与粪便胆汁和胆固醇排泄量的增加相关。在一项有 67 人参与的实验中发现，每克果胶、燕麦产品、车前子和瓜尔胶可以分别使血浆总胆固醇含量降低 70、37、28 和 26mmol·L^{-1}。在另一项试验中，6 个参与试验的回肠造口术患者的饮食中每天加入 7.5g 海藻酸盐后，脂肪酸排泄量增加了一倍。在总胆固醇和脂肪含量较高的食物中加入海藻酸钠可以起到与硫酸酯多糖、紫菜胶等海藻多糖相似的降低总胆固醇的功效（Wei，2009）。岩藻多糖也可以通过影响脂肪的吸收、激活脂质代谢酶的活性等作用机理降低血脂水平。

日本一项对学前儿童的研究中，Wada 等（Wada，2011）研究了食用海藻与学前儿童血压的关联性。结果显示，食用海藻较低、中等、较高的三部分男孩的动脉舒张压分别为 62.8、59.3 和 59.6mmHg，三组女孩的心脏收缩压分别为 102.4、99.2 和 96.9mmHg。食用海藻与男孩的动脉舒张压和女孩的心脏收缩压呈负相关性，显示食用海藻有益于改善血压。

九、免疫调节作用

免疫系统的主要功能是抵御细菌、病毒侵染和防止癌症发生。岩藻多糖等硫酸酯多糖可以通过激活或抑制巨噬细胞和其他免疫细胞的活性调节免疫反应。海藻源硫酸酯多糖通过与巨噬细胞的相互作用，刺激其释放出白细胞介素（IL）、肿瘤坏死因子（TNF）、干扰素（INF）和其他对免疫反应起重要作用的细胞因子。

十、抗疲劳

Liu 等（Liu，2003）在老鼠上研究了海藻多糖的抗疲劳功效。结果显示，加入海藻多糖的食物可以在负重游泳试验中延长保荷时间、在减少氧气压力下延长生存时间。

十一、抗菌和抗病毒

海藻酸盐具有抑制消化系统中细菌增长的性能。一项研究中，21 种人类肠道中常见的细菌在含有海藻酸盐的培养基上培养，结果显示只有一种细菌可以成活。在另一项人体试验中，受试者每天进食 10g 海藻酸盐，结果显示粪便中双岐杆菌活性有所加强，而对人体健康有潜在危害的肠杆菌科细菌、梭状芽孢杆菌等致病菌株有所下降，氨气、硫化氢等粪便中腐败毒素的含量也有所下降。实验室中把海藻酸盐与人类粪便接种物一起培养 6h 后不产生短链脂肪酸，培养24h 后，50%~80% 的海藻酸盐被降解，说明海藻酸盐缓慢地被人类结肠微生物菌群发酵。动物试验发现，食物中海藻酸盐的可发酵性随着喂食时间的延长而增强，说明胃肠道中的微生物菌群可以转变成更能降解海藻酸盐分子链的种类。文献资料显示，高 M 型海藻酸盐在胃肠道内的消化性能低于高 G 型，分子量提高后发酵性降低（Brownlee et al，2009；Dettmar et al，2011）。

十二、抗辐射性能

海藻生长在一种经常暴露于阳光和紫外光照射的恶劣环境。为了在这种环境中生存，海藻生物体中演变出很多具有独特化学结构、能保护其免受辐射损害的化合物。海藻酸钠就具有吸收人体内放射性元素的性能，可以抑制消化道内 ^{90}Sr 的吸收并促进其排泄。海藻酸分子结构中的甘露糖醛酸和古洛糖醛酸可以与 ^{89}Sr 和 ^{90}Sr 结合后形成不溶于水的凝胶并排放出人体。海藻酸钠也具有去除放射性 ^{220}Ra 和 ^{140}Ba 的性能（Brownlee et al，2009；Dettmar et al，2011）。

十三、抗氧化活性

抗氧化物可以保护细胞免受单氧、过氧化物、过氧化氢自由基、羟基自由基等活性氧类的损害，避免活性氧类与抗氧化物之间失衡导致的氧化性应激和细胞损伤，对防治癌症、抗衰老、抗炎症等病症有重要作用。

岩藻多糖、褐藻多酚、类胡萝卜素等海藻活性物质具有捕获自由基的功效，对慢性疾患有预抗作用。海藻中提取的抗氧化物可用于改善食品质量和保质期，在医药、化妆品行业也有重要的应用价值（Li，2011）。由于皮肤衰老与自由基活性密切相关，海藻提取物的抗氧化功效在皮肤护理产品中有特殊的应用价值（Masaki，2010）。

十四、预抗2型糖尿病

非胰岛素依赖型或2型糖尿病通常是长期肥胖造成的，同时呈现葡萄糖耐受不良、高血压和高脂血症（Roberts，2010）。动物试验结果显示，食用裙带菜对预抗糖尿病有一定疗效，包括改善脂质状态、降低炎症反应、减肥、调节血糖等作用功效（Murata，1999；Maeda，2009）。人体试验结果也显示食用海藻可以降低糖尿病发病率（Lee，2010），食用泡叶藻和墨角藻提取物可以调节胰岛素水平（Paradis，2011）。研究显示7位糖尿病患者在饮用含海藻酸盐的饮料后血糖和血浆C肽有所下降（Torsdottir，1991），76位糖尿病患者在正常饮食后服用琼胶12周后体重和总胆固醇含量明显下降（Maeda，2005）。在另一项研究中，20位糖尿病患者每天服用48g干的海带和裙带菜4周后，餐后血糖浓度明显下降，脂质状况有所改善，高密度脂蛋白胆固醇水平上升、甘油三酯水平降低（Kim，2008）。对糖尿病患者的研究均显示海藻降低血糖、降低血脂等预抗糖尿病的功效（Chin，2015）。

十五、预抗肿瘤作用

海洋抗肿瘤活性物质在海洋天然产物研究中一直占据重要地位，其作用机制一般为：①通过干扰肿瘤细胞有丝分裂和微管聚合直接杀伤肿瘤细胞；②抑制蛋白激酶合成；③抑制蛋白质合成；④增强机体自动防御能力，诱导白介素、肿瘤坏死因子、干扰素等细胞因子的分泌；⑤抑制肿瘤新生血管形成（王小兵，2005；Xu，2004）。

褐藻中的岩藻多糖可以激活巨噬细胞产生细胞毒性，通过抑制肿瘤细胞增殖避免肿瘤的形成，也可以通过抑制血管生成影响肿瘤生长。日本妇女乳腺癌发病率较低，一般认为与食用海藻的饮食习惯有关。有人用日本海里的10种食用海藻作抗脑肿瘤实验，结果表明，6种食用海藻有抗白血病效果，其中的主要活性成分是褐藻胶。

根据海藻在亚洲和欧美国家饮食结构中的含量以及两个地区癌症发病率的比较，很早以前人们就认识到海藻可能拥有的预防癌症功效（Teas，1981；Ferlay，2010）。大量实验和临床试验结果也证实了海藻和海藻活性物质的抗癌性能。尽管如此，目前还没有在人体上进行海藻对癌症作用的系统研究，这可能与试验涉及的道德规范以及建立对照组的难度有关，尤其是癌症患者的健康状况一般较差，在进行常规治疗的同时进行海藻食疗有一定的难度。

乳腺癌是全球最常见的一种癌症，每年有 115 万新发病例（Parkin，2005）。东南亚国家的发病率远低于欧美国家，一个可能的原因是饮食结构上的区别。在一项涉及 362 个韩国女性的研究中，Yang 等（Yang，2010）报道了食用海藻可以降低乳腺癌发病率。有研究显示紫菜的抗癌功效是其含有的紫菜胶、蛋白质、多酚、类胡萝卜素、叶绿素等活性物质的作用结果（Kwon，2006；Hwang，2008；Okai，1996）。

Murphy 等（Murphy，2014）详细总结了海藻在抗癌药物中的应用。对于海藻粗提取物、半纯化及纯化制品的研究显示，世界各地收集的各种海藻在实验和临床试验中显示出抗肿瘤功效，多糖、多酚、蛋白质、类胡萝卜素、生物碱、萜类化合物等海藻活性物质对一些关键的细胞生理过程具有独特的抑制作用，通过影响细胞凋亡途径、核糖体蛋白酶、肿瘤血管生成等机理起到预抗肿瘤作用。图 14-2 所示为一个生长中的肿瘤。

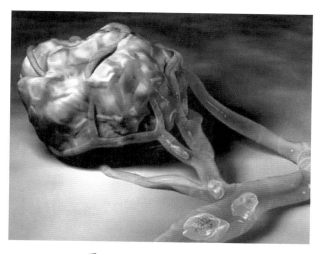

图 14-2　一个生长中的肿瘤

海藻多糖尤其是岩藻多糖等硫酸酯多糖被证明具有抗肿瘤功效，其抗肿瘤活性可以通过化学改性得到进一步提高（Yamamoto，1984；Koyanagi，2003；Teruya，2007）。硫酸酯化对海藻多糖活性的影响在褐藻淀粉中也得到证实，通过化学改性得到的硫酸酯化褐藻淀粉在实验中证实具有抗乙酰肝素酶活性，而未改性的褐藻淀粉没有活性（Miao，1999）。这种抗乙酰肝素酶活性对抑制肿瘤转移非常重要，目前具有这种活性的药物还很少。研究显示高硫酸酯化的多糖具有更强的对肿瘤细胞的毒性（Ye，2008）。红藻和绿藻中提取的多糖一般都是硫酸酯化的，而海藻酸盐是没有硫酸酯化的，其抗肿瘤活性低于岩藻多糖等硫酸酯化的多糖（Nakayasu，2009）。

分子量对海藻多糖的抗肿瘤活性也有影响。研究显示，分子量小于30ku的岩藻多糖的活性高于分子量大于30ku的组分（Cho，2011）。在对卡拉胶的试验中发现，用降解后的低分子量卡拉胶处理后，肿瘤的增长速度低于高分子量的对照组（Zhou，2004；Zhou，2005；Zhou，2006）。

第四节　小结

海藻含有丰富的高活性生物质成分，具有优良的保健和药理功效。海藻中的多糖类、多肽类、氨基酸类、脂类、萜类、苷类、非肽含氮类、类胡萝卜素等生物活性物质具有抗肿瘤、免疫调节、降血糖、降血脂、抗凝血、抗血栓、抗炎、抗过敏、抗菌、抗病毒、抗氧化、抗紫外线辐射、抑制酶活性、抗衰老、抗HIV等多种有益人类健康的生物活性。世界各地的研究表明，海藻尤其是褐藻和褐藻多糖对消化系统健康、体重控制以及癌症、心血管疾病、糖尿病等慢性疾病均有疗效，在功能食品和保健品领域有广阔的应用前景。

参考文献

[1] Berteau O，Mulloy B. Sulfated fucans，fresh perspectives：structures，functions，and biological properties of sulfated fucans and an overview of enzymes active toward this class of polysaccharide［J］. Glycobiology，2003，13：29R-40R.

[2] Blaut M，Clavel T. Metabolic diversity of the intestinal microbiota：implications for health and disease［J］. J.Nutr.，2007，137（Suppl）：S751-S755.

[3] Brownlee I A，Seal C J，Wilcox M. Applications of alginates in food. In：Rehm B H A（ed），Alginates：Biology and Applications［M］. Berlin

Heidelberg: Springer-Verlag, 2009.

[4] Cani P D, Neyrinck A M, Fava F, et al. Selective increases of bifidobacteria in gut microflora improve high-fat-diet-induced diabetes in mice through a mechanism associated with endotoxaemia [J]. Diabetologia, 2007, 50: 2374-2383.

[5] Cavalli-Sforza L T, Rosman A, de Boer A S, et al. Nutritional aspects of changes in disease patterns in the Western Pacific region [J]. Bull World Health Organ., 1996, 74: 307-318.

[6] Chavarri M, Maranon I, Ares R, et al. Microencapsulation of a probiotic and prebiotic in alginate-chitosan capsules improves survival in simulated gastrointestinal conditions [J]. Int. J. Food Microbiol., 2010, 142: 185-189.

[7] Chater P I, Wilcox M, Cherry P, et al. Inhibitory activity of extracts of Hebridean brown seaweeds on lipase activity [J]. J. Appl. Phycol., 2016, 28: 1303-1313.

[8] Chin Y X, Lim P E, Maggs C A. Anti-diabetic potential of selected Malaysian seaweeds [J]. J. Appl. Phycol., 2015, 27: 2137-2148.

[9] Cho M, Lee B Y, You S G. Relationship between over sulfation and conformation of low and high molecular weight fucoidans and evaluation of their in vitro anticancer activity [J]. Molecules, 2011, 16: 291-297.

[10] Dettmar P W, Strugala V, Richardson J C. The key role alginates play in health [J]. Food Hydrocolloids, 2011, 25: 263-266.

[11] Deville C, Damas J, Forget P, et al. Laminarin in the dietary fibre concept [J]. J. Sci. Food Agric., 2004, 84: 1030-1038.

[12] Deville C, Gharbi M, Dandrifosse G, et al. Study on the effects of laminarin, a polysaccharide from seaweed, on gut characteristics [J]. J. Sci. Food Agric., 2007, 87: 1717-1725.

[13] Ding W K, Shah N P. Effect of various encapsulating materials on the stability of probiotic bacteria [J]. J. Food Sci., 2009, 74: 100-107.

[14] Drewnowski A, Popkin B M. The nutrition transition: new trends in the global diet [J]. Nutr. Rev., 1997, 55: 31-43.

[15] Ferlay J, Parkin D M, Steliarova-Foucher E. Estimates of cancer incidence and mortality in Europe in 2008 [J]. Eur. J. Cancer, 2010, 46: 765-781.

[16] Fukuda S, Saito H, Nakaji S, et al. Pattern of dietary fiber intake among the Japanese general population [J]. Eur. J. Clin. Nutr., 2006, 61: 99-103.

[17] Georg Jensen M, Kristensen M, Astrup A. Effect of alginate supplementation on weight loss in obese subjects completing a 12-wk energy-

restricted diet: a randomized controlled trial [J] . Am. J. Clin. Nutr. , 2012, 96: 5-13.

[18] Hall A C, Fairclough A C, Mahadevan K, et al. Ascophyllum nodosum enriched bread reduces subsequent energy intake with no effect on post-prandial glucose and cholesterol in healthy, overweight males. A pilot study [J] . Appetite, 2012, 58: 379-386.

[19] Haslam D. What' s new-tackling childhood obesity [J] . Practitioner, 2006, 250: 26-27.

[20] Haug A, Myklestad S, Larsen B, et al. Correlation between chemical structure and physical properties of alginates [J] . Acta. Chem. Scand. , 1967, 21: 768-778.

[21] Heo S J, Park E J, Lee K W, et al. Antioxidant activities of enzymatic extracts from brown seaweeds [J] . Bioresour. Technol. , 2005, 96: 1613-1623.

[22] Hwang H J, Kwon M J, Kim I H, et al. Chemoprotective effects of a protein from the red algae *Porphyra yezoensis* on acetaminophen-induced liver injury in rats [J] . Phytother. Res. , 2008, 22: 1149-1153.

[23] Islam M A, Yun C H, Choi Y J, et al. Microencapsulation of live probiotic bacteria [J] . J. Microbiol. Biotechnol. , 2010, 20: 1367-1377.

[24] Iso H. Lifestyle and cardiovascular disease in Japan [J] . J. Atheroscler. Thromb. , 2011, 18: 83-88.

[25] Iso H, Kubota Y. Nutrition and disease in the Japan Collaborative Cohort Study for Evaluation of Cancer (JACC) [J] . Asian Pac. J. Cancer Prev. , 2007, 8 (Suppl): 35-80.

[26] Jemal A, Bray F, Center M M, et al. Global cancer statistics [J] . CA Cancer. J Clin. , 2011, 61: 69-90.

[27] Kim M S, Kim J Y, Choi W H, et al. Effects of seaweed supplementation on blood glucose concentration, lipid profile, and antioxidant enzyme activities in patients with type 2 diabetes mellitus [J]. Nutr. Res. Pract., 2008, 2: 62-67.

[28] Kim J, Shin A, Lee J S, et al. Dietary factors and breast cancer in Korea: an ecological study [J] . Breast J. , 2009, 15: 683-686.

[29] Koyanagi S, Tanigawa N, Nakagawa H, et al. Oversulfation of fucoidan enhances its anti-angiogenic and antitumor activities [J] . Biochem. Pharmacol. , 2003, 65: 173-179.

[30] Kristensen M, Jensen M G. Dietary fibers in the regulation of appetite and food intake. Importance of viscosity [J] . Appetite, 2011, 56: 65-70.

[31] Kwon M J, Nam T J. Porphyran induces apoptosis related signal pathway in AGS gastric cancer cell lines [J] . Life Sci. , 2006, 79: 1956-1962.

[32] Lee H Y, Won J C, Kang Y J, et al. Type 2 diabetes in urban and rural

districts in Korea: factors associated with prevalence difference [J] . J. Korean Med. Sci. , 2010, 25: 1777-1783.

[33] Li Y X, Kim S K. Utilization of seaweed derived ingredients as potential antioxidants and functional ingredients in the food industry: An overview [J] . Food Sci. Biotechnol. , 2011, 20（6）: 1461-1466.

[34] Liu F, Li Z, Pang Y, et al. Influence of *Laminaria japonica* polysaccharides on blood gas of hypoxic mice and its anti-fatigue effect[J] . Chin. J. Public Health, 2003, 19（12）: 1462-1463.

[35] MacArtain P, Gill C I, Brooks M, et al. Nutritional value of edible seaweeds[J] . Nutr. Rev. , 2007, 65（12 Pt 1）: 535-543.

[36] Maeda H, Hosokawa M, Sashima T, et al. Anti-obesity and anti-diabetic effects of fucoxanthin on diet-induced obesity conditions in a murine model [J] . Mol. Med. Rep. , 2009, 2: 897-902.

[37] Maeda H, Yamamoto R, Hirao K, et al. Effects of agar（kanten）diet on obese patients with impaired glucose tolerance and type 2 diabetes[J] . Diabetes Obes. Metab. , 2005, 7: 40-46.

[38] Masaki H. Role of antioxidants in the skin: anti-aging effects [J] . J. Dermatol. Sci. , 2010, 58: 85-90.

[39] Matsumura Y. Nutrition trends in Japan[J] . Asia Pac. J. Clin. Nutr. , 2001, 10（Suppl 1）: S40-S47.

[40] Menotti A, Lanti M, Kromhout D, et al. Homogeneity in the relationship of serum cholesterol to coronary deaths across different cultures: 40-year follow-up of the seven countries study[J] . Eur. J. Cardiovasc. Prev. Rehabil. , 2008, 15: 719-725.

[41] Miao H Q, Elkin M, Aingorn E, et al. Inhibition of heparanase activity and tumor metastasis by laminarin sulfate and synthetic phosphorothioate oligodeoxynucleotides[J] . Int. J. Cancer, 1999, 83: 424-431.

[42] Murata M, Ishihara K, Saito H. Hepatic fatty acid oxidation enzyme activities are stimulated in rats fed the brown seaweed, *Undaria pinnatifida* （wakame）[J] . J. Nutr. , 1999, 129: 146-151.

[43] Murphy C, Hotchkiss S, Worthington J, et al. The potential of seaweed as a source of drugs for use in cancer chemotherapy[J] . J. Appl. Phycol. , 2014, 26: 2211-2264.

[44] Nakayasu S, Soegima R, Yamaguchi, K, et al. Biological activities of fucose-containing polysaccharide ascophyllan isolated from the brown alga *Ascophyllum nodosum* [J] . Biosci. Biotechnol. Biochem. , 2009, 73: 961-964.

[45] Odunsi S T, Vazquez-Roque M I, Camilleri M, et al. Effect of alginate on satiation, appetite, gastric function, and selected gut satiety hormones

in overweight and obesity [J] . Obesity (Silver Spring), 2010, 18: 1579-1584.

[46] Okai Y, Higashi-Okai K, Yano Y, et al. Identification of antimutagenic substances in an extract of edible red alga, *Porphyra tenera* (Asakusa-nori) [J] . Cancer. Lett., 1996, 100: 235-240.

[47] Ostergaard C, Yieng-Kow RV, Benfield T, et al. Inhibition of leukocyte entry into the brain by the selectin blocker fucoidin decreases interleukin-1 (IL-1) levels but increases IL-8 levels in cerebrospinal fluid during experimental pneumococcal meningitis in rabbits [J] . Infect Immun., 2000, 68: 3153-3157.

[48] O' Sullivan L, Murphy B, McLoughlin P, et al. Prebiotics from marine macroalgae for human and animal health applications [J] . Mar. Drugs, 2010, 8: 2038-2064.

[49] Paradis M E, Couture P, Lamarche B. A randomised crossover placebo-controlled trial investigating the effect of brown seaweed (*Ascophyllum nodosum* and *Fucus vesiculosus*) on postchallenge plasma glucose and insulin levels in men and women [J] . Appl. Physiol. Nutr. Metab., 2011, 36: 913-919.

[50] Parkin D M, Bray F, Ferlay J, et al. Global cancer statistics, 2002 [J] . CA Cancer J. Clin., 2005, 55: 74-108.

[51] Paxman J. Daily ingestion of alginate reduces energy intake in free-living subjects [J] . Appetite, 2008, 51: 713-719.

[52] Paxman J R, Richardson J C, Dettmar P W, et al. Alginate reduces the increased uptake of cholesterol and glucose in overweight male subjects: a pilot study [J] . Nutr. Res., 2008, 28: 501-505.

[53] Pelkman C L, Navia J L, Miller A E, et al. Novel calcium-gelled, alginate pectin beverage reduced energy intake in non dieting overweight and obese women: interactions with dietary restraint status [J] . Am. J. Clin. Nutr., 2007, 86: 1595-1602.

[54] Ramnani P, Chitarrari R, Tuohy K, et al. In vitro fermentation and prebiotic potential of novel low molecular weight polysaccharides derived from agar and alginate seaweeds [J] . Anaerobe, 2012, 18: 1-6.

[55] Rastall R A, Gibson G R, Gill H S, et al. Modulation of the microbial ecology of the human colon by probiotics, prebiotics and synbiotics to enhance human health: an overview of enabling science and potential applications [J] . FEMS Microbiol. Ecol., 2005, 52: 145-152.

[56] Roberts A W. Cardiovascular risk and prevention in diabetes mellitus [J] . Clin. Med., 2010, 10: 495-499.

[57] Rowland I. Optimal nutrition: fibre and phytochemicals [J] . Proc. Nutr.

海洋功能性食品配料：褐藻多糖的功能和应用

Soc. , 1999, 58: 415-419.

［58］Selassie M, Sinha A C. The epidemiology and aetiology of obesity: a global challenge［J］. Best Pract. Res. Clin. Anaesthesiol. , 2011, 25: 1-9.

［59］Shimazu T, Kuriyama S, Hozawa A, et al. Dietary patterns and cardiovascular disease mortality in Japan: a prospective cohort study［J］. Int. J. Epidemiol. , 2007, 36: 600-609.

［60］Smidsrod O, Haug A. Dependence upon the gel-sol state of the ion-exchange properties of alginates［J］. Acta. Chem. Scand. , 1972, 26: 2063-2074.

［61］Smit A J. Medicinal and pharmaceutical uses of seaweed natural products: A review［J］. J. of Appl. Phycol., 2004, 16: 245-262.

［62］Teas J. The consumption of seaweed as a protective factor in the etiology of breast cancer［J］. Med. Hypotheses, 1981, 7: 601-613.

［63］Teas J, Irhimeh M R. Melanoma and brown seaweed: an integrative hypothesis［J］. J. Appl. Phycol. , 2017, 29: 941-948.

［64］Teas J, Vena S, Cone D L, et al. The consumption of seaweed as a protective factor in the etiology of breast cancer: proof of principle［J］. Journal of Appl. Phycol., 2013, 25: 771-779.

［65］Teruya T, Konishi T, Uechi S, et al. Anti-proliferative activity of oversulfated fucoidan from commercially cultured *Cladosiphon okamuranus* TOKIDA in U937 cells［J］. Int. J. Biol. Marcromol. , 2007, 41: 221-226.

［66］Tibbetts S M, Milley J E, Lall S P. Nutritional quality of some wild and cultivated seaweeds: Nutrient composition, total phenolic content and in vitro digestibility［J］. J. Appl. Phycol. , 2016, 28: 1-11.

［67］Torsdottir I, Alpsten M, Holm G, et al. A small dose of soluble alginate-fiber affects postprandial glycemia and gastric emptying in humans with diabetes［J］. J. Nutr. , 1991, 121: 795-799.

［68］Vaugelade P, Hoebler C, Bernard F, et al. Non-starch polysaccharides extracted from seaweed can modulate intestinal absorption of glucose and insulin response in the pig［J］. Reprod. Nutr. Dev. , 2000, 40: 33-47.

［69］Verschuren W M, Jacobs D R, Bloemberg B P, et al. Serum total cholesterol and long-term coronary heart disease mortality in different cultures. Twenty five year follow-up of the seven countries study［J］. JAMA, 1995, 274: 131-136.

［70］Wada K, Nakamura K, Tamai Y. Seaweed intake and blood pressure levels in healthy pre-school Japanese children［J］. Nutr. J., 2011, 10: 83-90.

［71］Wei Y, Xu C, Zhao A, et al. Research advances in antilipemic activity of substances from marine creatures[J]. Chinese Journal of Biochemical Pharmaceutics, 2009, 30 (5): 356-358.

[72] Williams J A, Lai C S, Corwin H, et al. Inclusion of guar gum and alginate into a crispy bar improves postprandial glycemia in humans[J]. J. Nutr., 2004, 134: 886-889.

[73] Wolf B W, Lai C S, Kipnes M S, et al. Glycemic and insulinemic responses of nondiabetic healthy adult subjects to an experimental acid-induced viscosity complex incorporated into a glucose beverage[J]. Nutrition, 2002, 18: 621-626.

[74] Xu N, Fan X, Yan X, et al. Screening marine algae from China for their antitumor activities[J]. Journal of Applied Phycology, 2004, 16: 451-456.

[75] Yamamoto I, Takahashi M, Suzuki T, et al. Antitumor effect of seaweeds. IV. Enhancement of antitumor activity by sulfation of a crude fucoidan fraction from *Sargassum kjellmanianum*[J]. Jpn. J. Exp. Med., 1984, 54: 143-151.

[76] Yamori Y, Liu L, Mizushima S, et al. Male cardiovascular mortality and dietary markers in 25 population samples of 16 countries[J]. J. Hypertens., 2006, 24: 1499-1505.

[77] Yamori Y, Miura A, Taira K. Implications from and for food cultures for cardiovascular diseases: Japanese food, particularly Okinawan diets[J]. Asia. Pac. J. Clin. Nutr., 2001, 10: 144-145.

[78] Yang Y J, Nam S J, Kong G, et al. A case-control study on seaweed consumption and the risk of breast cancer[J]. Br. J. Nutr., 2010, 103: 1345-1353.

[79] Ye H, Wang K, Zhou C, et al. Purification, antitumor and antioxidant activities in vitro of polysaccharides from the brown seaweed *Sargassum pallidum*[J]. Food Chem., 2008, 111: 428-432.

[80] Zhou G, Sheng W, Yao W, et al. Effect of low molecular lambda-carrageenan from *Chondrus ocellatus* on antitumor H-22 activity of 5-Fu[J]. Pharmacol. Res., 2006, 53: 129-134.

[81] Zhou G, Sun Y P, Xin H, et al. In vivo antitumor and immunomodulation activities of different molecular weight lambda-carrageenans from *Chondrus ocellatus*[J]. Pharmacol. Res., 2004, 50: 47-53.

[82] Zhou G, Xin H, Sheng W, et al. In vivo growth-inhibition of S180 tumor by mixture of 5-Fu and low molecular lambda-carrageenan from *Chondrus ocellatus*[J]. Pharmacol. Res., 2005, 51: 153-157.

[83] Ziegler R G, Hoover R N, Pike M C, et al. Migration patterns and breast

cancer risk in Asian-American women［J］. J. Natl. Cancer Inst. ，1993，
85：1819-1827.

［84］董彩娥. 海藻研究和成果应用综述［J］. 安徽农业科学，2015，43
（14）：1-4.

［85］李岩，付秀梅. 中国大型海藻资源生态价值分析与评估［J］. 中国渔
业经济，2015，33（2）：57-62.

［86］徐明芳，高孔荣，刘婉乔. 海藻多糖及其生物活性［J］. 水产科学，
1996，15（6）：8-10.

［87］陈家童，张斌，白玉华，等. 红藻多糖抗AIDS病毒作用的体外实验
研究［J］. 南开大学学报（自然科学版），1998，31（4）：21-25.

［88］张国防，秦益民，姜进举. 海藻的故事［M］. 北京：知识出版社，
2016.

［89］李子昆. 海藻提物的减肥及保湿作用研究［J］. 四川日化，1997，
（1）：12-15.

［90］魏玉西，于曙光. 两种褐藻乙醇提取物的抗氧化活性研究［J］. 海洋
科学，2002，26（9）：49.

［91］王小兵，赵桂森. 海洋抗癌活性物质最新研究概况［J］. 药学进展，
2005，29（7）：302-309.

第十五章　褐藻多糖养护胃的功效

第一节　引言

消化系统是人体九大系统之一，其基本生理功能是摄取、转运、消化食物和吸收营养，为机体提供新陈代谢所需的营养物质并排泄废物。食物在消化道中的胃、肠部位经过机械性和化学性消化后被分解为小分子营养物质，被小肠吸收进入血液和淋巴液后循环输送至各个组织器官供机体利用，未被吸收的残渣则通过大肠以粪便形式排出体外。

"脾胃为后天之本、气血生化之源"。中医学把胃列为六腑的一员，与脾相表里，对人体健康十分重要。一个 60 岁成年男性在他生命周期中通过口摄入的食物总量高达 45t，其中包括 30t 粮食、10t 蔬菜、4t 肉类、1t 蛋类。随着生活节奏加快、不良饮食变得日益普遍，现代社会中人体的胃承受着越来越繁重的任务，使胃病成为发病率最高的疾病之一。

第二节　胃病

胃病是与胃相关的疾病的统称，属于消化科疾病，包括上腹胃脘部不适、疼痛、饭后饱胀、嗳气、返酸、腹泻、恶心、呕吐、柏油便、黑便、血便等。胃病的种类繁多，临床上把常见的胃病分为急性胃炎、慢性胃炎、糜烂性胃炎、胃溃疡、十二指肠溃疡、胃十二指肠复合溃疡、胆汁反流性胃炎、胃的良性和恶性肿瘤等主要类别，还包括胃息肉、胃结石、胃黏膜脱垂症、急性胃扩张、幽门梗阻等与胃相关的疾患。

（1）急性胃炎　急性胃炎是一种胃黏膜急性炎症，主要病理变化是胃黏膜充血水肿、糜烂和出血，分为单纯性、糜烂性、腐蚀性和化脓性胃炎四种。

（2）慢性胃炎　慢性胃炎是多种病因引起的胃黏膜慢性炎症性疾病，是胃黏膜上皮遭受反复损害后，由于特异的再生能力以致黏膜发生改建，最终导致不可逆的固有胃腺体萎缩甚至消失。临床上通常把慢性胃炎分为浅表性胃炎和萎缩性胃炎。慢性胃炎尤其是慢性萎缩性胃炎的患病率一般随年龄增加而上升，与胃癌发病率呈正相关。

（3）糜烂性胃炎　糜烂性胃炎分为急性糜烂性胃炎和慢性糜烂性胃炎，其中慢性糜烂性胃炎又称疣状胃炎或痘疹状胃炎。糜烂性胃炎患者大量出血可引起晕厥或休克、贫血，一旦发生严重出血，死亡率可达 60% 以上。糜烂性胃炎为幽门螺杆菌的大量繁殖提供了良好的内环境，并通过刺激幽门螺杆菌分泌更多细胞毒素后诱发癌变。

（4）胆汁反流性胃炎　胆汁反流性胃炎也称碱性反流性胃炎，是指由于幽门括约肌功能失调或胃幽门手术等原因造成含有胆汁、胰液等十二指肠内容物反流入胃，使胃黏膜产生炎症、糜烂和出血，减弱胃黏膜屏障功能，导致胃黏膜慢性病变。

（5）消化性溃疡　消化性溃疡主要指发生在胃和十二指肠的慢性溃疡，其形成与胃酸和胃蛋白酶的消化有关，溃疡的黏膜缺损超过黏膜肌层。

（6）胃癌　胃癌是起源于胃壁内表层黏膜上皮细胞的恶性肿瘤，可发生于胃的各个部位、侵犯胃壁的不同深度和广度。胃癌一般从慢性胃炎、糜烂性胃炎、胃溃疡等发展出来，具有发病率高、复发转移率高、死亡率高、早诊断率低、根治切除率低、5 年生存率低等特点。胃癌是最常见的恶性肿瘤之一，在我国消化道恶性肿瘤中居第二位。我国胃癌发病率和死亡率在世界上居第三位，国内胃癌居城市死亡率的第二位、农村死亡率的首位，平均死亡年龄62 岁。

第三节　常见胃病的传统治疗方法

（1）急性胃炎　急性胃炎由多种原因造成，如阿司匹林、铁剂、氯化钾、乙醇等常规药物对胃黏膜的刺激；重度烧伤、严重脏器损伤等引起的全身性急性应激反应；幽门螺旋杆菌感染；反流性胆汁性胃炎；细菌性食物中毒、化学性食物中毒（药物、浓咖啡等）等急性食物中毒。

传统的药物治疗方案包括雷米替丁、西咪替丁、奥美拉唑、洛赛克等制酸类、抑酸类药物；卡拉霉素、阿莫西林等抗菌素；碳酸氢钠片、铝镁加混悬液、枸橼酸铋钾胶囊、复方铝酸铋胶囊等中和胃酸类；胶体果胶铋胶囊、胶体酒石酸铋胶囊等胃黏膜保护类；西沙比利、吗丁啉等胃动力促进类，通过刺激胃体、增加胃的蠕动，促进排空。

（2）慢性胃炎　慢性胃炎有多种病因，常见的有：中枢神经功能失调，影响胃功能；甲亢或甲减、垂体功能减退等内分泌功能障碍；幽门螺旋杆菌感染；鼻腔、口腔部慢性感染灶的细菌或毒素进入胃内；长期服用水杨酸盐类等对胃有刺激性的药物；长期服用粗粮、热食、咸食、浓茶、酒等胃黏膜有损伤的食物和饮料；进食时间无规律、咀嚼不充分、吸烟等其他原因。

慢性胃炎的治疗过程中应坚持预防为主原则去除病因，常见的治疗方法有：戒烟、戒酒；养成良好饮食习惯；保持酸碱平衡；饮用酸乳；根据情况进行中药、针灸、拔罐等调理。

（3）糜烂性胃炎　糜烂性胃炎的常见病因有：内源性因素，包括严重创伤、大面积烧伤、败血症、颅内病变、休克、重要器官的功能衰竭等危重疾病的严重应急状态；外源性因素，包括非甾体类抗炎药、类固醇激素、抗生素、酒精等损伤胃黏膜屏障后导致黏膜通透性增加，胃液中的氢离子回渗后引起胃黏膜糜烂、出血；幽门螺旋杆菌感染等。

传统的药物治疗方案包括西咪替丁、雷尼替丁、法莫替丁等氢离子受体拮抗剂；奥美拉唑、货兰索拉唑片等质子泵抑制剂；果胶铋胶囊、胃疡灵口服液等胃黏膜保护剂。

（4）胆汁反流性胃炎　胆汁反流性胃炎主要是胃大部切除、胃空肠吻合术后以及幽门功能失常、慢性胆道疾病等引起。传统治疗方法包括多潘立酮、莫沙必利等能增加胃肠道蠕动、抑制胆汁反流入胃的胃动力药物；硫糖铝、胃膜素、蒙脱石散、生胃酮、磷酸铝凝胶等胃黏膜保护剂。

（5）消化性溃疡　消化性溃疡是胃、十二指肠黏膜的自身防御 - 修复保护因素和侵袭损害因素之间的平衡失调导致的，其中胃溃疡以自身防御 - 修复保护因素减弱为主、十二指肠溃疡以侵袭损害因素增强为主。此外，幽门螺旋杆菌、宿主遗传情况、环境因素也与消化性溃疡相关。

传统的药物治疗方案包括西咪替丁、雷尼替丁、法莫替丁等氢离子受体拮抗剂；洛赛克等质子泵抑制剂；果胶铋胶囊、胃疡灵口服液等胃黏膜保护剂；阿莫西林、甲硝唑等抗菌素；氢氧化铝凝胶等抗酸药；阿托品等抗胆碱能药。

此外，应该避免使用水杨酸盐及非类固醇抗炎药、肾上腺皮质激素、利血平等致溃疡药物。

（6）胃癌　胃癌的发生、发展是一个长期、慢性、多种因素参与、多步骤、进行性发展的过程，常见的病因如下。

①慢性疾患和癌前病变：易发生癌变的胃疾病包括慢性萎缩性胃炎、胃部分切除术后的残胃、胃息肉。

②先天遗传因素：癌症的发病与特定基因有关，表现为患者家属中胃癌发病率比正常人群高 2~3 倍。1990 年，台湾的一项研究发现 A 型血的人患胃癌的风险为非 A 型血的 1.61 倍。瑞典的一项研究收集比较了超过 1 百万的捐血者，跟踪 35 年后发现 A 型血的人患胃癌的风险是其他血型的 1.2 倍。

③后天因素：自幼生长的环境、生活饮食习惯、家庭以及人际关系、性格缺陷等，如离异、长期饮食不规律、暴饮暴食、个性压抑、忧愁、思念、孤独、抑郁、厌恶、精神崩溃、生闷气等因素都可以使胃癌危险性升高。

④环境因素：火山岩中含有较高含量的 3，4- 苯并芘、泥炭中有机氮等亚硝酸胺前体含量较高，易损伤胃黏膜。硒和钴也可引起胃损害，其中镍可促进 3，4- 苯并芘的致癌作用。

⑤饮食因素：霉粮、霉制食品、腌制鱼肉、咸菜、烟熏食物可使胃癌发生率升高，酒精可使黏膜细胞发生改变而致癌变，吸烟也是导致胃癌的危险性因素。

⑥特殊职业：长期暴露于硫酸尘雾、铅、石棉、除草剂、金属加工等可使胃癌风险明显升高。

⑦幽门螺旋杆菌感染：幽门螺旋杆菌是一种微弯曲棒状的革兰阴性菌，通过其产生的黏附素黏附到胃上皮细胞表面，通过分泌尿素酶、细胞毒素相关蛋白、细胞空泡毒素等物质致病。WHO 已将幽门螺旋杆菌列为胃癌的一类致癌原。研究发现胃癌高发区幽门螺旋杆菌的阳性率为 62.5%、低发区仅为 12.6%。幽门螺旋杆菌感染与胃癌相关的一些特征符合流行病学的规律：胃癌高发区人群中，幽门螺旋杆菌感染的年龄早且感染率高，萎缩性胃炎和肠化生也重于低发区；社会经济地位低下者，胃癌发生率高，幽门螺旋杆菌感染率也高；发达国家胃癌发生率低、幽门螺旋杆菌感染率也低，发展中国家胃癌发生率高、幽门螺旋杆菌感染率也高。

胃癌的治疗方法包括如下。

①手术治疗：根治性手术——彻底切除胃癌原发灶，按临床分期标准清除

胃周围的淋巴结、重建消化道。

②化疗：胃癌的化疗用于根治性手术的术前、术中和术后，延长生存期。晚期胃癌病人采用适量化疗，能减缓肿瘤的发展速度，改善症状，有一定的近期效果。常用的胃癌化疗给药途径有口服给药、静脉、腹膜腔给药、动脉插管区域灌注给药等。近年来，紫杉醇、草酸铂、希罗达等化疗药物用于胃癌，联合用药可提高化疗效果。

③生物免疫疗法：用癌细胞制成的瘤苗及免疫增强剂，使患者对癌的特异性免疫能力提高。还可用细胞因子、胸腺肽、植物多糖类等。

④中医中药疗法：以活血化瘀、软坚散结扶正为主，适用于化疗、放疗期或间歇期，减少化疗、放疗的副作用及巩固疗效。

第四节　褐藻多糖养护胃健康的功效

大量研究显示海藻酸钠、海藻酸钙、海藻酸铝等褐藻胶以及岩藻多糖等褐藻多糖在养护胃健康过程中有独特的功效和很高的应用价值。

一、褐藻胶对养护胃健康的功效

褐藻胶是 β-D- 甘露糖醛酸（M）和 α-L- 古洛糖醛酸（G）通过（1→4）键连接后形成的高分子羧酸，其与钠、钙、铝等金属离子结合后得到的各种海藻酸盐在胃健康中起重要作用。海藻酸钠的水溶液有很高的黏度，被应用于食品增稠剂、稳定剂、乳化剂等，是一种纯天然的膳食纤维。作为缓释剂辅料，海藻酸钠也广泛应用于微囊、微丸、脂质体、片剂、纳米粒等治疗胃黏膜组织药物的载体（高春，2013）。

如图 15-1 所示，食品或药物中的海藻酸钠进入胃后，在胃酸的作用下从水溶液中转化为不溶于水的海藻酸后形成絮凝状态的凝胶，这样形成的凝胶筏可以治疗胃食管返流。研究（Le Luyer，1990）显示，用餐后口服海藻酸钠对治疗儿童返流性食管炎有良好的疗效，能使胃食管返流发生次数减少、持续时间缩短、食道 pH 复原加快，显著减少呕吐的发生。以海藻酸钠为主要成分的口嚼盖胃平片是一种国产胃食管酸反流抑制剂，经咀嚼吞咽后与唾液、胃酸作用，产生的浮游黏性凝胶成为阻止反流的物理性屏障，可以保护发炎的黏膜、促进痊愈（李良铸，1995）。

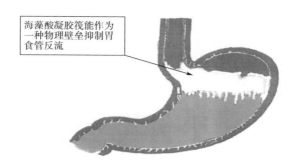

海藻酸凝胶筏能作为一种物理壁垒抑制胃食管反流

图 15-1　胃中形成的海藻酸凝胶筏

在胃溃疡治疗中，海藻酸铝具有抗胃酶活性，对组织胺、利血平、幽门结扎法所致胃溃疡均具有抗溃疡作用（齐刚，1997）。表 15-1、表 15-2、表 15-3所示分别为海藻酸铝对组织胺、利血平、幽门结扎法所致胃溃疡的影响。

表15-1　海藻酸铝对组织胺所致胃溃疡的影响

组别	剂量 /（mg/100g）	动物数	溃疡指数	溃疡抑制率 /%
对照	—	10	3.90 ± 0.10	—
甲氰咪胍	6	8	1.38 ± 0.26	64.61
海藻酸铝	12	12	1.67 ± 0.22	57.15
海甲复方	15	9	1.00 ± 0.00	74.36

表15-2　海藻酸铝对利血平所致胃溃疡的影响

组别	剂量 /（mg/100g）	动物数	溃疡指数	溃疡抑制率 /%
对照	—	12	3.57 ± 0.20	—
甲氰咪胍	6	12	1.92 ± 0.19	46.22
海藻酸铝	14	12	2.33 ± 0.19	34.73
海甲复方	18	12	1.67 ± 0.28	53.22

表15-3　海藻酸铝对幽门结扎法所致胃溃疡的影响

组别	剂量 /（mg/100g）	动物数	溃疡指数	溃疡抑制率 /%
对照	—	10	4.10 ± 0.41	—
甲氰咪胍	6	10	1.60 ± 0.49	60.98
海藻酸铝	13.8	10	2.70 ± 0.62	34.15
海甲复方	17.2	10	1.50 ± 0.45	63.41

海藻酸铝的抗溃疡作用与其抑制胃酶的活性相关。表 15-4 所示为海藻酸铝在体外试验中对胃蛋白酶活性的影响，结果显示其对胃酶活性有一定的抑制作用，且抑制作用与浓度呈正相关。

表15-4 海藻酸铝在体外试验中对胃蛋白酶活性的影响

海藻酸铝 /（mg/mL）	吸光度	胃酶抑制率 /%
调整	0.802	—
5	0.650	19.00
10	0.609	24.10
20	0.572	28.70

二、岩藻多糖对养护胃健康的功效

岩藻多糖对引起胃病的幽门螺旋杆菌有独特的抑制作用。近年来的科学研究发现并证实幽门螺旋杆菌感染是溃疡病、胃炎等胃病的一个重要致病源，胃病患者胃黏膜的幽门螺旋杆菌检出率高达 59%~77%。

幽门螺旋杆菌是 1979 年 Warren 在慢性胃炎者的胃窦黏膜组织切片上发现的一种弯曲状细菌。1981 年，Warren 与 Marshall 合作，以 100 例接受胃镜检查及活检的胃病患者为研究对象，证明这种细菌的存在确实与胃炎相关，研究中发现该细菌存在于所有十二指肠溃疡患者、大多数胃溃疡患者和约一半胃癌患者的胃黏膜中。1982 年 4 月，Marshall 终于从胃黏膜活检样本中成功培养和分离出了这种细菌，并与 Warren 一起提出幽门螺旋杆菌涉及胃炎和消化性溃疡的病因学。2005 年 10 月 3 日，瑞典卡洛琳斯卡研究院宣布，该年度诺贝尔生理学或医学奖授予这两位科学家（尤黎明，2005）。

幽门螺旋杆菌是一种螺旋形、微需氧、对生长条件要求十分苛刻的革兰阴性菌，是目前所知能在人胃中生存的唯一微生物种类，可引起胃炎、消化道溃疡、淋巴增生性胃淋巴瘤等。幽门螺旋杆菌会随饮食从口腔进入胃部后栖息其中，婴幼儿在 4~5 岁间便已感染，若未及时治疗一辈子都要与之共存生活。

幽门螺旋杆菌的致病机制包括：

①黏附作用：幽门螺旋杆菌能穿过胃黏液层与胃上皮细胞黏附；

②中和胃酸、利于生存：幽门螺旋杆菌通过释放尿素酶与胃中的尿素反应生成氨气，中和胃酸；

③产生毒素氯胺：氨气侵蚀胃黏膜后与活性氧反应产生更具毒性的氯胺；

④破坏胃黏膜：幽门螺旋杆菌通过释放 VacA 毒素侵蚀胃黏膜表面细胞；

⑤引起炎症反应：为了防御幽门螺旋杆菌，大量白细胞聚集在胃黏膜上产生炎症反应。

岩藻多糖是一种含硫酸基的岩藻糖构成的水溶性多糖物质，是褐藻特有的一种生理活性物质。1913 年瑞典的柯林（Kylin）教授发现岩藻多糖后，世界各地的科研人员对其结构、性能和应用进行了大量的研究。1996 年，在第 55 届日本癌症学会大会上，岩藻多糖可诱导癌细胞凋亡的报告引起学术界广泛关注，并引发医学界对岩藻多糖各种生物学功能的深入研究，至今国际医学期刊上发表的 1000 多篇研究论文证实岩藻多糖具有抗肿瘤、改善胃肠道、抗氧化、增强免疫力、抗血栓、降血压、抗病毒等多种健康功效。

岩藻多糖能有效抑制幽门螺旋杆菌增殖。感染幽门螺旋杆菌的 C57BL/6 小鼠每天服用 100mg/kg 的岩藻多糖，持续两周后小鼠幽门螺旋杆菌的根除率达 83.3%。在对 42 位幽门螺旋杆菌患者进行的临床试验中，试验组每天服用 300mg 岩藻多糖，持续 8 周后的结果显示，服用岩藻多糖组的尿素呼气试验基线值下降 42%，慢性萎缩性胃炎标志物 - 血清中胃蛋白酶原的含量显著下降。岩藻多糖不但能直接清除体内幽门螺杆菌，还能改善胃功能（Kim，2014）。

尿素酶是由幽门螺旋杆菌分泌、可以分解胃内尿素生成氨和二氧化碳，通过中和胃酸帮助其在胃中生存。体外实验发现岩藻多糖在 $100\mu g/mL$ 浓度下能完全抑制幽门螺旋杆菌的生长，在 $1500\mu g/mL$ 浓度时能有效抑制尿素酶的活性（Cai，2014）。图 15-2 所示为岩藻多糖抑制幽门螺旋杆菌的效果图。

在胃中，幽门螺旋杆菌致病的第一步是其穿过胃黏液层后与胃上皮细胞黏附，因此如何阻止二者的结合是抗幽门螺旋杆菌的关键。Shibata 等（Shibata，1999）的研究发现，岩藻多糖能抑制幽门螺旋杆菌与胃黏膜上皮细胞 MKN28、KATO Ⅲ 的黏附，而同样为硫酸酯化多糖的硫酸葡聚糖及未硫酸酯化的岩藻糖都没有抑制作用。Western blot 蛋白印迹实验结果发现，幽门螺旋杆菌表面含有可以特异性地与岩藻多糖结合的蛋白、未发现其他多糖结合蛋白。岩藻多糖抑制幽门螺旋杆菌与胃黏膜黏附的独特机理在于其与幽门螺旋杆菌表面的蛋白结合后对细菌形成包埋，以此在细菌可逆性黏附的定殖阶段、不可逆性黏附的集聚阶段、生物被膜的成熟阶段和细菌的脱落与再定植阶段等细菌形成生物被膜的动态过程中起到对幽门螺旋杆菌的抑制作用，阻止其对胃黏膜的黏附、减少生物被膜的形成、避免入侵和感染（Besednova，2015）。因此，岩藻多糖可以作为一种清除体内幽门螺杆菌的新型制剂。

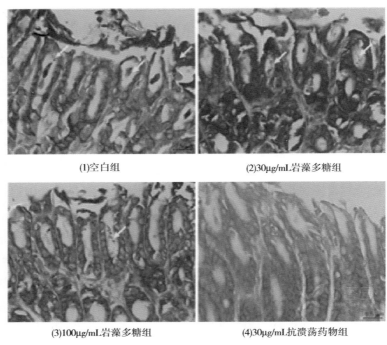

(1)空白组   (2)30µg/mL岩藻多糖组

(3)100µg/mL岩藻多糖组   (4)30µg/mL抗溃荡药物组

图 15-2　岩藻多糖抑制幽门螺旋杆菌效果图

Ikeguchi 等（Ikeguchi，2015）的最新临床研究显示，岩藻多糖可缓解胃癌化疗产生的副作用。临床上对于晚期不可切除胃癌患者，化疗已经成为一种标准治疗方案，但是很多患者无法承受该方案的副作用而选择停止治疗。在对 24 位晚期不可切除的胃癌患者的研究中，治疗组的实验结果显示，岩藻多糖能控制化疗期间疲劳的发生、保持良好营养状态、延长化疗周期，最终结果表明岩藻多糖治疗组患者的生存期比对照组长。岩藻多糖可作为胃癌患者的膳食补充剂，减少患者化疗的副作用、延长生存期。

第五节　小结

在胃健康护理和治疗过程中，海藻酸钠、海藻酸钙、海藻酸铝等褐藻胶以及岩藻多糖等褐藻多糖通过凝胶作用、吸附作用等独特的作用机理起到抑制胃食管酸反流、抗胃溃疡、抑制幽门螺旋杆菌、减轻胃癌化疗产生的副作用等作用，在养护胃健康过程中有很高的应用价值。

参考文献

［1］Besednova N N，Zaporozhets T S，Somova L M，et al. Review：Prospects for the use of extracts and polysaccharides from marine algae to prevent and treat the diseases caused by Helicobacter pylori［J］. Helicobacter，2015，20：89-97.

［2］Cai. J，Kim T S，Jang J Y，et al. In vitro and in vivo anti-Helicobacter pylori activities of FEMY-R7 composed of fucoidan and evening primrose extract［J］. Lab. Anim. Res.，2014，30（1）：28-34.

［3］Ikeguchi M，Saito H，Miki Y，et al. Effect of fucoidandietary supplement on the chemotherapy treatment of patients with unresectable advanced gastric cancer［J］. Journal of Cancer Therapy，2015，6：1020-1026.

［4］Kim T S，Choi E K，Kim J H，et al. Anti-Helicobacter pylori activities of FEMY-R7 composed of fucoidan and evening primrose extract in mice and humans［J］. Lab. Anim. Res.，2014，30（3）：131-135.

［5］Le Luyer B，Mougenot J F，Mashako L，et al. Pharmacologic efficacy of sodium alginate suspension on gastro-esophageal reflux in infants and children［J］. Archives Francaises de Pediatrie，1990，47（1）：65-68.

［6］Shibata H，KimuraT I，Nagaoka M，et al. Inhibitory effect of Cladosiphonfucoidan on the adhesion of Helicobacter pylori to human gastric cells［J］. Journal of Nutritional Science and Vitaminology，1999，45：325-336.

［7］高春，柳明珠，吕少瑜，等. 海藻酸钠水凝胶的制备及其在药物释放中的应用［J］. 化学进展，2013，6：1012-1022.

［8］李良铸. 生化制药学. 第1版［M］. 北京：中国医药科技出版社，1995：281-284.

［9］齐刚，张莉，苗德田. 海藻酸铝抗溃疡作用的研究［J］. 武警医学院学报，1997，2：90-93.

［10］尤黎明. 内科护理学. 第三版［M］. 北京：人民卫生出版社，2005.

第十六章　褐藻多糖改善肠道的功效

第一节　引言

肠道是人体中重要的消化器官，包括小肠、大肠和直肠 3 大段，全长约8~10m。作为消化器官中最长的管道，肠道在人体中起着至关重要的作用，既是人体最大的加油站，一生中为人体处理约 70t 食物、吸收 99% 的营养物质；也是人体最大的排污厂，人的一生中通过肠道排出约 4000kg 粪便以及 80% 以上的毒素。此外，肠道还是人体最大的免疫器官，70% 的免疫细胞、70% 的IgA 免疫球蛋白都在肠道。

肠道的健康决定了人的健康和美丽。据《2012 年中国卫生统计提要》显示，2008 年我国居民慢性病的患病率排名中，胃肠炎和消化性溃疡分别列第 2 位和第 10 位。在 2008 年我国城市医院住院病人的前十位疾病中，消化系统疾病列第 2 位。2018 年 2 月国家癌症中心发布的 2014 年癌症发病和死亡数据中，按发病例数排位结直肠癌位列第 3，是主要恶性肿瘤死因之一。在结直肠癌发病率逐年上升的同时，其年轻化趋势也越来越明显，40~59 岁成为发病最集中的年龄段，例如均瑶集团董事长王均瑶因患肠癌晚期并发肺部感染、呼吸功能衰竭，2004 年去世时享年 38 岁。

中国营养协会于 2012 年 8 月进行为期两周的公民肠道健康大调查，在参与调查的 14581 人中近 95% 的人存在肠道问题，其病因主要有生活压力大、缺乏运动；高脂肪、高蛋白、低纤维的饮食；生活不规律、三餐不定时、不尊重便意；滥用抗生素、消炎药；遗传因素等。

高胆固醇、高血压、高糖、肥胖、面色晦暗无光泽、易长斑、腹胀食欲差、抵抗力低下、易过敏等人的大部分慢性疾病都与肠道健康密切相关。不健康的生活容易引起以下各种肠道疾病。

（1）肠炎　肠炎是细菌、真菌、病毒、寄生虫等引起的，根据病程长短分为急性和慢性两类，其中慢性肠炎一般在 2 个月以上，临床上常见的有慢性细菌性痢疾、慢性阿米巴痢疾、血吸虫病、非特异性溃疡性结肠炎、限局性肠炎等。

（2）结肠炎　结肠炎是细菌、真菌、病毒、寄生虫、原虫等微生物或变态反应和理化因子引起的结肠炎症性病变，可分为溃疡性结肠炎、缺血性结肠炎、伪膜性结肠炎等。

（3）直肠炎　发生在直肠的炎症均称为直肠炎，轻者仅黏膜发炎，重者炎症累及黏膜下层、肌层、甚至直肠周围组织。急性直肠炎长期不愈则变为慢性直肠炎，其临床表现有便血、肛门直肠疼痛、便秘、腹泻或便秘与腹泻交替等。

（4）便秘　便秘是临床常见的复杂症状，主要指排便次数减少、粪便量减少、粪便干结、排便费力等，一般患期超过 6 个月即为慢性便秘。医学上常用图 16-1 所示的布里斯托大便分类法判断便秘，其中第一型和第二型表示有便秘、第三型和第四型是理想的便形、第四型是最容易排便的形状、第五至第七型则代表可能有腹泻。

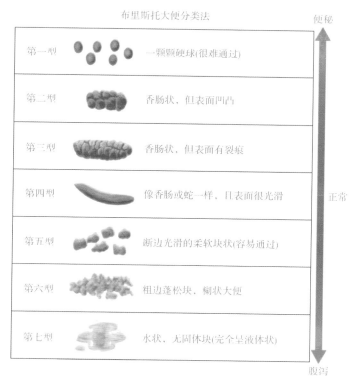

图 16-1　布里斯托大便分类图

（5）肠易激综合征　肠易激综合症是一组持续或间歇发作，以腹痛、腹胀、排便习惯和（或）大便性状改变为临床表现，但缺乏胃肠道结构和生化异常的肠道功能紊乱性疾病，患者以中青年人为主，女性较男性多见，有家族聚集倾向，常与功能性消化不良等其他胃肠道功能紊乱性疾病并存伴发。

（6）结直肠癌　结直肠癌也称大肠癌，是一种消化道恶性肿瘤，包括结肠癌和直肠癌。生活中肠癌的发病率从高到低依次为直肠、结肠和盲肠。结直肠癌的早期症状不明显，随着癌肿的增大表现出排便习惯改变、便血、腹泻、腹泻与便秘交替、局部腹痛等症状，晚期则表现出贫血、体重减轻等全身症状。

第二节　肠道疾病的传统预防和治疗方法

一、肠炎

治疗肠炎一般通过服用消炎、止痛、止泻类药物，如黄连素、元胡止痛片、胃肠灵、复方樟脑酊、中药肠炎宁等。同时加强日常锻炼、增强体质、注意饮食卫生。

二、结肠炎

常用治疗药物有甲硝唑、地塞米松、柳氮磺胺砒啶等。

三、直肠炎

常用治疗药物有整肠生、阿莫西林、克拉霉素、奥美拉唑等，或通过中药进行治疗，肛门直肠下坠疼痛者可以痔疮膏治疗。

四、便秘

通常使用乳果糖、番泻叶、莫沙必利、开塞露等泻剂类药物治疗，并注意合理饮食，多吃含粗纤维的粮食和蔬菜、瓜果、豆类食物。

五、肠易激综合征

目前对肠易激综合征的治疗只限于对症处理，常用的药物有匹维溴铵等胃肠解痉类药物、吗丁啉和西沙必利胃肠道动力相关性药物、肠道益生菌类制剂等，在饮食中避免敏感食物、避免过量的脂肪及咖啡、浓茶、酒精等刺激性食物、减少奶制品、大豆、扁豆等产气食物的摄取。

六、结直肠癌

结直肠癌的治疗手段通常有手术治疗、综合治疗和放射治疗。

（1）手术治疗　手术治疗是治疗肠癌的主要手段，Ⅰ、Ⅱ、Ⅲ期患者常用根治性的切除＋区域淋巴结清扫，根据癌肿所在部位确定根治切除范围及其手术方式。Ⅳ期患者若出现肠梗阻、严重肠出血时，暂不做根治手术，可行姑息性切除、缓解症状、改善患者生活质量。

（2）综合治疗　Ⅳ期结直肠癌的治疗主要是化学治疗为主的综合治疗方案。

（3）放射治疗　放射治疗包括术前放疗、术中放疗、术后放疗、"三明治"式放疗等，有较好的临床疗效。对晚期直肠癌患者、局部肿瘤浸润者、有外科禁忌征者，可用姑息性放疗以缓解症状、减轻痛苦。

第三节　褐藻多糖改善肠道的功效

大量研究显示海藻酸钠、海藻酸钙等褐藻胶以及岩藻多糖等褐藻多糖在改善肠道中有独特的功效和很高的应用价值。

一、褐藻胶改善肠道的功效

（1）治疗便秘、预防肠癌　中医提倡欲无病、肠无渣；欲长寿、肠常清。日常生活中多摄取膳食纤维、及时排除大便可有效预防肠癌。作为一种高度亲水的水溶性高分子，海藻酸钠、海藻酸钙等褐藻胶在肠道中吸水膨胀，可刺激肠道蠕动、有效改善便秘。王乐凯等（王乐凯，1998）从小麦麸中提取膳食纤维，粉碎后与海藻酸钠混合，加 0.2% 甜菊糖混匀，另用 2% 海藻酸钠水溶液作粘合剂制成膳食纤维冲剂后进行动物实验和临床疗效观察。从表 16-1 的结果可以看出，大鼠排便显著增加。在临床观察对象中有便秘史的 46 人中，服用冲剂后短则 2~3d、长则 1 周左右即开始出现明显的缓解，有效率达 100%。

表16-1　海藻酸钠膳食纤维冲剂对大鼠排便量的影响

组别	用量 /（g/kg）	排便量 /（g/100g 体重）
对照组	0	3.4 ± 0.9
小剂量组	0.5	4.0 ± 0.8
大剂量组	1.0	4.5 ± 1.2

（2）排除重金属、提高免疫力、预防炎症　直肠炎的病因之一是重金属中毒，海藻酸钠、海藻酸钙等褐藻胶与肠道中的重金属离子结合后形成不溶于水的凝胶，可促使重金属离子有效排出、抑制人体吸收铅、镉、锶等有害元素，从而

预防炎症的发生。有研究表明，海藻酸钠能明显促进小鼠腹腔巨噬细胞的吞噬功能，增强体液免疫、提高机体抗病能力（胡国华，2014）。

（3）减少脂肪吸收　高脂、高热、低纤维的饮食是导致肠道问题的一个主要原因。海藻酸钠、海藻酸钙等褐藻胶是源自海洋褐藻植物的膳食纤维，自身不被人体的消化系统降解吸收，还具有阻止肠道内脂肪、胆固醇吸收的作用。在大白鼠饲料中添加不同剂量的海藻酸钠进行喂食，从试验所得粪便中的脂肪和胆固醇含量看，饲料中海藻酸钠含量与粪便中脂质量成正相关，其作用机理是食物中的海藻酸盐在胃内与胃酸反应后生成絮凝状的海藻酸凝胶，对脂肪类物质形成包埋。进入肠道后，在小肠的碱性环境中海藻酸转化成海藻酸钠后吸附肠腔内的脂肪，经粪便排出、减少脂肪吸收（胡国华，2014）。

（4）定位给药　目前结肠炎等炎性肠病的主要治疗方法是传统的药物治疗，药物口服后大部分在胃肠道释放、吸收，或被胃酸破坏，最终到达结肠段的药物量较少、结肠局部药物浓度较低、治疗效果不理想。此外，一些药物在胃肠道大量吸收后会产生明显的胃肠道不良反应以及系统性毒副作用。

海藻酸钠、海藻酸钙等褐藻胶具有良好的生物相容性、增稠性、成膜性、凝胶性，在药物缓、控释系统中已经得到广泛应用，近年来也应用于结肠定位给药系统的开发。Tarun Agarwal 等（Tarun Agarwal，2015）采用离子交联法制备了钙离子交联的海藻酸钠-羧甲基纤维素小丸，用于负载 5-氟尿嘧啶。结果表明，该小丸在模拟结肠环境中具有更高的溶胀度和黏膜黏附性，且降解速率较慢。在与模拟结肠液中的结肠菌群和酶接触时，小丸的降解速率明显增加。体外释放结果显示，在 pH 1.2 的介质中，小丸只释放了不到 9% 的药物，而在 pH 7.4 的介质并且存在结肠菌群和酶的情况下，药物释放达到 90% 以上。

二、岩藻多糖改善肠道的功效

岩藻多糖具有广泛的生物学活性，能增加肠道蠕动、治疗便秘、缓解肠道炎症、增强机体免疫力，并且能辅助肠癌治疗、帮助缓解副作用。

（1）治疗便秘　Matayoshi 等（Matayoshi，2017）的研究中，30 位便秘患者分成两组，试验组每天服用 1g 岩藻多糖、对照组服用安慰剂。8 周后发现，服用岩藻多糖的试验组的排便次数、排便体积和软度都有明显增加，试验期间没有发现任何副作用。表 16-2 所示为岩藻多糖食用前、食用 4 周、食用 8 周后粪便情况。

表16-2　岩藻多糖食用前、食用4周、食用8周后粪便情况

粪便情况	组别	食用前	食用 4 周	食用 4 周
硬度（1 硬—5 稀）	岩藻多糖	2.48 ± 1.00	3.30 ± 0.69	3.78 ± 0.66
	安慰剂	2.21 ± 0.75	3.13 ± 0.88	3.33 ± 1.11
体积（蛋状粪便的数量 ）	岩藻多糖	5.99 ± 2.45	6.68 ± 1.75	7.68 ± 1.93
	安慰剂	5.84 ± 1.92	6.76 ± 2.11	6.16 ± 2.36

（2）改善肠炎　O'Shea 等（O'Shea，2016）的研究发现，岩藻多糖具有改善溃疡性结肠炎的活性。患有溃疡性结肠炎的小鼠每天服用浓度为 240mg/kg 日粮的岩藻多糖，持续 56d 后小鼠腹泻情况得到显著改善、体重回升，通过对肠道炎症因子及肠道菌群的检测发现，岩藻多糖有效减少了炎症因子的产生，肠道菌群也得到改善。类似的研究显示，岩藻多糖可以改善结肠炎，能维持体重、减少腹泻、减轻便血症状，同时结肠和脾脏的重量相比对照组显著减小，说明炎症和水肿症状在食用盐藻多糖后减轻。小鼠结肠组织学检查显示，口服岩藻多糖可使结肠黏膜下水肿减少。图 16-2 所示为岩藻多糖对结肠组织学的影响。

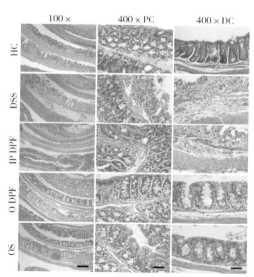

图 16-2　岩藻多糖对结肠组织学的影响
注：HC、健康对照；DSS、未治疗结肠炎；IPDPF、腹腔注射岩藻多糖；ODPF、口服岩藻多糖；OS、口服褐藻多酚

（3）抑制肿瘤 Vishchuk 等（Vishchuk，2016）的研究发现从墨角藻提取的岩藻多糖具有很高的抗肿瘤活性，体外实验表明岩藻多糖通过抑制丝裂原活化进而抑制结肠癌细胞生长。岩藻多糖能直接作用于 TOPK 激酶、抑制 TOPK 活性，阻止结肠癌细胞的转移和增殖。

Tsai 等（Tsai，2017）把低分子量岩藻多糖用于转移结肠癌患者的补充治疗，54 位患者分成试验组 28 位、对照组 26 位。试验 11.5 个月后，试验组的疾病控制率为 92.8%、对照组为 69.2%，岩藻多糖显示了明显的改善肠道健康的功效。

第四节　其他海藻源多糖改善肠道的功效

海藻在东南亚国家有悠久的应用历史，被广泛用于食品和草药。海藻含有丰富的生物活性成分，其中褐藻、绿藻和红藻的粗多糖及部分纯化的多糖已经应用于抗炎和抗肿瘤研究。Moussavou 等（Moussavou，2014）研究了不同海藻对结肠癌和乳腺癌的抗肿瘤活性，结果显示进食海藻可以有效降低直肠癌发病率。吴飞燕（吴飞燕，2018）用 3% 葡聚糖硫酸钠（DSS）诱导的小鼠肠炎模型评价了两种大型海藻多糖的体内抗炎效果，结果显示龙须菜多糖给药量为 250mg/kg 时能减轻小鼠疾病严重程度、结肠缩短程度和结肠组织损伤程度。图 16-3 所示为小鼠远端结肠组织病理学改变状况。

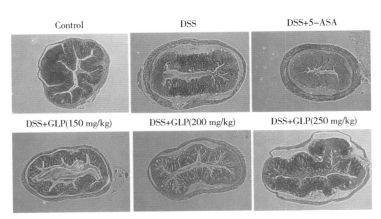

图 16-3　小鼠远端结肠组织病理学改变状况
注：Control、对照组；DSS、葡聚糖硫酸钠；5-ASA、5-氨基水杨酸；GLP、龙须菜多糖

第五节 小结

在改善肠道的过程中，海藻酸钠、海藻酸钙等褐藻胶以及岩藻多糖等褐藻多糖通过凝胶作用、吸附作用、螯合作用等独特的作用机理起到抑制脂肪吸收、缓解便秘、排除重金属离子、预防肠道癌症、减轻化疗产生的副作用等功效，在改善肠道健康过程中有很高的应用价值。

参考文献

[1] Matayoshi M，Teruya J，Yasumoto-Hirose M，et al. Improvement of defecation in healthy individuals with infrequent bowel movements through the ingestion of dried Mozuku powder：a randomized，double-blind，parallel-group study[J]. Functional Foods in Health and Disease，2017，7：735-742.

[2] Moussavou G，Kwak D H，Obiang-Obonou B W，et al. Anticancer effects of different seaweeds on human colon and breast cancers[J]. Mar. Drugs，2014，12：4898-4911.

[3] O'Shea CJ，O'Doherty J V，Callanan J J，et al. The effect of algal polysaccharides laminarin and fucoidan on colonic pathology，cytokine gene expression and Enterobacteriaceae in a dextran sodium sulfate-challenged porcine model [J]. Journal of Nutritional Science，2016，5：1-9.

[4] Tarun Agarwal S N，Narayana G H，Pal K. Calcium alginate-carboxymethyl cellulose beads for colon-targeted drug delivery [J]. International Journal of Biological Macromolecules，2015(75)，409-417.

[5] Tsai H L，Tai C J，Huang C W，et al. Efficacy of low molecular weight fucoidan as a supplemental therapy in metastatic colorectal cancer patients：adouble blind randomized controlled trial [J]. Mar. Drugs，2017，15：122-128.

[6] Vishchuk O S，Sun H，Wang Z，et al. PDZ-binding kinase/T-LAK cell-originated protein kinase is a target of the fucoidan from brown alga *Fucus evanescens* in the prevention of EGF-induced neoplastic cell transformation and colon cancer growth[J]. Oncotarget，2016，7 (14)：18763-18773.

[7] 王乐凯，关德明. 混合膳食纤维冲剂动物试验及临床疗效观察 [J]. 营养学报，1998，20 (2)：209-214.

[8] 胡国华. 功能性食品胶 [M]. 北京：化学工业出版社，2014.

[9] 吴飞燕. 大型海藻脆江蓠与龙须菜多糖抗炎抗肿瘤活性研究 [D]. 暨南大学，2018.

第十七章 褐藻多糖去除重金属功效

第一节 引言

毒素是一类可以干预正常生理活动并破坏机体功能的物质，主要包括新陈代谢产生的内生毒素以及大气污染、饮水污染、食物链污染等外来因素产生的外源毒素。在外源毒素中，重金属是目前环境污染中关注度最高的毒素类别，其对处于食物链末端的人类的危害巨大。

进入人体后，重金属能使蛋白质结构发生不可逆的改变，影响组织细胞功能，进而影响人体健康。例如重金属与人体中的酶结合后使其失去活性、不能催化化学反应，导致细胞膜表面的载体不能运入营养物质、排出代谢废物，进一步造成肌球蛋白和肌动蛋白无法完成肌肉收缩，这样使体内细胞无法获得营养、排除废物、产生能量，最终导致细胞结构崩溃和功能丧失。

重金属污染是全世界范围内一种常见的健康危害，其毒性作用可通过饮食和呼吸系统吸收沉积，在体内积累后导致高血压、脑损伤、肾功能衰竭、癌症等各种健康问题（Loukidou，2004）。国内外重金属中毒事件时有发生，我国每年约有万余例，问题非常严峻，已引起社会各界的高度重视。在政府部门的高度重视下，重金属污染的防控措施包括严格控制有毒金属进入生态系统，从源头控制重金属污染。另外，对于日常生活中通过各种方式进入人体的重金属离子，则采取有效手段抑制其吸收、促进其排出，以降低对人体健康造成的伤害。

海藻（Yun，2001）、微藻（Gupta，2001）和各种生物质材料（Gardea-Torresdey，2000）对重金属离子有很强的吸附能力，尤其是海藻细胞壁由多糖、蛋白质和脂类组成，含有羟基、羧酸盐、氨基等对重金属离子有很强亲和力的基团（Park，2005）。作为生物质材料，使用海藻类生物材料可以吸附去除水体中的重金属离子，减轻环境污染。作为海洋蔬菜，海藻通过其对重金属离子的强亲和力可以促进人体内重金属离子的排出。

第二节 重金属的来源和危害

重金属是密度大于 $4.5g/cm^3$ 的金属,包括铜、镉、铅、锌、锡、镍、钴、锑、汞、铋等。在各种污染物中,大多有机化合物可以通过自然界本身的物理、化学或生物净化功能使危害物的有害性降低或解除,而重金属既有富集性,又很难在环境中降解,是一种危害较大的污染物。近年来,随着金属电镀、采矿、农药化肥、制革、造纸等行业的发展,大量重金属污染物随废水、废气直接或间接排入大气、水、土壤中,引起严重的环境污染,对人类健康造成越来越严重的危害。

(1)铅(Pb) 铅是生态系统中毒性最大的重金属离子,即使在浓度非常低的情况下,也会引起各种疾病。铅可以通过皮肤、消化道、呼吸道进入生物体内,一旦进入体内就随血液循环流遍周身,在肝脏、肾脏和骨骼中积累,并随食物链富集(Stevens,1991)。人体内正常的铅含量在 0.1mg/L,世界卫生组织(WHO)建议铅离子的限量为 0.05mg/L(Rahmani,2010)。铅离子浓度超标会损害神经系统和造血系统,尤其对幼儿大脑的损害比成人大,幼儿血铅浓度达到 0.6mg/L 时,就会出现智力障碍和行为异常(White,2007;彭美琳,2011)。人体长期接触铅也会导致厌食症、抽搐、昏迷、慢性肾脏疾病和癌症(Idris,2012)。

(2)镉(Cd) 镉的毒性很大,在人体内主要蓄积在肾脏,引起泌尿系统的功能变化。环境中的镉离子主要来于化石燃料燃烧、磷肥、钢铁、水泥生产、城市固体废物焚烧等,镉离子也存在于水果和蔬菜中,在乳制品和谷物中也有少量存在(Bayramoglu,2011)。镉离子与肾脏疾病、早期动脉粥样硬化、高血压、心血管疾病等许多疾病有关(Julin,2012)。正常人血液中的镉离子浓度小于 0.005 mg/L、尿液中的浓度小于 0.001mg/L。镉离子超标会干扰骨中钙,长期摄入微量镉会使骨骼严重软化、骨头寸断、引起骨痛病,还会引起胃脏功能失调。此外,长期接触受污染食物和水中的镉可能诱发乳腺癌(Julin,2012)。镉的毒性很高,是欧盟“限制危险物质指令”禁止的六种物质之一(Nogawa,2004)。

(3)铬(Cr) 铬是一种人体必需微量元素,正常人体内的含量约 6~7mg,主要在糖代谢中发挥作用。含铬丰富的食物可增强胰岛素效应、预防糖尿病发生,缺铬严重的地区糖尿病发病率高。铬还可预防和控制动脉粥样硬化,冠心病患者的血液中铬含量明显低于正常人。但铬的过量摄入会造成中毒,引起肾脏、肝脏、神经系统和血液的广泛病变,严重时导致死亡。铬具有很强的氧化性能,其毒性和致癌性早已为人所知(Barceloux,1999)。一旦进入血液,铬会通过氧化反应损害血细胞,导致溶血症、肾衰竭和肝功能衰竭(Cohen,1993)。

(4)锶(Sr) 人体主要通过食物及饮水摄取锶,通过消化道吸收后经尿液排出,此外锶也通过呼吸道和皮肤进入人体。我国饮用水中的锶含量甚微,天然饮用矿泉水中的锶含量约为 0.20~0.40mg/L,浓度为 5mg/L 以下的含锶矿泉水有益于人体健康、不会产生不良作用。但是锶含量过高会导致骨病、骨畸形、慢性肾衰竭和骨瘤。国际癌症研究机构和美国环境保护署都认为放射性锶是一种致癌物质,尤其对骨骼系统还在发育中的儿童有害(Cappadona,1963)。

(5)砷(As) 砷中毒主要是由于长期接触受污染的饮用水所致(Naujokas,2013),导致皮肤增厚、肤色变深、腹痛、腹泻、心脏病、麻木和癌症(Tseng,2003;Hendryx,2009)。砷的毒性来自于其氧化物,可以改变约 200 种酶的功能。世界卫生组织指出人体的砷含量应该小于 0.01mg/L。

除了以上各种有害金属离子,汞(Hg)、铜(Cu)、铯(Cs)、锰(Mn)、镍(Ni)、钴(Co)离子的超标也对人体造成伤害,它们在体内高浓度积聚均会引起中毒(Khotimchenko,2014;Kosari,2017)。

第三节　重金属危害的防治措施

目前,重金属污染已经不再是区域性问题,而是一个全球性问题,对全人类健康构成持久的威胁。我国的重金属污染问题已十分突显,《2011 年海洋环境质量公报》显示我国河流入海的污染物中有 2.5 万吨重金属,包括 3485 吨铜、1850 吨铅、19350 吨锌、150 吨镉、35 吨汞。我国受镉、砷、铬、铅等重金属污染的耕地近 2000 万公顷,约占总耕地面积的 1/5。水体和土壤的日益污染对人们的饮水和食物产生威胁,并通过食物链富集进入体内,危害人体健康。

目前环保领域已经开发出很多方法净化水资源,从源头减少重金属的摄入。例如化学沉淀法将重金属离子转化为不溶态后从水体中分离;膜法采用超/微滤技术去除颗粒、胶体和大分子;电化学法包括电沉积、电凝、电浮选、电氧化等,通过改变重金属离子的化学形态使其失活后从水体中去除;吸附法利用吸附剂的吸收和吸附能力从溶液中去除重金属离子(Keller,1995)。

对于进入人体的重金属离子，医疗上通常采用具有强螯合特性的材料，如乙二胺四乙酸钠（EDTA）是用于治疗重金属中毒的有效成分。然而，现有技术对重金属中毒的治疗还需要进一步完善，例如在慢性汞中毒的治疗药物中，硫代硫酸钠、二巯基丙醇、二巯基丙磺酸钠、二巯基乙二酸等西药具有较明显的副作用，注射给药时会导致局部疼痛，并有较大概率引起过敏反应；而酵母源金属硫蛋白的成本较高，且目前尚未广泛应用于临床。中药方剂普遍存在效果不明显的情况。

近年来生物吸附剂在吸附重金属离子过程中体现出成本低、吸收能力高、选择性好、可循环利用、无二次污染等特点（Volesky，2001）。在众多生物吸收剂中，海藻生物质具有最高的吸收能力，其对重金属离子的吸收量甚至超过活性炭和天然沸石（Herrero，2006；Cochrane，2006）。在红藻、绿藻、褐藻中，褐藻生物质结构中的褐藻多糖含量较高，使其对重金属离子的吸附量高于其他种类的海藻（Tuzun，2005）。海带、裙带菜等褐藻类海洋蔬菜具有排除重金属离子的食用功效，从褐藻中提取的海藻酸钠、海藻酸钙等褐藻胶以及岩藻多糖等褐藻多糖是性能优良的海洋功能性食品配料，可以从人体中有效去除重金属离子。

第四节　褐藻胶排除重金属离子的功效

褐藻胶是褐藻细胞壁的主要成分，约占干藻生物质总量的 20%~40%。如图

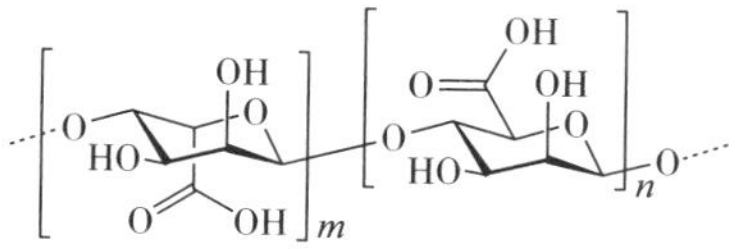

图 17-1　褐藻胶的化学结构

17-1 所示，褐藻胶是由 β-1,4-D-甘露糖醛酸（M）和 α-1，4-L-古洛糖醛酸（G）两种糖醛酸组成的线性聚合物，其分子结构中的羧酸基、羟基可与金属阳离子结合后形成不溶于水的高分子盐。基于这个特性，褐藻胶进入人体消化系统后，可以吸附胃肠道内的重金属离子并通过粪便排出人体。

褐藻胶对重金属离子超强的吸附性能在于相邻的高分子链之间形成的空间结构可以容纳金属离子后形成稳定的络合物，Pb^{2+}、Cd^{2+} 等有害金属离子的结合力高于 Ca^{2+}、Na^+ 等离子。Haug 等发现褐藻胶与溶液中阳离子的结合力按 $Pb^{2+} > Cu^{2+} > Cd^{2+} > Ba^{2+} > Sr^{2+} > Ca^{2+} > Co^{2+} > Ni^{2+} > Mn^{2+} > Mg^{2+}$ 的顺序降低（Haug，1961）。

基于褐藻胶对重金属离子有更强的结合力，其在进入消化系统后可以通过离子交换使食品中的高分子钠盐和钙盐转化成褐藻胶与重金属离子形成的水不溶物，把有害重金属离子固定在粪便中，使其排出人体（Choi，2004；Haug，1970）。不同结构的褐藻胶对重金属离子的结合力有一定的区别，其中褐藻胶分子链中的 G 片段对二价金属离子的络合力比 M 片段更强（Haug，1967）。

Savchenko 等（Savchenko，2015）用褐藻胶对大鼠体内的铅去除进行了系统研究，以每天 500、200、100mg/kg 的剂量喂食 28d。结果显示，铅含量的增加会降低动物血液和器官中钙、锰、铁、铜和锌的含量。500 mg/kg 剂量的褐藻胶能显著降低动物肾脏、心脏和骨骼中的铅含量，使其余必需元素含量回升。食用褐藻胶对必需元素的含量没有负面影响，但可有效降低铅含量，有助于钙、锰、铁、铜、锌的不平衡正常化，用于预防和治疗铅等重金属中毒效果良好。

果胶、壳聚糖、木质素等多糖与褐藻胶一样可以与重金属离子结合后对人体起到排毒作用（Krauss，2000），其中低分子量柑橘果胶临床上已应用于排铅。图 17-2 比较了褐藻胶、果胶、木质素和活性炭对铅的吸附性能，可以看出褐藻胶比其他几种物质具有更高的吸附量。由于褐藻胶在胃肠道中不能被人体内源性胃肠酶解聚和消化（Khotimchenko，2006），其在消化系统可以与重金属离子结合后形成稳定的水不溶物，有效促使毒素从人体内的去除（Eliaz，2007）。

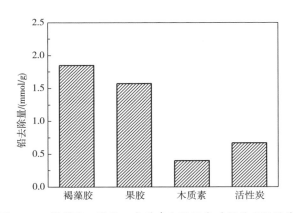

图 17-2　褐藻胶、果胶、木质素和活性炭对铅的吸附性能

第五节　小结

以褐藻胶为代表的褐藻多糖对重金属离子有超强的络合能力。作为功能性

食品配料，褐藻多糖有助于去除人体内重金属离子、协助毒素排出体外、改善身体健康，在预防和治疗人体重金属危害过程中有重要的应用价值。

参考文献

[1] Barceloux D G. Chromium [J]. Clinical Toxicology，1999，37：173-194.

[2] Bayramoglu G，Arica M Y. Preparation of a composite biosorbent using scenedesmus quadricauda biomass and alginate/polyvinyl alcohol for removal of Cu（Ⅱ）and Cd（Ⅱ）ions：isotherms，kinetics and thermodynamic studies [J]. Water，Air & Soil Pollution，2011，221：391-403.

[3] Cappadona C. Strontium-90：detection of dangerous hot area's in the human skeleton [J]. Minerva Nucleare，1963，6：369-371.

[4] Choi J M. Preconcentration and determination of trace copper（Ⅱ）and lead（Ⅱ）in aqueous solutions by adsorption on Ca-alginate bead [J]. Journal of the Korean Chemical Society，2004，48：590-598.

[5] Cochrane E L，Lu S，Gibb S W，et al. A comparison of low-cost biosorbents and commercial sorbents for the removal of copper from aqueous media [J]. Journal of Hazardous Materials，2006，137：198-206.

[6] Cohen M D，Kargacin B，Klein C B，Costa M. Mechanisms of chromium carcinogenicity and toxicity [J]. Critical Reviews in Toxicology，1993，23：255.

[7] Eliaz I，Weil E，Wilk B. Integrative medicine and the role of modified citrus pectin/alginates in heavy met integrative medicine and the role of modified citrus pectin/alginates in heavy metal chelation and detoxification-five case reports [J]. Research in Complementary Medicine，2007，14：358-364.

[8] Gardea-Torresdey J L，Tiemann K J，Armendariz V，et al. Characterization of Cr（Ⅵ）binding and reduction to Cr（Ⅲ）by the agricultural byproducts of Avenamonida（Oat）biomass [J]. Journal of Hazardous Materials，2000，80：175-188.

[9] Gupta V K，Shrivastava A K，Jain N. Biosorption of chromium（Ⅵ）from aqueous solutions by green algae spirogyra species [J]. Water Research，2001，35：4079-4085.

[10] Haug A，Bjerrum J，Buchardt O，et al. The affinity of some divalent metals for different types of alginates [J]. Acta Chemica Scandinavica，1961，15：1794-1795.

[11] Haug A，Myklestad S，Larsen B，et al. Correlation between chemical structure and physical properties of alginates [J]. Acta. Chem. Scandinavica，1967，21：768-778.

[12] Haug A，Smidsrod O. Selectivity of some anionic polymers for divalent metal ions [J]. Acta Chemica Scandinavica，1970，24：843-854.

［13］Hendryx M. Mortality from heart, respiratory, and kidney disease in coal mining areas of Appalachia［J］. International Archives of Occupational and Environmental Health, 2009, 82: 243.

［14］Herrero R, Cordero B, Lodeiro P, et al. Interactions of cadmium（Ⅱ）and protons with dead biomass of marine algae Fucussp［J］. Marine Chemistry, 2006, 99: 106-116.

［15］Idris A, Ismail N S M, Hassan N, et al. Synthesis of magnetic alginate beads based on maghemite nanoparticles for Pb（Ⅱ）removal in aqueous solution［J］. Journal of Industrial & Engineering Chemistry, 2012, 18: 1582-1589.

［16］Julin B, Wolk A, Johansson J E, et al. Dietary cadmium exposure and prostate cancer incidence: A population-based prospective cohort study［J］. British Journal of Cancer, 2012, 107: 895-900.

［17］Julin B, Wolk A, Bergkvist L, et al. Dietary cadmium exposure and risk of postmenopausal breast cancer: a population-based prospective cohort study［J］. Toxicology Letters, 2012, 211: 1459-1466.

［18］Keller J U. Theory of measurement of gas-adsorption equilibria by rotational oscillations［J］. Adsorption, 1995, 1: 283-290.

［19］Khotimchenko M Y. Removal of cesium from aqueous solutions by sodium and calcium alginates［J］. Journal of Environmental Science and Technology, 2014, 7: 30-43.

［20］Khotimchenko O M, Serguschenko I, Khotimchenko Y. Lead absorption and excretion in rats given insoluble salts of pectin and alginate［J］. Int. J. Toxicol. , 2006, 25: 195-203.

［21］Kosari M, Fasihi J, Arabieh M. Kinetic study and equilibrium isotherm analysis of nickel（Ⅱ）adsorption onto alginate-SBA-15 nanocomposite［J］. Journal of Applied Chemical Research, 2017, 11: 135-149.

［22］Krauss R M, Eckel R H, Howard B, et al. AHA scientific statement. AHA dietary guidelines revision 2000: A statement for healthcare professionals from the nutrition committee of the American Heart Association［J］. Journal of Nutrition, 2000, 131: 132-146.

［23］Loukidou M X, KarapantsiosT D, ZouboulisA I. Diffusion kinetic study of cadmium（Ⅱ）biosorption by *Aeromonas caviae*［J］. Journal of Chemical Technology & Biotechnology, 2004, 79: 711–719.

［24］Naujokas M F, Anderson B, Ahsan H, et al. The broad scope of health effects from chronic arsenic exposure: update on a worldwide public health problem［J］. Environmental Health Perspectives, 2013, 121: 295-302.

［25］Nogawa K, Kobayashi E, Okubo Y, et al. Environmental cadmium exposure, adverse effects and preventive measures in Japan［J］. Bio.

Metals., 2004, 17: 581.

[26] Park D, Yun Y S, Jo J H, et al. Mechanism of hexavalent chromium removal by dead fungal biomass of *Aspergillus niger* [J]. Water Research, 2005, 39: 533-540.

[27] Rahmani A, Mousavi H Z, Fazli M. Effect of nanostructure alumina on adsorption of heavy metals[J]. Desalination, 2010, 253: 94-100.

[28] Savchenko O V, Sgrebneva M N, Kiselev V I, et al. Lead removal in rats using calcium alginate [J]. Environ. Sci. Pollut. Res. Int. , 2015, 22: 293-304.

[29] Stevens J B. Disposition of toxic metals in the agricultural food chain. 1. Steady-state bovine milk biotransfer factors[J]. Environmental Science & Technology, 1991, 25: 1289-1294.

[30] Tseng C H, Chong C K, Tseng C P, et al. Long-term arsenic exposure and ischemic heart disease in arseniasis-hyperendemic villages in Taiwan [J]. Toxicology Letters, 2003, 137: 15-21.

[31] Tuzun I, Bayramoglu G, Yaline E, et al. Equilibrium and kinetic studies on biosorption of Hg (II), Cd (II) and Pb (II) ions onto microalgae *Chlamydomonas reinhardtii*[J]. Journal of Environmental Management, 2005, 77: 85-92.

[32] Volesky B. Detoxification of metal-bearing effluents: biosorption for the next century[J]. Hydrometallurgy, 2001, 59: 203-216.

[33] White L D, Cory-Slechta D A, Gilbert M E, et al. New and evolving concepts in the neurotoxicology of lead [J]. Toxicology & Applied Pharmacology, 2007, 225: 1-9.

[34] Yun Y S, Park D H, Volesky B. Biosorption of trivalent chromium on the brown seaweed biomass[J]. Environmental Science & Technology, 2001, 35: 4353-4358.

[35] 彭美琳. 合肥市0~6岁儿童血铅现况调查及低水平铅暴露影响因素分析 [D]. 安徽医科大学, 2011.

第十八章 褐藻多糖的减肥功效

第一节 引言

肥胖症是一组常见的代谢症群。当人体进食热量多于消耗热量时，多余热量以脂肪形式储存于体内，其量超过正常生理需要量且达到一定值时遂演变为肥胖症。肥胖产生的原因很多，其中外因以饮食过多、活动过少为主，热量摄入多于热量消耗使脂肪合成增加是肥胖的物质基础。肥胖症的内因包括脂肪代谢紊乱导致的肥胖，其中有遗传因素。肥胖的形成还与生活方式、摄食行为、嗜好、气候以及社会心理因素相互作用有关。

第二节 肥胖症的临床表现

轻至中度原发性肥胖可无任何自觉症状，重度肥胖者则多有怕热，活动能力降低，甚至活动时有轻度气促，睡眠时打鼾。可有高血压病、糖尿病、痛风等临床表现。

一、肥胖症可影响心血管系统的正常功能

肥胖症患者并发冠心病、高血压的几率明显高于非肥胖者，其发生率一般 5~10 倍于非肥胖者，尤其腰围粗（男性 >90cm、女性 >85cm）的中心型肥胖患者。肥胖可致心脏肥大、后壁和室间隔增厚，在心脏肥厚的同时伴有血容量、细胞内和细胞间液增加，心室舒张末压、肺动脉压和肺毛细血管楔压均增高，部分肥胖者存在左室功能受损和肥胖性心肌病变。肥胖患者猝死发生率明显升高，可能与心肌的肥厚、心脏传导系统的脂肪浸润造成的心律失常及心脏缺血有关。高血压在肥胖患者中非常常见，也是加重心、肾病变的主要危险因素。

二、肥胖症可改变呼吸功能

肥胖患者肺活量降低且肺的顺应性下降，可导致肥胖性低通气综合征等多种肺功能异常，临床以嗜睡、肥胖、肺泡性低通气为特征，常伴有阻塞性睡眠呼吸困难，严重者可致肺心综合征。由于腹腔和胸壁脂肪组织堆积增厚、膈肌升高而降低肺活量，肺通气不良可引起活动后呼吸困难，严重者可导致低氧、发绀、高碳酸血症，甚至出现肺动脉高压导致心力衰竭。

三、肥胖症可影响糖、脂代谢

进食过多的热量促进甘油三酯的合成和分解代谢，使肥胖者的脂代谢表现得更加活跃、糖代谢受到抑制，这种代谢改变参与胰岛素抵抗的形成。脂代谢活跃使肥胖者多伴有代谢紊乱，出现高甘油三酯血症、高胆固醇血症和低高密度脂蛋白胆固醇血症等。糖代谢紊乱表现为糖耐量的异常和糖尿病，尤其在中心性肥胖者中多发。体重超过正常范围 20% 者，糖尿病发生率增加 1 倍以上。当体质指数（BMI）$>35kg/m^2$ 时，死亡率约为正常体重的 8 倍。

四、肥胖导致肌肉骨骼病变

①关节炎：最常见的是骨关节炎，长期负重使关节软骨面结构发生改变，其中膝关节的病变最多见；②痛风：肥胖患者中大约有 10% 合并有高尿酸血症，容易发生痛风；③骨质疏松：近年来研究发现，肥胖者脂肪细胞分泌多种脂肪因子和炎性因子，可能会加重骨质疏松和骨折的发生。

五、肥胖使内分泌系统改变

①生长激素：肥胖降低了生长激素的释放，特别是对刺激生长激素释放因子不敏感；②垂体 - 肾上腺轴：肥胖增加了肾上腺皮质激素的分泌，尽管分泌节律正常，但峰值增高，促使肾上腺皮质激素浓度也有所增加；③下丘脑 - 垂体 - 性腺轴：肥胖者多伴有性腺功能减退，垂体促性腺激素减少，睾酮对促性腺激素的反应降低。此外，脂肪组织可促进雄激素向雌激素转化，肥胖男性中部分会出现乳腺发育，肥胖女孩中出现月经初潮提前。成年女性肥胖者常有月经紊乱、无排卵性月经、甚至闭经，多囊卵巢综合征发生率高；④下丘脑 - 垂体 - 甲状腺轴：肥胖者甲状腺对促甲状腺激素的反应性降低，垂体对促甲状腺素释放激素的反应性降低。

第三节　肥胖症现状及分布

基于大样本流行病学数据，目前大多数权威医学组织承认肥胖是一种疾病，它影响人体正常生理功能、威胁人类健康，需要得到预防和治疗。1997 年，世界卫生组织率先承认肥胖是一种疾病，并为肥胖症的临床诊断提出了一个简单的定量标准，即体质指数（BMI）= 体重（kg）除以身高（m）的平方，如图 18-1 所示。按照这个标准，一个身高 1.70 米的成年人，体重超过 72kg 即为超重、超过 86kg 即为肥胖。

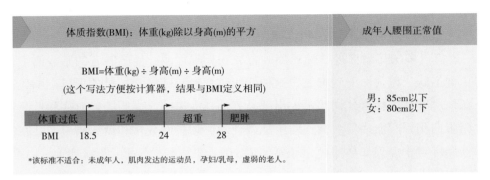

图 18-1　体质指数（BMI）示意图

应该指出的是，不同人种的肥胖标准有所不同。流行病学调查显示，同样体质指数的中国人身体中的脂肪含量高于白种人，说明中国人需要更加小心控制自身的体重。东亚人群中腹型肥胖较多，危害也更大，除了身体质量指数之外，对腰围尺寸也需要格外注意。

全球范围内肥胖人数呈迅速增加的趋势，从 1975 年的 1.05 亿增加到 2014 年的 6.41 亿，意味着在目前全球将近 73 亿人口当中，约 10% 是肥胖患者。英国帝国理工学院对全球 186 个国家和地区的 2000 万成年人在 1975—2014 年期间的体质指数进行分析对比，研究结果显示男性肥胖人数在 40 年中增加了 3 倍、女性增加 2 倍，全球有 2.66 亿男性肥胖人士、3.75 亿女性肥胖人士。有趣的是，体重过轻人数也在增加，从 3.3 亿人增加到 4.62 亿人。

肥胖症患者在面临巨大健康隐患的同时，也为健康保健系统带来巨大压力。中国和美国是肥胖人数最多的国家，其中我国男性肥胖人数 4320 万人、女性 4640 万人，高居全球第一。相比体重正常的人群，超重和肥胖人群罹患心脏病、中风、2 型糖尿病、癌症等疾患的概率显著增加，使医疗费用显著升高。美国疾控中心 2008 年的数据显示，肥胖症患者人均年度医疗开支增加 1429 美元，在美国这样一个有超过 1/3 成年人患有肥胖症、超过 2/3 成年人有体重超标问题的胖子国家，肥胖症每年增加了 1470 亿美元的医疗负担。预防和治疗肥胖成为一个对个人和国家都非常重要的健康问题。

第四节　肥胖症的治疗方法

在承认肥胖是一种疾病的前提下，治疗肥胖需要的首先不是医学手段，而是自制力，即面对琳琅满目的食物要学会自我约束，其次是纪律性，需要克服懒惰、坚持定期锻炼。在预防肥胖的基础上，治疗肥胖症的两个主要环节是减少热量摄取、增加热量消耗。肥胖症的治疗强调以行为、饮食、运动为主的综合治疗，必要时辅以药物或手术治疗。

一、行为治疗

通过宣传教育使患者及其家属对肥胖症及其危害性有正确的认识，从而配合治疗、采取健康的生活方式、改变饮食和运动习惯，自觉长期坚持是治疗肥胖症最重要的措施。

二、控制饮食及增加体力活动

轻度肥胖者应该控制进食总量，用低热卡、低脂肪饮食，避免摄入高糖、高脂类食物，使每日总热量低于消耗量。中度以上肥胖者必须严格控制总热量，女性患者要求限制进食量在 1200~1500kcal/d、男性应控制在 1500~1800kcal/d。

三、药物治疗

对严重肥胖患者可用药物减轻体重，但临床上选择药物治疗时必须十分慎重，根据患者个体情况衡量可能得到的益处和潜在的危险。

四、外科治疗

可供选择的外科治疗措施包括空回肠短路手术、胆管胰腺短路手术、胃短路手术、胃成形术、迷走神经切断术及胃气囊术等，手术有效（指体重降低>20%）率可达95%，死亡率<1%。但手术可能并发吸收不良、贫血、管道狭窄等，有一定的危险性，仅用于重度肥胖、减肥失败又有严重并发症。

第五节　褐藻多糖治疗肥胖症的功效

褐藻多糖包括褐藻胶、岩藻多糖、褐藻淀粉等从海带、巨藻、泡叶藻、墨角藻等褐藻类植物中提取的天然高分子量物质，具有一系列优良的健康功效（谢苗，2001；Bilan，2003）。除了增稠、乳化、凝胶等理化性能以及抗凝血、抗肿瘤、抗病毒、增强机体免疫机能等生理活性，褐藻多糖应用于面制品、乳制品、饮料、保健品、糕点、冷饮、果冻、面包、牛乳等食品和饮料后，还具有降血脂、清理肠道、减肥等健康功效，在预防和治疗肥胖症方面有重要的应用价值。

一、褐藻胶的减肥功效

海藻酸钠、海藻酸钙等褐藻胶是从褐藻中提取的一种膳食纤维，由于人体内没有分解这类海洋多糖的酶，其具有极强的消化耐受性，食用后不易被消化吸收，一方面不产生热量，另一方面可促使肠胃蠕动，还可以通过其形成的凝胶提高饱腹感，通过减少进食实现减肥。

英国纽卡斯尔大学的研究团队（Dettmar，2011；Brownlee，2009）发现褐藻胶可以阻止人体吸收脂肪，能减少超过75%的脂肪吸收，比现有减肥疗法更有效。把褐藻胶添加到面包、饼干、酸奶等食物中，每餐中3/4的脂肪会通过褐藻胶的作用排出人体（肖庆心，2010）。喻火贵等（喻火贵，2012）通过荧光染料尼罗红在激光共聚焦显微镜下记录的信号强度，研究了海藻酸对乳液中油脂在体内消化过程的影响。结果表明，海藻酸在胃部能够保持乳液颗粒结构，但存在一定凝聚，而在小肠中能明显抑制脂肪酶对油脂的水解。

褐藻胶的减肥功效源于其在消化系统中产生的独特生理作用，体现在对饱感、肠道吸收速度、血浆胆固醇浓度以及血糖和胰岛素反应的影响。

（1）褐藻胶对饱感的影响　海藻酸钠的水溶液进入胃后在胃酸作用下转化成海藻酸的凝胶，这个性能是其他水溶性高分子多糖不具备的。如果在胃中是凝胶状态，其他的多糖类食品配料需要在嘴中进食时就已经是凝胶，一定程度上影响了口感（Wolf，2002）。

海藻酸钠在胃酸作用下形成海藻酸凝胶的性能对于增加消费者进食后的饱感起重要作用。研究显示（Hoad，2004），把海藻酸钠加入黏度相对较低的饮料中，其在消费者饮用后很快在胃中形成凝胶。在一项有12人参加的试验中，乳制品中加入海藻酸钠可以使消费者饱感明显增加，通过降低进食实现减肥，其中胶体强度高的海藻酸盐产生的饱感作用更强。Pelkman等（Pelkman，2007）研制了一种含海藻酸盐的饮料，由女性志愿者每天饮用二次进行试验。试验过程中发现，由于饮用后在胃中形成的凝胶产生的饱感，该饮料使消费者的能量摄入减少。

（2）褐藻胶对肠道吸收速度的影响　褐藻胶在试验中显示对一系列消化

酶有一定的抑制作用，这可能是由于其很高的黏度降低了酶与底物的接触（Brownlee，2005）。与其他高黏度的膳食纤维相似，食品中加入褐藻胶可以降低胡萝卜素、矿物质等食品成分的生物利用度（Riedl，1999；Bosscher，2001；Harmuth-Hoene，1980）。这些结果说明褐藻胶一般不适合加入老年人、孕妇、婴儿等对营养成分有需求的消费群体的食物中。

（3）褐藻胶对血浆胆固醇浓度的影响　研究显示黏稠的膳食纤维摄入量的增加与血浆胆固醇浓度的降低相关（Dikeman，2006）。在一项有 67 人参与的试验中，食物中添加 1g 果胶、燕麦、洋车前子、瓜尔豆胶分别使血浆胆固醇浓度降低 70、37、28、26 $\mu mol \cdot L^{-1}$，实验结果显示降低的主要是低密度脂蛋白胆固醇（Brown，1999）。有研究显示，用 M/G 比例为 1.5 的海藻酸盐在低纤维的饮食中每天加入 7.5g 可以使消化系统中脂肪酸的排泄增加 140%（Sandberg，1994）。动物试验证实了小肠中的海藻酸盐可以抑制脂肪的吸收、降低血浆胆固醇浓度（Brownlee，2005；Jimenez-Escrig，2000）。这些结果与文献中报道的食物中海藻酸盐促进粪便中胆汁和胆固醇的排泄相一致（Seal，2001；Kimura，1996）。海藻酸钠添加量为 1% 和 3% 时可以使血浆胆固醇浓度分别降低 8.5%和 20.5%，低于添加卡拉胶后产生 14.6% 和 29.9% 的下降（Jimenez-Escrig，2000），但是添加 3% 琼胶只能使血浆胆固醇浓度降低 1.8%。值得注意的是，在这个试验中，低分子量海藻酸盐没有显示降低血浆胆固醇浓度的效果。

在总胆固醇和脂肪含量较高的大鼠饲料中加入海藻酸钠后，其产生的降低血浆胆固醇浓度的效果与紫菜胶等其他海藻多糖相似（Ren，1994）。在不含胆固醇的大鼠饲料中加入 5% 或 10% 的海藻酸钠也可以降低血浆胆固醇浓度（Seal，2001）。海藻酸盐中 G 链段的增多使其凝胶强度提高，因此使其抑制吸收的能力增强（Suzuki，1993），但是 G 含量高的海藻酸盐的高黏度对食欲产生的抑制作用在降低血浆胆固醇浓度的过程中起到的作用更大。

（4）褐藻胶对血糖和胰岛素反应的影响　海藻酸盐的存在对葡萄糖的吸收速度也有影响。在一项试验中，2 型糖尿病患者的饮食中加入 5g 海藻酸钠，在可消化的碳水化合物、脂肪和蛋白质相似的情况下，加入海藻酸钠可使血糖峰值和血浆胰岛素升高分别下降 31% 和 42%，同时延长餐后排空时间（Torsdottir，1991）。健康人的饮料中加入 1.5g 海藻酸钠也可以降低餐后血糖和胰岛素水平（Wolf，2000）。小吃中加入海藻酸钠后也可以降低餐后血糖峰值和总葡萄糖摄入量（Williams，2004）。

二、岩藻多糖的减肥功效

岩藻多糖是一类含有岩藻糖和硫酸基团的多糖，是一类独特的水溶性硫酸杂多糖，具有抗凝血、抗肿瘤、抗血栓、抗病毒、抗氧化、增强机体免疫机能等多种生物学功能。把岩藻多糖应用于保健品和饮料中，进入消化系统后岩藻多糖能妨碍脂肪分解酵素的活性，抑制肠道吸收脂质并把脂质排除体外。作为一种高度水溶性的膳食纤维，岩藻多糖对于促进排毒、改善便秘也有很好的效果。

研究显示（王晶，2017），岩藻多糖能有效降低血清中总胆固醇、低密度脂蛋白胆固醇和三酯甘油含量，增加高密度脂蛋白胆固醇浓度，可以降低高血脂、高血糖风险，还能减少脂肪组织块、下调脂肪形成转录因子，具有很好的减肥作用。

第六节 小结

海藻酸钠、海藻酸钙等褐藻胶以及岩藻多糖等褐藻多糖是一类源自褐藻的膳食纤维，具有抑制脂肪吸收的生物活性，并可以通过其凝胶产生的饱感减少进食，在预防和治疗肥胖症过程中有独特的应用价值。

参考文献

[1] Bilan M I，Alexey A G，Nadezhda E U，et al. A highly regular fraction of a fucoidan from the brown seaweed *Fucus distichus L.* [J]. Carbohydrate Research，2003，339: 511-517.

[2] Bosscher D，VanCaillie-Bertrand M，Deelstra H. Effect of thickening agents，based on solubledietary fiber，on the availability of calcium，iron，and zinc from infant formulas[J]. Nutrition，2001，17: 614-618.

[3] Brown L，Rosner B，Willett W W，et al. Cholesterol-lowering effects of dietary fiber: a meta-analysis[J]. Am. J. Clin Nutr.，1999，69: 30-42.

[4] Brownlee I A，Seal C J，Wilcox M. Applications of alginates in food. In Rehm B H A (ed)，Alginates: Biology and Applications [M]. Berlin Heidelberg: Springer-Verlag，2009.

[5] Brownlee I A，Allen A，Pearson J P，et al. Alginate as a source of dietary fiber[J]. Crit. Rev. Food Sci. Nutr.，2005，45: 497-510.

[6] Dettmar P W，Strugala V，Richardson J C. The key role alginates play in health[J]. Food Hydrocolloids，2011，25: 263-266.

[7] Dikeman CL，Fahey GC. Viscosity as related to dietary fiber: a review[J]. Crit. Rev. Food Sci. Nutr.，2006，46: 649-663.

[8] Harmuth-Hoene A E，Schlenz R. Effect of dietary fiber on mineral

absorption in growingrats[J]. J. Nutr., 1980, 110: 1774-1784.

[9] Hoad C L, Rayment P, Spiller R C, et al. In vivo imaging of intragastric gelation and its effect on satiety inhumans[J]. J. Nutr., 2004, 134: 2293-2300.

[10] Jimenez-Escrig A, Sanchez-Muniz F J. Dietary fibre from edible seaweeds: chemical structure, physicochemical properties and effects on cholesterol metabolism[J]. Nutr. Res., 2000, 20: 585-598.

[11] Kimura Y, Watanabe K, Okuda H. Effects of soluble sodium alginate on cholesterol excretionand glucose tolerance in rats[J]. J. Ethnopharmacol., 1996, 54: 47-54.

[12] Pelkman C L, Navia J L, Miller A E, et al. Novel calcium-gelled, alginate-pectin beverage reduced energy intake in nondieting overweight and obese women: Interactions with dietary restraint status[J]. Am. J. ClinNutr., 2007, 86: 1595-1602.

[13] Ren D, Noda H, Amano H, et al. Study on the hypertensive and antihy-perlipidemic effect of marine algae[J]. Fish Sci., 1994, 60: 83-88.

[14] RiedlJ, Linseisen J, Hoffmann J, et al. Some dietary fibers reduce the absorption of carotenoids in women[J]. J. Nutr., 1999, 129: 2170-2176.

[15] Sandberg A S, Andersson H, Bosaeus I, et al. Alginate, small-bowel sterol excretion, and absorption of nutrients in ileostomy subjects[J]. Am. J. Clin. Nutr., 1994, 60: 751-756.

[16] Seal C J, Mathers J C. Comparative gastrointestinal and plasma cholesterol responses of ratsfed on cholesterol-free diets supplemented with guar gum and sodium alginate[J]. Br. J. Nutr., 2001, 85: 317-324.

[17] Suzuki T, Nakai K, Yoshie Y, et al. Effects of sodium alginates rich inguluronic and mannuronic acids on cholesterol levels and digestive organs of high-cholesterol-fed rats[J]. Nippon Suisan Gakkaishi, 1993, 59: 545.

[18] Torsdottir I, Alpsten M, Holm G, et al. A small dose of soluble alginate-fiber affects postprandial glycemia and gastric emptying in humans with diabetes[J]. J. Nutr., 1991, 121: 795-799.

[19] Williams J A, Lai C S, Corwin H, et al. Inclusion of guar gumand alginate into a crispy bar improves postprandial glycemia in human[J]. J. Nutr., 2004, 134: 886-889.

[20] Wolf B W, Lai C S, Kipnes M S, et al. Glycemic and insulinemic responses of nondiabetic healthy adult subjects to an experimental acid-induced viscosity complex incorporated into a glucose beverage[J]. Nutrition, 2002, 18: 621-626.

［21］谢苗，钟剑霞，甘纯玑. 海藻多糖的药用功能与展望［J］. 中国药学杂志，2001，36（8）：513-516.

［22］肖庆心. 海藻控制肥胖、维护血压［J］. 心血管病防治知识（科普版），2010，（5）：35-35.

［23］喻火贵，郑化，李艳，等. CLSM法检测海藻酸对体内油脂水解的影响［J］. 武汉理工大学学报，2012，34（6）：124-127.

［24］王晶，张全斌. 褐藻多糖硫酸酯的结构与生物活性研究［J］. 海洋科学集刊，2017，（52）：68-89.

海洋功能性食品配料：褐藻多糖的功能和应用

第十九章　褐藻多糖的抗氧化功效

第一节　引言

自由基对人体健康的危害和活性抗氧化剂对人体健康的积极作用已经被越来越多的人认识到,自由基通过氧化作用攻击人体细胞的 DNA、膜脂质、蛋白质、甚至人体组织是导致衰老、炎症、癌症的根本原因。多糖类物质具有清除自由基、抑制脂质过氧化、抑制亚油酸氧化等抗氧化活性,具有抗衰老、抗炎、抗肿瘤等健康功效。大量研究证实,源自海洋的褐藻多糖具有强抗氧化活性、能清除活性氧自由基、提高抗氧化酶活性,在功能食品和保健品领域有很高的应用价值。

第二节　人体内的自由基

一、自由基的基本概念

机体在生命活动的氧化代谢过程中不断产生含有一个或多个不成对电子的离子、原子团或分子。这种自由基的最外层电子轨道上的电子是孤立电子,性质极不稳定、活性高,易从其他分子夺取电子或失去电子而成为性质活泼的氧化剂或还原剂,影响机体内化学、酶和生物学反应过程。日常生活中,日光照射、环境污染、电脑辐射、油烟、化学药物等外来因素以及熬夜、压力等人为因素均会增加身体中自由基的数量,破坏人体自身抗氧化剂和自由基的平衡。超量的极不稳定的自由基通过损害细胞膜和健康的 DNA 加速人体老化,引起肿瘤、心脑血管损伤、糖尿病并发症、衰老等各种疾患（Marx,1987）。

自由基的种类很多,医学上占重要地位的主要是氧自由基,包括超氧阴离子自由基（$O_2^-\cdot$）、羟自由基（$\cdot OH$）、单线态氧（$^1O_2$）,以及虽然不是自由基,但是其生物活性与氧自由基相似的过氧化氢（H_2O_2）,这些统称活性氧（Reactive

Oxygen Species，ROS）。

二、ROS的生成与清除

氧气是人体进行各种氧化反应必需的。人体吸入氧气后通过血液分布到全身，在氧气的参与下细胞中的线粒体进行氧化还原反应，其中产生的活性氧可以帮助传递维持生命活力的能量。

从化学的角度看，有机化合物发生氧化还原反应时伴随着共价键的断裂，当两个成键电子平均分配在两个参与原子上时，该原子含有一个未成对电子，形成自由基。在人体内，代谢过程中产生自由基的途径主要有3个。

① NADPH依赖的氧化还原反应：NADPH氧化酶经氧化反应产生 O_2^-；

$$O^2+2NADPH \xrightarrow[\text{NADPH 氧化酶}]{} O_2^- + 2NADP^+ + H_2$$

②抗氧化酶的活化与灭活；

③脂质过氧化的产生和前列腺素的合成。

自由基与很多疾病的发生都有密切的关系，为了抵御自由基的侵害，人体中存在着过氧化氢酶（CAT）、超氧化物歧化酶（SOD）、过氧化物酶（POD）、谷胱甘肽转移酶（GSH-Px）等抗氧化酶和抗氧化物质，使正常机体内的ROS与防御机制形成平衡，维持人体的免疫、代谢、解毒、信号转导等生理活动。图19-1所示为通过正常的新陈代谢，自由基的生成和清除处于一个动态平衡。

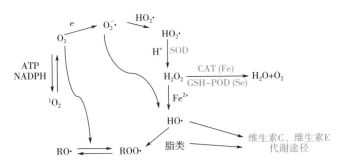

图 19-1　机体内ROS通过氧化还原反应处于动态平衡
（黑色字体表示氧化系统、红色字体代表抗氧化系统）

当机体遭受各种有害刺激时，体内氧化与抗氧化作用失衡，氧化程度超出氧化物的清除、体内高活性分子自由基产生过多，引起炎性细胞侵入、造成组织损伤，引发氧化应激（Oxidative Stress，OS）。图19-2详细列出自由基与氧化应激之间的关系。抗氧化力小于氧化应激会造成机体产生过多ROS，打破体内固有的生理平衡，对吞噬细胞本身及生物大分子有破坏作用，而脂质的过氧化加速会造成正常细胞损伤和死亡，衰老和疾病随之而来。正因为如此，自由基被称作"看不见的杀手"，抗氧化损伤的药物和保健品显得尤为重要。

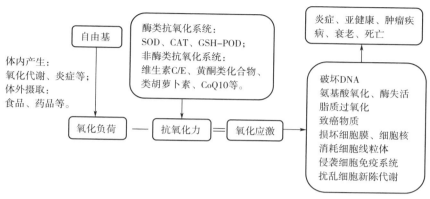

图19-2 氧化应激的产生和后果

三、自由基与疾病

表19-1总结了自由基引起的各种疾病和致病机理。可以看出，自由基是"万病之源""衰老之源"，对人体健康造成很大危害。

表19-1 自由基引起的各种疾病和致病机理

No.	诱因	病症	致病机理	部位
1	自由基导致过量氧化磷酸化	记忆力减退、反应迟钝、老年痴呆	破坏细胞内的线粒体（能量储存体）、造成氧化性疲劳、脑细胞受损、脑血管硬化	脑
2	生物大分子过氧化	视网膜病变、青光眼、老花眼、白内障	晶状体浑浊、血管内物质沉积在视网膜上、角膜通透性增大、引起角膜水肿	眼睛
3	细胞膜损伤	过敏性鼻炎、气管炎及哮喘	干扰细胞的新陈代谢、细胞膜丧失保护细胞的功能；免疫细胞释放过敏物质、引发过敏	鼻子
4	脂质过氧化、干扰细胞内信号转导	皮肤干燥、皱纹、老年斑	上皮细胞受损、脂褐素沉积；阻碍细胞正常发展、破坏其复原功能、使细胞更新率低于枯萎率	皮肤

No.	诱因	病症	致病机理	部位
5	干扰细胞免疫应答机制	易感冒、抵抗力差	干扰中性粒细胞的吞噬作用，使身体易受细菌和病菌感染	免疫系统
6	脂质、酶类过氧化	冠心病、心绞痛、心肌梗塞、中风	自由基导致缺血组织重灌流中微血管和实质器官损伤、抗氧化酶类合成受阻；不饱和脂肪酸过氧化引起全身动脉血管硬化、危及心血管系统	心脏
7	破坏蛋白质结构	肺气肿、肺炎	自由基侵袭巨噬细胞、嗜中性白细胞，释放蛋白水解酶类、破坏体内的酶，失去清除自由基能力，引发炎症	肺
8	膜脂质过氧化	肝硬化、肝炎	自由基引起肝细胞微粒体膜磷脂过氧化、破坏细胞膜，血清中谷丙转氨酶含量增加；过氧化产物增多导致肝细胞坏死、降低肝功能代谢	肝
9	膜脂质过氧化	胃炎、肠炎、便秘、溃疡	自由基引起胃肠道黏膜细胞膜脂质过氧化、破坏消化道黏膜屏障、释放组胺类物质，导致溃疡	胃肠
10	破坏细胞膜结构	肾炎、肾功能不全	自由基破坏肾小球肾小管细胞基膜结构、损伤血管内皮细胞，导致分泌、吸收和再吸收功能降低，尿中出现蛋白、红细胞	肾
11	脂质过氧化	糖尿病及并发症	破坏胰腺 B 细胞、胰岛素分泌功能减退；不饱和脂肪酸过氧化引起前列腺素合成、抗凝血因子失活，诱发血栓、出现大血管和微循环障碍，导致并发症	胰岛
12	生物大分子过氧化	水肿、静脉曲张等静脉病变	自由基使血管通透性改变、血液中液体渗出	血管
13	破坏碳水化合物，透明质酸被氧化	关节炎、风湿、类风湿	细胞膜破裂、细胞液渗透到周围组织间隙里、溶酶体酶大量释放、透明质酸降解	关节

No.	诱因	病症	致病机理	部位
14	氨基酸过氧化,破坏细胞内的化学物质	激素失调、内分泌失调	氧化细胞组织及激素所必须的氨基酸,干扰激素调节,导致恶性循环,以致产生更多自由基,连锁反应危害遍及全身	内分泌
15	核酸过氧化、结构改变	癌症、衰老	破坏遗传基因(DNA),扰乱细胞再生功能,造成基因突变,演变成癌症	基因

四、自由基与衰老

Harman(Harman,1956)在 1956 年最早提出自由基与机体衰老相关,认为衰老是细胞成分累积性氧化损伤导致的。他的研究显示,用含 0.5%~1.0% 自由基清除剂的饲料喂养小鼠可延长其寿命。衰老分化障碍学说认为寿命是由稳定细胞原有分化状态的过程决定的,细胞分化需要大量能量供应,而能量代谢的副产物就是自由基。自由基对基因的损伤改变了细胞原有的分化状态,因此自由基就是寿命的决定因子(陈瑗,2011.)。

自由基作用于脂质后发生过氧化反应,最终产物丙二醛会引起生命大分子的交联聚合与生物膜结构破坏,该现象是衰老的一个基本因素。丙二醛与蛋白质中的赖氨酸反应后生成丙二醛 - 赖氨酸和羧甲基赖氨酸加成物,可以使胶原蛋白交联聚集后溶解性下降、弹性降低、水合能力减退,导致皮肤失去张力、皱纹增多、老年骨质再生能力减弱,也可引起血管壁老化变脆、血管爆裂、脑出血等。

图 19-3 所示为丙二醛与两个蛋白分子残基的缩合反应,反应后形成的西夫碱经过重排,形成具有较大共轭体系的脂褐素。脂褐素不溶于水、不易排出,在皮肤细胞堆积后形成老年斑,是衰老的一种外表象征,其在脑细胞中堆积则会引起记忆减退或智力障碍,出现老年痴呆症。

$$R'-NH_2+O=CHCH_2CH=O+R-NH_2 \longrightarrow R'-N=CH-CH_2-HC=N-R+R'-N=CH-CH_2=CH-NH-R$$

丙二醛　　　　　　　　　　西夫碱　　　　　　　　　脂褐素

图 19-3 丙二醛与两个蛋白分子残基的缩合反应

五、自由基与癌症

自由基与 DNA 反应造成的损伤改变了细胞原有的状态,是致癌的一个主要原因（Sridharan，2015）。正常细胞发生癌变必须经过诱发和促进两个阶段，自由基在这二个阶段都起关键作用。在癌症诱发阶段，自由基作用于生物大分子后产生的过氧化物既能致癌又能致突变。在癌细胞形成初期，中性粒细胞在受侵组织局部爆发性耗氧，产生大量自由基，这些自由基作用于吞噬细胞的细胞膜后发生脂质过氧化，使细胞膜通透性改变、细胞损伤。随着吞噬细胞的损伤，癌症进一步恶化。

在化疗过程中，药物毒性导致细胞内产生大量自由基，引起骨髓损伤、白血球减少，致使化疗减慢、药量减少或被迫停止化疗。使用自由基清除剂可防止骨髓进一步受自由基破坏，加速骨髓和白血球量的恢复，有利于化疗的继续进行。

六、自由基与心脑血管疾病

氧化自由基与血液中的低密度脂蛋白（LDL）结合形成氧化型的低密度脂蛋白（Ox-LDL）。Ox-LDL 在血管壁内被巨噬细胞、单核细胞、内皮细胞和平滑肌细胞吞噬掉，在吞噬大量氧化型低密度脂蛋白后这些细胞变成泡沫细胞，大量泡沫细胞堆积使血管壁向外凸出，最终导致动脉粥样硬化。此外，泡沫细胞破裂后其内容物从血管内壁间隙增大处流入血管腔内，在血管的应激作用下，渗出的内容物被包埋后形成血栓斑块。这种血栓产生在心脏部位就会形成心梗，产生在脑部就会形成脑梗。因此，心脑血管疾病防治的关键是防止低密度脂蛋白被自由基氧化。

七、自由基与糖尿病

高血压、肥胖、吸烟等都可能引发糖尿病。最新研究发现糖尿病与自由基对胰脏 β 细胞的损伤有关。实验发现，1 型糖尿病（胰岛素依赖型糖尿病）和 2 型糖尿病（非胰岛素依赖型糖尿病）患者的血清中，自由基含量都明显增加、抗氧化能力却明显降低。在糖尿病合并血管病变者的血管中，自由基含量增加更为明显，清除自由基的能力也明显降低。清除自由基是预防和治疗糖尿病及其并发症的重要途径。

八、自由基与肾脏疾病

自由基在肾脏疾病的发生、发展过程中也起着非常重要的作用。肾脏疾病是一种常见和多发病，包括急、慢性肾小球肾炎、间质性肾炎、肾盂肾炎、肾动脉硬化、肾功能不全等。肾脏感染、免疫损害、毒性物质损害、缺血等因素都会引起肾脏白细胞浸润和缺血再恢复，引发产生大量自由基。正常情况下，肾脏具有清除自由基的能力，如肾脏内的 SOD 等都是自由基清除剂，会使自由基的产生和清除保持一种动态平衡。但是当自由基的产生超过清除能力时，在体内聚集的过剩自由基可以破坏肾小球、肾小管细胞结构或基膜结构，使肾脏细胞功能受到破坏，导致分泌、吸收和再吸收功能降低，尿中就会出现蛋白、红细胞等。

九、自由基与消化道疾病

自由基在急慢性胃炎、消化道溃疡和胃癌发病过程中起着非常重要的作用。消化道溃疡、胃癌患者血清中的自由基含量明显升高、清除能力明显下降。溃疡患者往往伴有胃、十二指肠炎症，吸引大量白细胞聚集并通过白细胞呼吸爆发产生大量自由基。这些自由基的产生超出了机体的清除能力，使自由基在消化道黏膜中过剩，引起黏膜中的细胞膜脂质过氧化，细胞的结构和功能受到破坏，从而使消化道黏膜屏障受到破坏，加重了消化道疾病。

第三节　抗氧化机理

人体有两类抗氧化系统，其中酶类抗氧化系统包括过氧化氢酶（CAT）、超氧化物歧化酶（SOD）、过氧化物酶（POD）、谷胱甘肽转移酶（GSH-Px）、硫氧还原蛋白还原酶（TrxR）等抗氧化酶；非酶类抗氧化系统主要依靠食物提供的维生素 C、维生素 E、谷胱甘肽、α - 硫辛酸、类胡萝卜素、微量元素铜、锌、硒等抗氧化剂。抗氧化酶和抗氧化剂的共同特点是通过提供电子与自由基反应，使其变为活性较低的物质后削弱它们对机体的攻击力。

随着自由基化学得到广泛关注，活性氧对机体的侵害越来越被人们所认知。与此同时，开发利用体外抗氧化剂、调节体内代谢、预防疾病、延缓衰老等与自由基清除相关的研究也成为健康领域的热点，其中围绕合成抗氧化剂和天然抗氧化剂两大类外源抗氧化剂进行了大量的研究和开发。

在合成抗氧化剂中，国内外广泛使用的油溶性抗氧化剂包括 2- 丁基羟基甲苯（BHT）、丁基羟基茴香醚（BHA）、没食子酸丙酯（PG），三者通常混合使用以产生更强的抗氧化作用。BHT 的抗氧化能力较强、耐热及稳定性好、价格低廉，是我国食品工业领域普遍使用的一种添加剂。水溶性抗氧化剂中最常用的是异抗坏血酸钠，还有特丁基对苯二酚、4- 己基间苯二酚、仲丁胺、噻苯咪唑、乙氧基喹啉等。这些合成抗氧化剂在清除自由基、食物保鲜方面有一定的应用功效，但是存在间接或直接致癌等不安全性（Seiichiro，2002；秦翠群，2002）。日本、欧美等国家已经禁止在食品中使用合成抗氧化剂。

源自海藻、甘草、大豆、茶叶等植物的天然抗氧化剂可以克服合成抗氧化剂的不足，在功能食品领域有重要的应用价值。人们熟知的天然抗氧化剂包括活性多糖、植物多酚、维生素、氨基酸和色素类物质，例如蓝莓中的原花青素、柑橘类的生物黄酮素等。这些天然产物均可以有效清除羟自由基、超氧阴离子、过氧化氢等自由基，其来源广、抗氧化活性大、与机体亲和力强、安全性高，已经成为近年来普遍关注和开发的天然生物活性物质。

海藻是海洋中一类具有药食同源特性的植物，因其长期生长在高盐、高压、低温、缺氧、光照不足、寡营养的特殊水体环境中，海藻的生物质组分表现出与陆地植物明显不同的结构和性能，其中海藻细胞壁中的多糖成分种类繁多、结构复杂，具有包括抗氧化活性在内的一系列生物活性（Costa，2010），在功能食品、保健品、海洋药物等领域有巨大的高值化应用前景。

第四节　褐藻多糖的抗氧化功效

海带、裙带菜、巨藻、泡叶藻、墨角藻等海洋褐藻类植物含有褐藻胶、岩藻多糖、褐藻淀粉等多糖类物质。这些天然产物在海藻生长的过程中对海藻生物体起重要的保护作用，其中一个重要的功能是保护海藻免受阳光照射、侵食动物伤害等过程中的氧化刺激。基于其在长期进化过程中演变出的独特结构特征，大量研究已经证实褐藻胶、岩藻多糖等褐藻多糖具有很强的抗氧化活性（Qi，2005；Sun，2009；Zhang，2003；Souza，2007）。

褐藻多糖清除自由基的抗氧化作用机理包括：①通过捕捉脂质过氧化链式反应中产生的 ROS，减少脂质过氧化反应链长度、阻断或减缓脂质过氧化的进行。例如 OH· 可以与多糖碳氢链上的氢原子结合成水分子，碳原子留下一个单电子后成为碳自由基，进一步氧化形成过氧自由基，分解成对机体无害的产物。此外，O_2^-· 可与多糖发生氧化反应后直接清除，单线态氧在作用于多糖后从激发态回到基态而失去活性；②通过与产生自由基必需的金属离子发生络合作用，对 ROS 起间接清除作用。多糖环上的—OH 可与产生 OH· 等自由基所需的金属离子（如 Fe^{2+}、Cu^{2+} 等）络合，使其不能产生启动脂质过氧化的 OH· 或使其不能分解脂质过氧化产生的脂过氧化物，从而抑制 ROS 的产生；③通过提高 SOD、GSH-Px 等抗氧化酶的活性发挥抗氧化作用（辛晓林，2000；周林珠，2002）；④通过促进 SOD 从细胞表面释放，阻止自由基引发的连锁反应（Wang，2017；Volpi，1999）。

全球各地围绕褐藻多糖的抗氧化活性已经进行大量的科学研究，图 19-4 所示为褐藻多糖抗氧化活性的研究体系。

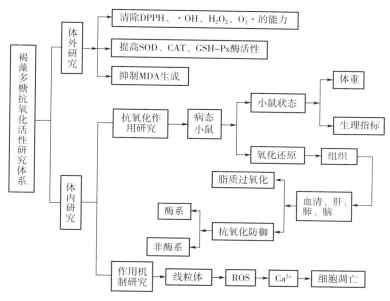

图 19-4　褐藻多糖抗氧化活性的研究体系

一、褐藻胶的抗氧化功效

褐藻胶也称海藻酸、海藻酸盐，是一种来源于褐藻细胞壁的水溶性酸性多糖，主要从海带、巨藻、马尾藻等褐藻中提取，具有抗氧化、抗肿瘤等多种生物活性，不仅能清除 ROS，还能显著降低脂质过氧化物含量。作为一种海洋生物高分子，褐藻胶进入人体后不易被生物降解，其作用范围主要在人体的消化系统中。褐藻胶的酶解产物褐藻胶寡糖具有更好的水溶性，其低分子量特性有利于人体吸收，已经广泛应用于功能食品、保健品、化妆品等领域。

褐藻胶寡糖超强的抗氧化活性源于水解后得到的寡糖中暴露的共轭烯酸结构加强了其对自由基的清除能力（Falkeborg，2014），能清除 $O_2^-\cdot$、$\cdot OH$、次氯酸等自由基（包华芳，2010；孙丽萍，2005）。褐藻胶寡糖对抗氧化酶活性、细胞膜脂质过氧化作用等均有影响（江晓路，2009），其清除自由基和提高抗氧化酶活性的能力强于褐藻胶（Kelishiomi，2016）。

褐藻胶中的甘露糖醛酸（M）和古洛糖醛酸（G）含量对其抗氧化活性有影响。研究发现 M/G 比值 1.84 时对活性氧自由基的抗氧化能力优于 M/G 比值为 2.15 的褐藻胶，但 M/G 比值相同时，低分子量寡糖的抗氧化活性更强（Zhao，2012）。表 19-2 比较了聚古洛糖醛酸（PolyG）和聚甘露糖醛酸（PolyM）与褐藻胶的抗氧化活性。

表19-2　褐藻胶、聚古洛糖醛酸、聚甘露糖醛酸的抗氧化活性　　　　　　　　单位：%

样品	浓度/（μg/mL）				
	2000	1000	500	250	125
褐藻胶	77.26 ± 0.21	74.71 ± 0.20	70.4 ± 0.45	62.96 ± 0.91	57.78 ± 0.55
聚古洛糖醛酸	92.13 ± 0.45	86.80 ± 0.09	80.9 ± 0.65	71.26 ± 0.39	65.33 ± 0.41
聚甘露糖醛酸	64.26 ± 0.37	61.09 ± 0.37	57.70 ± 0.10	55.10 ± 0.59	53.30 ± 0.26
BHA	NA*	97.34 ± 0.03	95.72 ± 0.75	93.02 ± 0.50	NA
α - 生育酚	NA	95.69 ± 0.23	93.45 ± 0.08	90.00 ± 0.12	NA
β- 胡萝卜素	NA	96.53 ± 0.57	92.41 ± 0.16	89.59 ± 0.29	NA

注：*NA 表示检测不到。

从表 19-2 可以看出，褐藻胶、聚古洛糖醛酸、聚甘露糖醛酸都有清除 DPPH 的活性，且有浓度依赖性。浓度为 2000 μg/mL 时，聚古洛糖醛酸的清除率为 92.13%，高于褐藻胶和聚甘露糖醛酸，但低于标准抗氧化剂（Chmayssem，2016）。

表 19-3 总结了文献中报道的褐藻胶及其寡糖的抗氧化活性。

表19-3　有关褐藻胶及其寡糖抗氧化活性的研究报道

编号	研究结果	文献出处
1	海带多糖能降低应激状态下小鼠肾组织中的脂质过氧化 MDA 含量，并增加 SOD 活性、保护内皮细胞、抑制血小板活化、减少氧自由基生成、维持 SOD 高表达	梁桂宁，2006
2	海带多糖降低小鼠大脑皮质的 MDA 含量、增加 SOD 活性、保护脑组织	梁桂宁，2006

编号	研究结果	文献出处
3	通过动物实验表明,海带多糖可提高 SOD、CAT 酶活性,降低 MDA 含量	刘会娟, 2010
4	采用不同方法从羊栖菜中提取褐藻胶,分别检测其对 DPPH 清除能力,发现纤维素酶处理提取的褐藻胶清除能力最好,达到 66.7%,且有浓度依赖性,而商业抗氧化剂 BHT 的清除率为 80%	Borazjani, 2017
5	从羊栖菜中提取的褐藻胶处理关节炎小鼠,100mg/kg 的浓度能提高 SOD、CAT、谷胱甘肽还原酶、谷胱甘肽过氧化物酶活性,减轻脂质过氧化并减少 GSH 含量	Sarithakumari, 2013
6	海藻酸盐能显著缓解公猪冷冻精子解冻后的氧化损伤,SOD、GSH-Px 活性更高,MDA 含量更低,维持细胞膜完整性和线粒体活性	Hu, 2014
7	褐藻胶寡糖能够有效清除小胶质细胞内活性氧水平、维持细胞正常形态、提高 SOD 和 GSH-Px 酶活性、缓解过氧化氢对细胞的氧化损伤、保护小胶质细胞、缓解细胞应激引起的神经退行性疾病	吴海歌, 2015
8	海带中提取的甘露糖醛酸寡糖和古洛糖醛酸寡糖对超氧阴离子自由基清除能力随浓度增大而提高	赵丹, 2012
9	褐藻胶寡糖能 100% 抑制铁诱导的乳液中脂质过氧化,而抗坏血酸抑制率只有 89%;同时能清除 ABTS、$\cdot$ OH、$O_2 \cdot$,清除率分别达到 99.5%、90% 和 87%	Falkeborg, 2014
10	与对照相比,褐藻胶寡糖能显著增加断奶仔猪血清中 SOD、CAT 酶活性,分别增加 21.03% 和 36.62%,但是对 GSH-Px 活性增加不显著;总抗氧化能力增加了 14.01%、减小 MDA 含量 25.84%	Wan, 2016
11	褐藻胶裂解酶产物褐藻胶寡糖对 DPPH、ABTS 和 $\cdot$ OH 的清除率具有浓度依赖性,寡糖浓度 18mg/mL 时 DPPH 清除率 81.0%,3.0mg/mL 时 ABTS 清除率 100%、$\cdot$ OH 清除率 52.1%	Zhu, 2016
12	聚古洛糖醛酸和聚甘露糖醛酸都能清除次黄嘌呤 - 黄嘌呤氧化酶系统产生的超氧化物,且具有浓度依赖性;浓度 100μg/mL 时,聚古洛糖醛酸的清除能力高于聚甘露糖醛酸	Ueno, 2012

在体外抗氧化研究中，浓度为 25~400μg/mL 的褐藻胶寡糖显示出抗氧化能力，其活性具有浓度依赖性。浓度 25μg/mL 时的抗氧化率已达 39.71%，浓度高于 100μg/mL 时的抗氧化率为 80% 左右，与维生素 C 效果相当。褐藻胶寡糖对羟基自由基有一定的清除能力，浓度 400μg/mL 时的清除率为 24.37%。一些研究认为醇类物质中的羟基能有效清除羟基自由基（Li，2013），如抗坏血酸具有多羟基结构，褐藻胶寡糖中的羟基有利于清除羟基自由基。

褐藻胶寡糖可以提高 SOD 和 GSH-Px 等抗氧化酶的活性，浓度在 5~200μg/mL 梯度范围内的最低酶活为 20U、最高为 40U，褐藻胶寡糖浓度越高、酶活越高（吴海歌，2015）。

二、岩藻多糖的抗氧化功效

岩藻多糖是褐藻特有的一种天然高分子多糖，主要由高度硫酸化的 L- 岩藻糖组成，具有降血脂、抗凝血、抗炎、抗肿瘤、抗氧化等多种生物活性。大量体外实验表明岩藻多糖的抗氧化活性非常显著，是一种天然强抗氧化剂，能有效阻止自由基引起的疾病（张全斌，2003）。

岩藻多糖的抗氧化活性与其硫酸酯含量、分子量、岩藻糖含量等结构参数相关，硫酸酯含量越高其抗氧化能力越强。低分子量岩藻多糖能显著抑制 Cu^{2+} 引起低密度脂蛋白氧化，但是高硫酸酯化的低分子量岩藻多糖以及含高岩藻糖、硫酸酯及少量糖醛酸的低分子岩藻多糖清除超氧自由基的能力不高（Zhao，2005；Zhao，2008）。岩藻多糖的抗氧化活性是由单糖组成、硫酸基含量与位置、分子量大小等各种综合因素导致的（Ajisaka，2016）。

图 19-5 比较了岩藻多糖和肝素对羟基自由基的清除能力。结果表明，岩藻

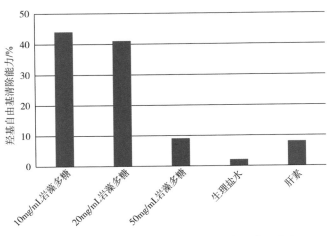

图 19-5　岩藻多糖和肝素对羟基自由基的清除能力

海洋功能性食品配料：褐藻多糖的功能和应用

多糖对羟基自由基的清除能力明显高于肝素，其中岩藻多糖浓度为 10mg/mL 和 20mg/mL 时的清除能力高于 50mg/mL，说明其对羟基自由基的清除和抗氧化能力并不随浓度增加而增加。

表 19-4 总结了文献中报道的关于岩藻多糖抗氧化活性的研究成果。

表19-4　岩藻多糖的抗氧化活性研究成果

编号	研究结果	文献出处
1	岩藻多糖体外抑制 H_2O_2 诱导的红细胞氧化溶血，对 $FeSO_4$ 抗坏血栓造成的脂质过氧化具有保护作用。IC50 为 $20.30\mu g/mL$、浓度为 1.0mg/mL 时，抑制率可达 90% 以上	张全斌，2003
2	岩藻多糖可显著降低高脂血症大鼠血清中过氧化脂质含量，升高血清、肝和脑组织中 SOD 含量，通过清除自由基、提高抗氧化酶活性以及阻断脂质过氧化链式反应，保护机体免受氧化损伤	Li，2001
3	海带提取物提高血液中 SOD 活性	李厚勇，2002
4	低分子量岩藻多糖抑制高血脂大鼠血清中脂质过氧化物含量升高，提高 SOD 活性	Xue，2001
5	岩藻多糖抑制羟基自由基和超氧自由基生成，螯合 Fe^{2+}	Micheline，2007；Wang，2007
6	马尾藻经分离纯化后得到 3 种多糖组分，对 DPPH 自由基清除率最高 23.84%，对·OH 清除率 68.39%，抗过氧化氢溶血能力可达 62.55%，与多糖浓度正相关	叶红，2008；Pandian，2012
7	岩藻多糖提高老龄小鼠谷胱甘肽和谷胱甘肽还原酶活力，降低自由基导致的脂质过氧化，保护细胞膜结构和功能完整，保护机体不受氧化损伤，延缓衰老	杨成君，2010
8	岩藻多糖能显著提高过氧化氢诱导伤皮层神经元的存活率，降低乳酸脱氢酶释放量，提高细胞内 SOD 活性，从而抑制丙二醛生成。可明显减弱过氧化氢造成的皮层神经元氧化应激损伤	郭宏举，2012
9	岩藻多糖可缓解过氧化氢诱导的神经元凋亡细胞氧化损伤，具有体外神经保护作用。对帕金森病、阿尔茨海默症等神经性退行疾病有潜在治疗作用	张甘霖，2011
10	裙带菜中提取的两种硫酸化多糖，抗氧化活性显著高于去硫酸化多糖	Hu，2010

编号	研究结果	文献出处
11	岩藻多糖对 ABTS、过氧化氢和 DPPH 的清除率分别是 55.61%、47.23% 和 25.33%	Pandian, 2012
12	岩藻多糖对活性氧自由基、DPPH 的清除能力优于化学合成的 BHA 和 BHT, 对过氧化氢导致的 DNA 损伤具有保护作用	Heo, 2005
13	岩藻多糖可阻断 Aβ 引起的原代基底前脑神经元全细胞电流下降, 显著降低 Aβ 诱导的神经元死亡; 阻止 PKC 磷酸化下调, 阻断 Aβ 诱发的活性氧自由基生成	Jhamandas, 2005
14	从羊栖菜中提取的岩藻多糖浓度为 1mg/mL 时对 DPPH 清除率 61.20%、还原力 67.56%、总抗氧化活性 65.30%, 岩藻多糖的抗氧化能力随浓度增加而增强	Palanisamy, 2017
15	采用不同的破壁方法从海带中提取岩藻多糖, 都有抗氧化能力, 用 0.1% 氢氧化钠处理, 对 DPPH 清除率最高可达 41.88%, 岩藻多糖标准品清除率是 48.28%, 水溶性维生素 E 是 71.26%	Saravana, 2016

第五节　小结

　　褐藻多糖具有显著的抗氧化活性，这是其抗炎、缓解慢性病、预防衰老和防抗肿瘤等功效的药理基础。随着研究的深入，褐藻多糖在生物体内的抗氧化作用机制，包括多糖在细胞膜和脂质体表面的构象与作用、多糖和磷脂及蛋白缔合的化学与物理进程，以及这类分子聚合体形成的微环境与生物功能之间的关系将逐渐清晰，有助于褐藻多糖在功能食品、保健品中的推广和应用。

参考文献

[1] Ajisaka K, Yokoyama T, Matsuo K. Structural characteristics and antioxidant activities of fucoidans from five brown seaweeds [J]. Journal of Applied Glycoscience, 2016, 63: 31-37.

[2] Borazjani N J, Tabarsa M, You S G, et al. Effects of extraction methods on molecular characteristics, antioxidant properties and immunomodulation of alginates from *Sargassum angustifolium* [J]. International Journal of Biological Macromolecules, 2017, 101: 703-711.

[3] Chmayssem N S, Taha S, Mawlawi H, et al. Extracted and

depolymerized alginates from brown algae *Sargassum vulgare* of Lebanese origin: chemical, rheological, and antioxidant properties [J]. Journal of Applied Phycology, 2016, 28: 1915-1929.

[4] Costa L S, Fidelis G P, Cordeiro S L, et al. Biological activities of sulfated polysaccharides from tropical seaweed [J]. Biomedicine and Pharmacotherapy, 2010, 64: 21-28.

[5] Falkeborg M, Cheong L Z, Gianfico C, et al. Alginate oligosaccharides: Enzymatic preparation and antioxidantproperty evaluation [J]. Food Chemistry, 2014, 164: 185-194.

[6] Harman D. Aging: a theory based on free radical and radiation chemistry [J]. Journal of Gerontol, 1956, 11: 298-300.

[7] Heo S J, Park E J, Lee K W, et al. Antioxidant activities of enzymatic extracts from brown seaweeds [J]. Bioresource Technology, 2005, 96: 1613-1623.

[8] Hu J H, Geng G X, Li Q W, et al. Effects of alginate on frozen-thawed boar spermatozoa quality, lipid peroxidation and antioxidant enzymes activities [J]. Animal Reproduction Science, 2014, 147: 112-128.

[9] Hu H H, Liu D, Chen Y, et al. Antioxidant activity of sulfated polysaccharide fractions extracted from *Undaria pinmitafida* in vitro [J]. International Journal of Biological Macromolecules, 2010, 46: 193-198.

[10] Jhamandas J H, Wie M B, Harris K, et al. Fucoidaninhibits cellular and neurotoxic effects of beta-amyloid (Abeta) in rat cholinergic basal forebrain neurons [J]. Journal of Neuroscience, 2005, 21: 2649-2659.

[11] Kelishiomi Z H, Goliaei B, Mahdavi H, et al. Antioxidant activity of low molecular weight alginate produced by thermal treatment [J]. Food Chemistry, 2016, 196: 897-902.

[12] Li X C. Solvent effects and improvements in the deoxyribose degradation assay for hydroxyl radical scavenging [J]. Food Chemistry, 2013, 141 (3): 2083-2088.

[13] Li Z J, Xue C H, Chen L, et al. Scavenging effects of fucoidan fractions of low molecular weight andantioxidation in vivo [J]. J Fisheries China, 2001, 25: 64-68.

[14] Marx J L. Oxygen free radical linked to many disease [J]. Science, 1987, 235: 520-524.

[15] Micheline R S, Cybelle M, Celina G D, et al. Antioxidant activities of sulfated polysaccharides from brown and red seaweeds [J]. Journal of Applied Phycology, 2007, 19: 153-160.

[16] Palanisamy S, Vinosha M, Marudhupandi T, et al. Isolation of fucoidan from *Sargassum polycystum* brown algae: Structural characterization,

in vitro antioxidant and anticancer activity［J］. International Journal of Biological Macromolecules, 2017, 102: 405-412.

［17］PandianV, Noorohamed V. In vivo antioxidant properties of sulfated polysaccharide from brown marine algae *Sargassum tenerrimum*［J］. Journal of Tropical Disease, 2012: s890-s896.

［18］Pandian V, Noorohamed V, Ganapathy T. Potential antibacterial and antioxidant properties of a sulfated polysaccharide from the brown marine algae *Sargassum seartzii*［J］. Chinese Journal of Natural Medicines, 2012, 10（6）: 0421-0428.

［19］Qi H, Zhang Q, Zhao T, et al. Antioxidant activity of different sulfate content derivatives of polysaccharide extracted from *Ulva pertusa* in vitro ［J］. International Journal of Biological Macromolecules, 2005, 37（4）: 195-199.

［20］Saravana P S, Cho Y J, Park Y B, et al. Structural, antioxidant, and emulsifying activities of fucoidan from *Saccharina japonica* using pressurized liquid extraction［J］. Carbohydrate Polymers, 2016, 153: 518-525.

［21］Sarithakumari C H, Renju G L. Anti-inflammatory and antioxidant potential of alginic acidisolated from the marine algae, *Sargassum wightii on* adjuvant-induced arthriticrats［J］. Inflammopharmacol, 2013, 21: 261-268.

［22］Seiichiro F, ToshikoA, Yoshinori K, et al. Antioxidant and prooxidant action of eugenol-related compounds and their cytotoxicity［J］. Toxicology, 2002, 177: 39-45.

［23］Souza M C R, Marques C T, Dore C M G, et al. Antioxidant activities of sulfated polysaccharides from brown and red seaweeds［J］. Journal of Applied Phycology, 2007, 19（2）: 153-160.

［24］Sridharan S. Threshold effect of free radical quenching in a progressive breast cancer cell line model［J］. Review of Bioinformatics and Biometrics, 2015, 4（1）: 1-10.

［25］Sun L, Wang C, Shi Q, et al. Preparation of different molecular weight polysaccharides from porphyridiumcruentum and their antioxidant activities ［J］. International Journal of Biological Macromolecules, 2009, 45（1）: 42-47.

［26］Ueno M, Hiroki T, Takeshita S, et al. Comparative study on antioxidative and macrophage-stimulating activities of polyguluronic acid（PG）and polymannuronic acid（PM）prepared from alginate［J］. Carbohydrate Research, 2012, 352: 88-93.

［27］Volpi N. Influence of chondroitin sulfate charge density. Sulfate group position and molecular mass on Cu^{2+} mediated oxidation of human low density lipoprotcins: effect of normal human plasma-derived chondroitin sulfate［J］. Journal of Biochemistry, 1999, 125（2）: 297-234.

［28］Wan J, Jiang F, Xu Q et al. Alginic acid oligosaccharide accelerates weaned pig growth through regulating antioxidant capacity, immunity and intestinal development［J］. RSC Advances, 2016, 6: 87026-87035.

［29］Wang P, Jiang X, Jiang Y, et al. In vitro antioxidative activities of three marine oligosaccharides［J］. Journal of Asian Natural Products Research, 2007, 21: 646-654.

［30］Wang Z J, Xie J H, Nie S P, et al. Review on cell models to evaluate the potential antioxidant activity of polysaccharides［J］. Food Function, 2017, 8: 915-926.

［31］Xue C, Fang Y, Lin H, et al. Chemical characters and antioxidative properties of sulfated polysaccharides from *Laminaria japoniea*［J］. Journal of Applied Phycology, 2001, 13（1）: 67-70.

［32］Zhang Q, Li N, Zhou G, et al. In vivo antioxidant activities of polysaccharide fraction from *Porphyra haitanensis* in aging mice［J］. Pharmacological Research, 2003, 48: 151-155.

［33］Zhao X, Li B F, Xue C H, et al. Effect of molecular weight on the antioxidant property of low molecular weight alginate from *Laminaria japonica*［J］. Journal of Applied Phycology, 2012, 24: 295-300.

［34］Zhao X, Xue CH, Cai Y P, et al. The study of antioxidant activities of fucoidan from *Laminaria japonica*［J］. High Technology Letters, 2005, 11: 91-94.

［35］Zhao X, Xue C H, Li B F. Study of antioxidant activities of sulfated polysaccharides from *Laminaria japonica*［J］. Journal of Applied Phycology, 2008, 20: 431-436.

［36］Zhu Y B, Wu L Y, Chen Y H, et al. Characterization of an extracellular biofunctional alginate lyase from marine Microbulbifer sp. ALW1 and antioxidant activity of enzymatic hydrolysates［J］. Microbiological Research, 2016, 182: 49-58.

［37］叶红. 马尾藻多糖的分离纯化、生物活性剂结构分析［D］. 南京：南京农业大学，2008.

［38］陈瑗. 自由基与衰老［M］. 北京：人民卫生出版社，2011.

［39］秦翠群，袁长贵. 一类天然的功能性添加剂—抗氧化剂的开发和应用前景研究［J］. 中国食品添加剂，2002，3：59-65.

［40］辛晓林，刘长海. 中药多糖抗氧化作用研究进展［J］. 北京中医药大学学报，2000，23（5）：54-55.

［41］周林珠，杨祥良. 多糖抗氧化作用研究进展［J］. 中国生化药物杂

志，2002，23（4）：210-212.

［42］包华芳，刘璘，丁玉庭.酶解制备褐藻胶寡糖及其抗氧化活性研究
［J］.研究报告，2010，4：82-84.

［43］孙丽萍，薛长湖，许家超，等.褐藻胶寡糖体外清除自由基活性的研
究［J］.中国海洋大学学报，2005，35（5）：811-814.

［44］江晓路，杜以帅，王鹏，等.褐藻寡糖对刺参体腔液和体壁免疫相关
酶活性变化的影响［J］.中国海洋大学学报，2009，39（9）：1188-
1192.

［45］梁桂宁，谢露.海带多糖对应激小鼠肾组织抗氧化能力的影响［J］.
现代医药卫生，2006，22（18）：2783-2784.

［46］梁桂宁，谢露.海带多糖对应激小鼠脑组织SOD、MDA的影响［J］.
右江民族医学院学报，2006，28（3）：333-334.

［47］刘会娟.海带多糖的生物学活性研究新进展［J］.甘肃畜牧兽医，
2010，5：38-42.

［48］吴海歌，王雪伟，李倩，等.海藻酸钠寡糖抗氧化活性的研究［J］.
大连大学学报，2015，36（3）：70-75.

［49］赵丹，汪秋宽.海带粗提物及褐藻酸钠寡糖的保湿与抗氧化作用研究
［J］.水产科学，2012，6：358-362.

［50］张全斌，于鹏展.海带褐藻多糖硫酸酯的抗氧化活性研究［J］.中草
药，2003，34（9）：824-826.

［51］李厚勇，王蕊.海带提取物对脂质过氧化和血液流变学的影响［J］.
中国公共卫生，2002，18（3）：263-264.

［52］杨成君，李俐，李晓林，等.褐藻多糖硫酸酯对老龄小鼠GSH和GR
含量的影响［J］.中国实验诊断学，2010，14（10）：1549.

［53］郭宏举，史宁，陈乾，等.褐藻多糖硫酸酯对H_2O_2诱导皮层神经元氧
化应激损伤保护作用［J］.中草药，2012，43（5）：962-964.

［54］张甘霖，李萍，李玉洁.褐藻多糖硫酸酯通过溶酶体组织蛋白酶D调
节过氧化氢诱导的PC2细胞凋亡［J］.中国中药杂志，2011，（8）：
1083-1086.

第二十章 褐藻多糖的抗菌、抗病毒功效

第一节 引言

细菌和病毒是感染性疾病的两大来源，以呼吸道感染、肝炎、肠道疾病和艾滋病等最为常见。近年来，细菌与病毒的肆虐严重危害人类生命健康和财产安全，例如 2009 年新甲型 H1N1 流感的爆发席卷 74 个国家，造成巨大人员伤亡及经济损失（曾祥兴，2010）。人类免疫缺陷病毒引起的艾滋病（HIV）已被公认为最严重的世界性传染疾病之一，且目前艾滋病毒携带者仍在逐年增加（Vo，2010）。基于细菌和病毒感染造成的危害性巨大，与其相关的预防和治疗是健康产业的一个热点。

第二节 幽门螺旋杆菌

在人类面临的众多细菌和病毒感染中，幽门螺旋杆菌（*Helicobacter pylori*，HP）感染是最常见的慢性感染之一，其在我国普通人群中的感染率达到 50%~80%，并以每年 1%~2% 的速度增加。

幽门螺旋杆菌是一种单极、多鞭毛、螺旋形弯曲的细菌，依附生长在幽门附近的胃窦部黏膜，位于胃黏液的深层和胃黏膜层的表面。为了抵抗胃酸的杀灭作用，幽门螺旋杆菌含有尿素酶。

一、幽门螺旋杆菌的感染机制

幽门螺旋杆菌侵入宿主胃部后，在感染初期利用尿素酶的活性中和胃酸，鞭毛介导的运动可以帮助其进入宿主的胃上皮细胞，而鞭毛与宿主细胞受体黏附的细菌间特异性相互作用可以导致定植和持续感染的成功。目前，一般认为幽门螺旋杆菌的发病机制为：①尿素酶帮助其在胃酸下存活；②通过鞭毛介导

运动到胃上皮细胞；③通过黏附素附着于宿主受体；④释放引起组织损伤的毒素。幽门螺旋杆菌黏附素是其表达的外膜蛋白，可使其黏附于上皮细胞，还可以引起慢性感染。

二、幽门螺旋杆菌的传播途径

幽门螺旋杆菌广泛存在于感染者的唾液、牙菌斑中。接触感染者的唾液、食用受污染的食物均可导致幽门螺旋杆菌的传染。一般家庭中有一个人感染了幽门螺旋杆菌，其他人感染的机会也增加。

三、幽门螺旋杆菌的危害

幽门螺旋杆菌是唯一能在胃的酸性环境中生存的细菌，可以引起胃炎、消化性溃疡等多种胃肠道疾病。大量研究结果表明，幽门螺旋杆菌感染可导致慢性胃炎、消化性溃疡、MALT 淋巴瘤和胃癌。长期受幽门螺旋杆菌感染可触发胃黏膜的一系列改变，导致慢性萎缩性胃炎、肠上皮化生、异型增生，最终可导致胃癌的发生。

我国人群中慢性胃炎的患病率达 50% 以上，其中约 70%~90% 慢性胃炎是幽门螺旋杆菌感染所致（中华医学会消化病学分会，2017）。部分幽门螺旋杆菌胃炎患者在环境因素和遗传因素共同作用下可发生胃黏膜萎缩 / 肠化生，后者是胃癌的癌前变化。应该指出的是，尽管幽门螺旋杆菌感染者中几乎 100% 存在慢性活动性胃炎，约 70% 感染者并无症状，但这部分无症状感染者有潜在发生消化性溃疡，甚至胃癌、胃 MALT 淋巴瘤等胃恶性肿瘤的严重疾病风险。

日常生活中，胃溃疡、十二指肠溃疡等消化性溃疡在人群中的患病率达 5%~10%，其中约 70% 的胃溃疡和 90% 以上的十二指肠溃疡的发生是由于幽门螺旋杆菌的感染。消化性溃疡可引发出血、穿孔等并发症，严重者可危及生命（Suerbaum，2002）。

第三节　幽门螺旋杆菌感染的传统治疗方法

2002 年，欧洲 Maastricht 共识提出将质子泵抑制剂（proton pump inhibitor，PPI）与克拉霉素和阿莫西林联合使用的标准三联疗法作为根除幽门螺旋杆菌感染的推荐疗法。标准三联疗法的初期效果显著，但随着时间推移，幽门螺旋杆菌的耐药菌株开始出现，使治疗效果显著下降。2005 年 3 月至 12 月，中国科研协作组组织了一项涉及全国 16 个省市的大规模幽门螺旋杆菌耐药菌株流行病学调查及治疗相关研究，发现我国幽门螺旋杆菌对甲硝唑、克拉霉素和阿莫西林的耐药率分别为 75.6%、27.6%、2.7%（成虹，2007）。

在寻找更有效治疗方法的研究中，涌现出了很多新治疗方案，包括：

①序贯疗法：前 5d 联合使用 PPI 与阿莫西林，后 5d 联合使用 PPI、克拉霉素和阿莫西林或一种硝基咪唑类抗生素；

②铋剂四联疗法：联合使用铋剂、PPI 和 2 种抗生素；

③伴同疗法：联合使用 PPI 和 3 种抗生素；

④左氧氟沙星三联疗法：联合使用 PPI、左氧氟沙星和 1 种其他的抗生素；

⑤混合疗法：前 7d 联合使用 PPI 和阿莫西林，后 7d 联合使用 PPI、阿莫西林、克拉霉素和一种硝基咪唑类抗生素。

大量临床研究中采用的根除疗法不仅药物联合方案多样，疗程也很不相同，其中使用的不止一种抗生素容易产生耐药菌株。2016 年 12 月 15 日在杭州召开的第五次全国幽门螺旋杆菌感染处理共识会指出，幽门螺旋杆菌对克拉霉素、甲硝唑和左氧氟沙星的耐药率（包括多重耐药率）呈直线上升趋势（Zhang，2015），幽门螺旋杆菌可对这些抗菌药物产生二重、三重甚至更多重耐药性。北京地区是克拉霉素、左氧氟沙星及甲硝唑的高耐药区，其中对甲硝唑的耐药率从 1999 年的 36% 上升到 2007 年的 81.0%，对克拉霉素的耐药性从 1999 年的 10% 上升到 2007 年的 38.1%，2000~2009 年间对左氧氟沙星的平均耐药率也高达 50.3%，且有逐年上升趋势（吴李培，2014）。

在耐药菌株的出现使抗生素效用下降的同时，也出现了其他的解决方案，例如四君子、半夏泻心汤、补中益气汤等中药对幽门螺旋杆菌可直接产生抑制效果，使其毒性明显削弱。徐艺等（徐艺等，2008）选取 15 类 136 味常用中药进行体外抑菌实验，结果显示，清热解毒类中药的效果较好，其中黄连抑菌作用最强，其次是大黄、黄芩、大青叶。

另一方面，幽门螺旋杆菌胃炎是一种感染性疾病，用有效疫苗防治感染无疑是一种最佳选择。中国人民解放军第三军医大学通过口服抗幽门螺旋杆菌疫苗的Ⅲ期临床研究（邹全明，2016），成功研发出具有完全自主知识产权的世界首个且目前唯一获批的抗幽门螺旋杆菌疫苗，该研究成果已发表在 Lancet 杂志上，但目前有关疫苗的研究和推广工作尚属起步阶段。

近年来，随着海洋活性物质研究的进一步深入，越来越多的海洋源生物活性物质被证明具有优良的抗菌、抗病毒功效，其中从褐藻中提取的岩藻多糖对幽门螺旋杆菌具有独特的抑制作用（Kim，2014）。

第四节　褐藻多糖的抗菌、抗病毒功效

褐藻类海洋植物含有多种对细菌和病毒有抑制作用的多糖类物质（王长云，2000）。海洋赋予褐藻特殊的生长环境，使其含有的多糖成分在结构和性能上与陆地产物存在较大差异，具有抗氧化、免疫调节、抗肿瘤、抗病毒、抗凝血等一系列独特的生物活性，其中岩藻多糖等硫酸酯化的褐藻多糖具有广泛的抗病毒活性，对艾滋病毒（Human Immunodeficiency Virus，HIV）、人乳头瘤状病毒（Human Papilloma Virus，HPV）、流感病毒（Influenza，IAV）、单纯疱疹病毒（Herpes Simplex Virus，HSV）、烟草花叶病毒（Tobacco Mosaic Virus，TMV）、柯萨奇 B 病毒（Coxsackie Virus B3，CVB3）等均有抑制作用。目前已经有多种基于褐藻多糖的海洋药物，例如褐藻多糖药物 SPMG 作为抗艾滋病新药已经进入 II 期临床研究（曾洋洋，2013）。

一、岩藻多糖对幽门螺旋杆菌的抗菌效果

岩藻多糖对幽门螺旋杆菌的抗菌效果是褐藻多糖抗菌作用的一个典型案例，在临床治疗胃肠道疾患中有重要的应用价值。岩藻多糖主要通过以下 4 步发挥其清除幽门螺旋杆菌的作用。

第一步：防

阻止幽门螺旋杆菌黏附及入侵：岩藻多糖含有硫酸基，能与幽门螺旋杆菌结合后阻止其黏附于胃上皮细胞。同时，岩藻多糖可以抑制幽门螺旋杆菌产生尿素酶，保护胃的酸性环境。

第二步：抑

抑制幽门螺旋杆菌增殖：岩藻多糖具有很好的抗菌作用，浓度为 100μg/mL 的岩藻多糖能有效抑制幽门螺旋杆菌的增殖。

第三步：减

通过抗氧化作用减少毒素产生：岩藻多糖是一种很好的抗氧化剂，能快速清除氧自由基，减少有害毒素氯胺的生成。

第四步：抗

抗炎症作用：岩藻多糖能抑制选凝集素、补体以及乙酰肝素酶的活性，降低炎症反应。

目前，围绕岩藻多糖抗幽门螺旋杆菌已经开展了大量的研究，结果表明岩藻多糖对幽门螺旋杆菌有独特的清除和抑制作用，可以有效治疗因幽门螺旋杆菌引起的胃炎等胃部疾病。

在株式会社雅库路特本社申请的《抗溃疡剂和幽门螺旋杆菌粘连抑制剂》的专利中，以大白鼠和体外试验充分研究了岩藻多糖对治疗胃部溃疡和抗幽门螺旋杆菌的效果。在研究岩藻低聚糖对乙酸引起的溃疡的抗溃疡效果时，将10只8周龄的SD大白鼠（体重250~300g）在戊巴比妥麻醉下进行剖腹。露出胃，将0.03mL20%乙酸注入胃的黏膜下层以引起溃疡。从手术的第2d到第9d按表20-1所示的每天剂量给予动物口服试验物质，口服试验物质为专利中制得的岩藻低聚糖和市场购买的岩藻多糖。在试验期间，动物任意进食和饮水。在第10d，切开胃，测量溃疡部分的面积（长的直径 × 短的直径）并作为溃疡指数。按照下面等式从溃疡指数计算"治愈百分率"：

$$治愈百分率(\%) = \left(1 - \frac{试验组的溃疡指数}{对照组的溃疡指数}\right) \times 100$$

表20-1显示岩藻低聚糖的抗溃疡效果，表中溃疡指数以每组10只动物的平均数 ± 标准值所示。

表20-1 岩藻低聚糖的抗溃疡效果

样品标号	剂量 /（mg/ 只大白鼠）	溃疡指数	治愈百分率 /%
实施例1	0（对照）	11.0 ± 3.2	—
	1.5 × 8	8.7 ± 3.4	21.1
	3.0 × 8	5.6 ± 2.9	49.1
	6.0 × 8	5.9 ± 1.6	45.9
实施例2	0（对照）	12.8 ± 3.9	—
	1.5 × 8	7.6 ± 3.6	40.4
	3.0 × 8	9.2 ± 5.3	28.4
	6.0 × 8	8.7 ± 4.0	32，0
市场购买岩藻多糖	0（对照）	11.7 ± 3.1	—
	1.5 × 8	8.7 ± 1.9	26.1
	3.0 × 8	7.3 ± 3.7	38.4
	6.0 × 8	6.3 ± 2.2	46.4

二、褐藻多糖的抗病毒效果

褐藻多糖可以通过干扰病毒的生活周期或提高宿主的免疫应答反应提升其清除病毒粒子的能力。不同病毒粒子的生存周期不尽相同,但都包括吸附、侵入、脱壳、合成、包装、释放等主要的感染步骤。不同来源和结构的褐藻多糖可以在病毒感染的不同阶段抑制其增殖(Damonte,2004)。

(1)褐藻多糖抗HPV HPV感染人体后,可引起多种病变,其中宫颈癌就是由高危型HPV持续感染引起的。硫酸酯化的褐藻多糖具有良好的抗病毒和抗肿瘤活性,已经发展成为新型抗病毒药物(Shi-Xin,2014)。Nobre等(Nobre,2010)从马尾藻中提取的硫酸酯化多糖能显著抑制HeLa细胞(HPV转化细胞模型)的增殖。Stevan等(Stevan,2001)的研究显示,海藻多糖能显著促进HeLa细胞形态的改变,在治疗HPV引起的宫颈癌中有一定的应用价值。

Buck等(Buck,2006)利用HPV16体外假病毒感染模型,对多种褐藻多糖进行活性筛选,发现硫酸化褐藻多糖及少量非硫酸化多糖具有良好的抗HPV活性,其中非硫酸化褐藻胶的半数抑制浓度(IC_{50})为18μg/mL,含有硫酸根的褐藻糖胶的IC_{50}为1.1μg/mL,说明硫酸根在抑制HPV活性中起重要作用。Johnson等(Johnson,2009)开展的体内抗HPV研究表明,类肝素药物具有抗HPV作用,其作用机理可能与细胞表面受体硫酸肝素蛋白聚糖(HSPG)的竞争性结合有关。褐藻多糖的硫酸酯化衍生物具有类肝素结构,极有可能具有抗HPV作用。

(2)褐藻多糖抗流感病毒 流感病毒的大爆发会造成大量人员伤亡和经济损失,严重危害人类生命和财产安全。Jiao(Jiao,2012)从泡叶藻中提取的4个多糖成分均有明显的抗H1N1病毒活性,且随硫酸根含量的增大活性增强。将聚甘露糖醛酸进行酸解可以获得分子量较低的寡聚甘露糖醛酸,其中分子量在5ku以下的寡聚甘露糖醛酸具有较好的抗甲型H1N1流感病毒在体内外感染和增殖的作用。

(3)褐藻多糖抗HSV 单纯性疱疹病毒根据其抗原不同分为HSV-I型和HSV-II型,可以引起人体多个部位和组织发生病变。Feldman等(Feldman,1999)从黏膜藻中获取的多糖组分具有极好的抗HSV-II活性,其IC_{50}在0.5~1.9μg/mL,能有效减少病毒蚀斑的产生、抑制病毒生成。Remichkova等(Remichkova,2008)研究发现褐藻胶与鼠李糖酯S-17联合用药能有效抑制HSV对MDBK细胞的感染。

Lee 等（Lee，2004）从裙带菜中提取出岩藻多糖，其岩藻糖和半乳糖组分的摩尔比为 1.0 ：1.1，硫酸酯取代度为 0.72，该多糖在体外具有极好的抗 HSV-I 和 HSV-Ⅱ病毒活性。Hayashi 等（Hayashi，1995）也从裙带菜中获取岩藻多糖，经过体内研究实验表明，口服给药能有效预防 HSV-Ⅰ感染引起的小鼠死亡。国内学者从裙带菜中提取的硫酸酯化多糖 UPP1 及纯化多糖 UPP2 对 HSV-Ⅱ引起的细胞病变有很明显抑制作用，同时具有很好的抗 HSV-Ⅰ作用，为新型抗 HSV 药物提供了候选化合物（康琰琰，2005；郝静，2008）。

目前关于褐藻多糖抗 HSV 作用的机制尚不清楚，但可能与褐藻多糖的类肝素结构及负电荷属性有关。HSV 附着在细胞表面糖蛋白硫酸乙酰肝素和包膜糖蛋白 C 之间，这种细胞病毒复合体的形成是由多糖中的阴离子（主要是 SO_4^{2-}）、糖蛋白上的碱性氨基酸和非离子型的疏水性氨基酸穿插在糖蛋白结合区形成的。褐藻多糖硫酸酯的抗病毒活性可能是基于类似的复合物占据了病毒与受体细胞结合的部位，从而阻止细胞病毒复合体的形成（Damonte，2004）。

（4）褐藻多糖抗 HIV　艾滋病（AIDS）是由艾滋病毒（HIV）感染引起的一种传染病，已经在全球范围内广泛流行，因无有效的治疗手段其致死率极高。Beress 等（Beress，1993）用热水从墨角藻中提取并经进一步纯化后得到硫酸化的褐藻胶多糖，发现该多糖能通过抑制 HIV 诱导的合胞体的合成和 HIV 逆转录酶的活性发挥抗病毒作用。Queiroz 等（Queiroz，2008）从多种褐藻中分离得到褐藻胶和岩藻多糖硫酸酯，其中褐藻胶在低浓度时能有效抑制逆转录酶活性，从而抑制 HIV 的复制。进一步研究发现岩藻多糖对 HIV 逆转录酶的特异性识别与岩藻糖的糖环结构、空间构象及电荷含量均有关。

辛现良等（辛现良，2000）发现来源于褐藻胶的多糖衍生物 911 可以明显抑制 HIV-Ⅰ对 MT4 细胞的急性感染和 H9 细胞的慢性感染。研究发现硫酸酯化的聚甘露糖醛酸发挥抗 HIV 作用的最小活性单元为 8 个糖单元（Liu，2005）。

（5）褐藻多糖抗其他类病毒　褐藻多糖具有广泛的抗病毒活性，除上述病毒外，褐藻多糖类药物能抑制 HBV 的 DNA 聚合酶，对乙肝病毒也有很好的抑制作用（姜宝法，2003）。Hidari 等（Hidari，2008）发现褐藻多糖硫酸酯和岩藻聚糖硫酸酯均具有抑制登革 2 型病毒感染的活性，当褐藻多糖的羧基还原成羟基时，其抑制病毒活性消失。岩藻聚糖硫酸酯的活性随着其硫酸根的减少，抗病毒活性降低。

李波等（李波，2006）发现从渤海湾海带中提取的岩藻多糖具有抗 RNA 病毒和 DNA 病毒的作用,对柯萨奇病毒 B3（CVB3）、脊髓灰质炎病毒Ⅲ（PV-3）、腺病毒Ⅲ型（Ad3）、埃可病毒Ⅳ（ECHO6）等引起的细胞病变都具有保护作用。Sano（Sano，1997）研究发现褐藻胶具有抑制烟草花叶病毒的活性，并且其抑制效果随褐藻胶浓度、G 含量的增加而增强。

总的来说，海洋生物中存在着大量的生物活性物质，其中褐藻多糖是来源非常丰富的一类化合物，但是基于褐藻多糖具有独特的复杂化学结构，其构效关系和生物活性研究具有高度复杂性，需要进行更多深入的研究（高小荣，2004；王长云，2000；Wang，2012；邹立红，2004；杨敏，2002）。

第五节　小结

21 世纪是海洋世纪，海洋已经成为人类新的食源和药源宝库。褐藻生物多糖是一类多功能生物活性物质，是人类战胜疾病的有力武器。褐藻多糖具有来源广泛、廉价易得、天然高效等诸多优点，随着分离提纯、理化改性、抗菌、抗病毒研究的不断深入，基于褐藻多糖的抗菌、抗病毒产品将展现出广阔的市场前景。

参考文献

[1] Beress A, Wassermann O, Bruhn T, et al. A new procedure for the isolation of anti-HIV compounds (polysaccharides and polyphenols) from the marine alga *Fucus vesiculosus* [J]. Journal of Natural Products, 1993, 56（4）: 478-488.

[2] Buck C B, Thompson C D, Roberts J N, et al. Carrageenan is a potent inhibitor of Papilloma virus infection [J]. Plos Pathogens, 2006, 2（7）: e69.

[3] Damonte E, Matulewicz M, Cerezo A. Sulfated seaweed polysaccharides as antiviral agents [J]. Current Medicinal Chemistry, 2004, 11（18）: 2399-2419.

[4] Feldman S C, Reynaldi S, Stortz C A, et al. Antiviral properties of fucoidan fractions from *Leathesia difformis* [J]. Phytomedicine, 1999, 6（5）: 335-340.

[5] Hayashi K, Kamiya M, Hayashi T. Virucidal effects of the steam distillate from *Houttuynia cordata* and its components on HSV-Ⅰ, influenza virus, and HIV [J]. Planta Medica, 1995, 61（3）: 237-241.

[6] Hidari K I P J, Takahashi N, Arihara M, et al. Structure and anti-dengue virus activity of sulfated polysaccharide from a marine alga [J]. Biochemical and Biophysical Research Communications, 2008, 376（1）: 91-95.

[7] Jiao G. Properties of polysaccharides in several seaweeds from Atlantic

Canada and their potential anti-influenza viral activities［J］. 中国海洋大学学报（英文版），2012，11（2）：205-212.

［8］Johnson K M，Kines R C，Roberts J N，et al. Role of heparan sulfate in attachment to and infection of the murine female genital tract by human Papilloma virus［J］. Journal of Virology，2009，83（5）：2067-2074.

［9］Kim T S，Choi EK，Kim J，et al. Anti-Helicobacter pylori activities of FEMY-R7 composed of fucoidan and evening primrose extract in mice and humans［J］. Laboratory Animal Research，2014，30（3）：131-135.

［10］Lee J B，Hayashi K，Hashimoto M，et al. Novel antiviral fucoidan from sporophyll of *Undaria pinnatifida*（Mekabu）［J］. Chem. Pharm. Bull.，2004，52（9）：1091-1094.

［11］Liu H，Geng M，Xin X，et al. Multiple and multivalent interactions of novel anti-AIDS drug candidates，sulfated polymannuronate（SPMG）-derived oligosaccharides，with gp120 and their anti-HIV activities［J］. Glycobiology，2005，15（5）：501-510.

［12］Nobre L T D B，Cordeiro I R S，Farias S E，et al. Biological activities of sulfated polysaccharides from tropical seaweeds［J］. Biomedicine & Pharmacotherapy，2010，64（1）：21-28.

［13］Queiroz K C S，Medeiros V P，Queiroz L S，et al. Inhibition of reverse transcriptase activity of HIV by polysaccharides of brown algae［J］. Biomedicine & Pharmacotherapy，2008，62（5）：303-307.

［14］Remichkova M，Galabova D，Roeva I，et al. Anti-herpesvirus activities of Pseudomonas sp. S-17 rhamnolipid and its complex with alginate［J］. Zeitschrift Fur Naturforschung C A Journal of Biosciences，2008，63（1-2）：75-81.

［15］Sano Y. Antiviral activity of chondroitin sulfate against infection by tobacco mosaic virus［J］. Carbohydrate Polymers，1997，33（2-3）：125-129.

［16］Shi-Xin W，Xiao-Shuang Z，Hua-Shi G，et al. Potential anti-HPV and related cancer agents from marine resources：An overview［J］. Marine Drugs，2014，12（4）：2019-2035.

［17］Stevan F R，Oliveira M B，Bucchi D F，et al. Cytotoxic effects against HeLa cells of polysaccharides from seaweeds［J］. Journal of Submicroscopic Cytology & Pathology，2001，33（4）：477-484.

［18］Suerbaum S，Michetti P. Helicobacter pylori infection［J］. N. Engl. J. Med.，2002，347（15）：1175-1186.

［19］Vo T S，Kim K. Potential anti-HIV agents from marine resources：an overview［J］. Mar. Drugs，2010，8（12）：2871-2892.

［20］Wang W，Wang S X，Guan H S. The antiviral activities and mechanisms of marine polysaccharides：An overview［J］. Marine Drugs，2012，10

（12）：2795-2816.

［21］Zhang Y X，Zhou L Y，Song Z Q，et al. Primary antibiotic resistance of Helicobactor pylori strains isolated from patients with dyspeptic symptoms in Beijing：a prospective serial study［J］. World J. Gastroenterol. , 2015，21（9）：2786-2792.

［22］曾祥兴，李康生. 流感百年：20世纪流感大流行的回顾与启示［J］. 医学与社会，2010，23（11）：4-6.

［23］中华医学会消化病学分会. 中国慢性胃炎共识意见（2017年，上海）［J］. 胃肠病学，2017，22（11）：670-687.

［24］成虹，胡伏莲，谢勇，等. 中国幽门螺杆菌耐药状况以及耐药对治疗的影响—全国多中心临床研究［J］. 胃肠病学，2007，12（9）：525-530.

［25］吴李培，宣世海. 幽门螺杆菌对左氧氟沙星耐药的研究进展［J］. 世界华人消化杂志，2014，22（2）：197-202.

［26］徐艺，叶柏，单兆伟，等. 中草药单味与复方对幽门菌抑制作用研究［J］. 中国中西医结合脾胃杂志，2008，8（5）：292-293.

［27］邹全明. 幽门螺杆菌疫苗［J］. 科技导报，2016，34（13）：31-39.

［28］王长云，管华诗. 多糖抗病毒作用研究进展I. 多糖抗病毒作用［J］. 生物工程进展，2000，20（1）：17-20.

［29］王长云，管华诗. 多糖抗病毒作用研究进展Ⅱ. 硫酸多糖抗病毒作用［J］. 生物工程进展，2000，20（2）：3-8.

［30］曾洋洋，韩章润，杨玫婷，等. 海洋糖类药物研究进展［J］. 中国海洋药物，2013，32（2）：67-75.

［31］康琰琰，王一飞，朱良，等. 裙带菜茎中硫酸多糖的分离纯化及分析鉴定［J］. 中药材，2005，28（9）：769-771.

［32］郝静. 裙带菜茎硫酸多糖抗病毒活性及其作用机理的初步研究［D］. 暨南大学，2008.

［33］辛现良，李泽琳. 海洋硫酸多糖"911"体外对HIV-1作用的研究［J］. 中国海洋药物，2000，19（3）：8-11.

［34］姜宝法，徐晓菲，李笠，等. "911"抗HBV作用的实验研究［J］. 现代预防医学，2003，30（4）：517-518.

［35］李波，芦菲，孙科祥. 褐藻糖胶的生物活性研究进展［J］. 食品与药品，2006，22（6）：18-21.

［36］高小荣，刘培勋. 多糖构效关系研究进展［J］. 中草药，2004，35（2）：229-231.

［37］邹立红，侯竹美，秦松. 抗病毒海洋生物资源研究现状与展望［J］. 海洋科学，2004，28（5）：63-68.

［38］杨敏，蒙义文. 潜在新型抗病毒药物-多糖硫酸酯的研究进展［J］. 天然产物研究与开发，2002，14（6）：69-76.

第二十一章 褐藻多糖防抗癌症的功效

第一节 引言

癌症是一类疾病的统称，具有细胞分化和增殖异常、生长失去控制、浸润性和转移性等生物学特征。近年来，无论是发达国家还是发展中国家，癌症的发病率都在显著增加（Moussavou，2014；Torre，2015；Torre，2016）。例如，乳腺癌是全球第二大癌症，在很多国家是妇女的头号杀手（Giacinti，2006），目前全球每年有 170 万新增病例。结肠直肠癌是全球第三大癌症，每年新增 140 万例。

尽管癌症的预防和治疗得到世界各国的重视，它仍然是对人类最具杀伤性的疾病（Moussavou，2014）。近年来，健康生活方式在世界各地得到倡导和普及，癌症的预防也已经成为健康生活方式的重要组成部分。尽管引发癌症的原因很多，饮食是人们普遍认可的一个致病因素。从病从口入的角度看，不卫生、不健康的饮食结构与癌症的发生密切相关。与此同时，科学健康的饮食对癌症的发生有预防作用。

海藻是一种来自海洋的健康食物，其在食品领域的应用在亚洲国家有悠久的历史（Liu，2012）。日本人每天的海藻消耗量是 5.3g（干重），每年约有 200 万吨海藻被食用（Jensen，1993）。除了作为海洋蔬菜，海藻也用于中医治疗甲状腺肿、睾丸炎、睾丸肿胀和疼痛、水肿等疾患（Gamal，2010；Barrow，2007；Liu，2012）。流行病学研究显示，在食用海藻较多的国家，冠心病、癌症等疾病的发病率低，证明了食用海藻的健康功效（Kono，2004；Yang，2010；Fedorov，2007；Kim，2009；Iso，2011；Teas，2011）。

食用海藻对预防癌症有积极作用（Teas，1981；Khan，2008；Ramberg，2010；Tokudome，2001）。观察发现，与喜吃西餐的西方人相比，亚洲人等海藻食用量较大的人群中的癌症发病率显得更低（Ferlay，2010）。尽管目前亚洲饮食结构逐渐西化，癌症发病率也呈现增长趋势，东亚和东南亚地区的乳腺癌发病率仍然比西方国家低 2~5 倍（Kim，2009；Parkin，2005；Ziegler，1993）。海藻等健康食品是不容忽视的重要因素。

海藻在复杂的海洋环境下的生长过程使其生物体内产生大量有很高生物活性的次级代谢物，成为抗癌药物的一个重要来源（Murphy，2014）。研究显示，从海藻中提取的各种化合物能根除或缓解癌症的发展，对结直肠癌、乳腺癌等有明显的疗效（Moussavou，2014）。大量研究证据表明，从海藻中提取的各种活性物质能通过各种机制抑制癌细胞生长、侵袭和转移，诱导癌细胞凋亡，产生抗肿瘤的作用（Farooqi，2012；Yang，2012；Kang，2012）。

第二节　食用褐藻对癌症的预防作用

海藻包括红藻、绿藻、褐藻等门类的几千种分布在全球各大海域的海洋植物。尽管其种类繁多，作为海洋蔬菜食用的主要是红藻门的紫菜、绿藻门的石莼以及褐藻门的海带、裙带菜、羊栖菜等。表 21-1 所示为常见的食用褐藻及其主要产地。

表21-1　常见的食用褐藻

褐藻种类	主要产地
海带	自然分布在西北太平洋沿岸冷水区，目前已经大规模人工养殖，其中山东半岛是世界上最大的生产区
裙带菜	辽宁大连以及山东青岛、烟台、威海等地为主要产区
羊栖菜	自然生长在西北太平洋的低潮岩石上
南极公牛藻	主要生长在南半球的智利海岸

海带、裙带菜等褐藻在日本、韩国、中国等地是一种传统食品，在作为民族美食的同时具有预防肿瘤等健康功效。日本的一项综合研究（Iso，2007）显示，海藻的摄入与男性和女性肺癌死亡率的降低以及男性胰腺癌死亡率的降低是密切相关的。海藻可以通过其对激素代谢的影响抑制乳腺癌的发展。Yang 等（Yang，2010）发现食用大量海藻的绝经前妇女被诊断出乳腺癌的概率比很少

食用海藻的绝经前妇女低 56%，对绝经后妇女的分析显示，海藻摄入量最高的比海藻摄入量最低的风险率能显著降低 68%。在另一项研究中（Teas，2009），15 名健康的绝经后妇女参加了大豆与海藻的双盲实验，发现海藻补充剂能有效改善雌激素和植物雌激素代谢。这些观察结果可以解释西方国家的雌激素依赖型癌症发病率较高，而东方国家的发病率较低，这与两个地区在海藻摄入量上的差别有关（Skibola，2004）。一份针对妇女的研究显示，食用海藻有显著的抗雌激素和促孕作用。试验数据表明，膳食海藻可延长月经周期，并对绝经前妇女施加抗雌激素作用，这也许能解释雌激素相关的癌症发病率在日本人群中很低的原因。日本人有规律经常食用海藻，能显著降低乳腺癌、前列腺癌等激素敏感性癌症的发病率（Hebert，1998）。

第三节　褐藻提取物对癌症的抑制作用

褐藻类植物富含陆生植物和食物中不具有的多种生物活性物质，包括褐藻胶、岩藻多糖、褐藻多酚等具有独特的健康促进性能的生物质成分，在癌症的预防和治疗中已经被证明具有很好的功效（Brown，2014；Moussavou，2014）。表 21-2 总结了文献中关于褐藻提取物抗癌活性的报道。

表21-2　褐藻提取物的抗癌活性的研究成果

褐藻种类	提取物	抗癌活性	参考文献
Sargassum latifolium	未知的水溶性成分	抑制细胞色素 P450 1A 和谷胱甘肽转移酶、减少 1301 细胞活力并诱导细胞凋亡、在 S 期阻滞细胞，抑制 NO，COX-2 和 TNF-α	Gamal-Eldeen，2009
Hydroclathrus clathratus	乙醇提取物的乙酸乙酯部分	诱导凋亡、激活胱天蛋白酶 3 和 9、上调 Bax 和下调 Bcl-xL、增加 ROS	Kim，2012
Sargassum pallidum	粗水提取物	减少胃黏膜，血清 MDA 和血清 GSH；增加抗氧化酶 SOD、CAT 和 GSH-Px	Zhang，2012
Cystoseira compressa	氯仿、乙酸乙酯和甲醇提取物	氯仿、乙酸乙酯和甲醇抽提物的 IC_{50} 分别是 78~80、27~50 和 110~130 μg/mL	Mhadhebi，2012

褐藻种类	提取物	抗癌活性	参考文献
Undaria pinnatifida	乙醇提取物	通过 5FU 和 CPT-11 的不同机制诱导凋亡	Nishibori，2012
Hizikia fusiforme	乙醇提取物	增加胱天蛋白酶 3，8 和 9 和 PARP 的切割形式，减少 Bcl-2，IAP-1，IAP-2 和 XIAP	Kang，2011

第四节　褐藻多糖对癌症的预防作用

褐藻含有褐藻胶、岩藻多糖、褐藻淀粉等很多种多糖类物质，被证明具有很高的抗肿瘤活性。表 21-3 总结了文献报道的褐藻多糖及其衍生物的抗肿瘤活性。

表21-3　褐藻多糖及其衍生物的抗肿瘤活性研究成果

褐藻种类	多糖种类	抗肿瘤活性	参考文献
Sargassum pallidum	总多糖	抵抗 HepG2、A549 和 MGC-803 细胞的抗肿瘤活性	Ye，2008
Fucus vesiculosus	岩藻多糖	减少可行的 4T1 细胞、诱导人肺癌 A549 细胞凋亡、结肠癌 HT-29 和 HCT116 细胞凋亡	Kim，2010
Laminaria japonica	褐藻淀粉	刺激免疫系统、B 细胞和辅助 T 细胞	Hoffman，1995
Laminaria digitata	褐藻淀粉	诱导 HT-29 结肠癌细胞凋亡	Park，2012；Park，2013
Undaria pinnatifida	岩藻多糖	抑制癌细胞生长、诱导凋亡	Boo，2013
Undaria pinnatifida	岩藻多糖	抑制细胞增殖和迁移、血管网的形成	Liu，2012
Cladosiphon novaecaledoniae	低分子量岩藻多糖（<500u）	诱导凋亡	Zhang，2013

褐藻种类	多糖种类	抗肿瘤活性	参考文献
Fucus vesiculosus	岩藻多糖	体外：诱导凋亡 体内：增强 AK 细胞	Ale，2011
Dictyopteris delicatula	岩藻多糖	抑制肿瘤细胞生长 （60%~90%）	Magalhaes，2011
Fucus vesiculosus	岩藻多糖	抑制肿瘤细胞生长、通过死亡受体和线粒体途径诱导细胞凋亡	Kim，2010
Undaria pinnatifida	岩藻多糖	对癌细胞有剂量依赖性细胞毒性	Synytsya，2010
Ascophyllum nodosum	低分子量的岩藻多糖粗提物	抑制 Colo 320 DM 细胞系的生长	Ellouali，1993
Sargassum kjellmanianum	岩藻多糖和硫酸化岩藻多糖	硫酸化岩藻多糖具有抗肿瘤活性	Yamamoto，1984
Laminaria digitata	褐藻淀粉	在亚 G1 期和 G2-M 期诱导细胞凋亡	Park，2013
Laminaria cloustoni	褐藻淀粉	抑制肿瘤生长	Jolles，1963
Sargassum vulgare	海藻酸盐	抑制肿瘤生长	De Sousa，2007
Sargassum fulvellum	海藻酸钠	抑制小鼠体内 S-180 细胞的生长	Fujihara，1984
Sargassum coreanum	多糖成分	抑制肿瘤细胞生长	Ko，2012
Hydroclathrus clathratus	硫酸多糖	抑制 HL-60、MCF-7 和 HepG-2 癌细胞的生长	Wang，2010
Ecklonia cava	多糖成分	对所有测试的癌细胞均具有毒性	Athukorala，2006

大量研究表明，褐藻胶、岩藻多糖、褐藻淀粉和其他褐藻多糖表现出明显的抗肿瘤活性，摄入褐藻多糖类膳食纤维能预防胃肠道中癌症的产生和增殖（Nishibori，2012；Brownlee，2005）。Namvar 等（Namvar，2014）的研究证实，褐藻胶、褐藻淀粉、岩藻多糖等褐藻多糖通过干扰癌细胞增殖、诱导癌细胞凋亡、下调内源性雌激素生物合成起到防抗肿瘤的作用。

一、褐藻胶对癌症的预防作用

海藻酸钠、海藻酸钙等褐藻胶是褐藻中的一种主要多糖成分（Rehm，2009）。褐藻胶具有多种生物活性，如抗肿瘤（Murata，2001）、抗凝血（Yang，2010）、控血压（Wijesekara，2011）等。褐藻胶可以通过其凝胶作用将致癌物质从消化系统中清除，通过保护胃和肠道使其免受致癌物的伤害，例如褐藻胶与人体肠道中的重金属离子结合后形成不溶物后排出，保护肠道免受重金属离子的危害（Holdt，2011）。临床试验表明，褐藻胶可以促进胃黏膜的再生、抑制炎症、抑制胃部幽门螺旋杆菌（Reddy，2003）。此外，褐藻胶也能通过促进肠道益生菌生长（Aneiros，2004），保护肠道微生态健康、预防肠癌（Brownlee，2005；Wang，2006）。

二、褐藻淀粉对癌症的预防作用

褐藻淀粉是褐藻中的一种储存葡聚糖，由 20~25 个葡萄糖单元组成，水温、盐度等环境因素会影响褐藻淀粉的结构和生物活性（Gupta，2011）。除了作为膳食纤维，褐藻淀粉还是一种益生元，具有抗肿瘤活性（Holdt，2011），它可以通过影响黏液组成、调节肠道 pH、生成短链脂肪酸调节肠道代谢。在对结肠直肠癌细胞的研究中发现，褐藻淀粉可通过多种方式有效抑制结肠癌细胞增殖（Park，2012；Park，2013）。ErbB 受体控制细胞增殖、迁移、代谢、存活过程中的关键途径（Citri，2006；Hynes，2005），褐藻淀粉可以通过调节 ErbB 信号通路降低 Bcl-2 家族蛋白表达，抑制癌细胞的生长进程（Park，2013）。

研究显示，硫酸化的褐藻淀粉具有更强的生物活性（Miao，1999），可以抑制小鼠 B16-BL6 黑素瘤细胞和大鼠 13762 MAT 乳腺癌细胞中的乙酰肝素酶活性，使肿瘤细胞降解其细胞外基质中硫酸乙酰肝素的能力降低，具有抗转移作用。在有效浓度下，硫酸化褐藻淀粉对体内肿瘤细胞增殖和原发性肿瘤生长具有显著抑制效果。

三、岩藻多糖对癌症的预防作用

岩藻多糖具有很多优良的生物活性，其中抗癌活性尤为显著（Cumashi，2007）。大量研究表明，岩藻多糖对多种癌细胞具有抑制生长（Alekseyenko，2007）、诱导癌细胞凋亡（Aisa，2005；Kim，2010）、减少转移（Alekseyenko，2007；Coombe，1987）等功效，并可以抑制肿瘤周边血管增生（Ye，2005）。研究发现，岩藻多糖可以以剂量依赖的方式诱导结肠癌 HT-29 和 HCT116 细胞凋亡（Kim，2009；Boo，2011；Kim，2009；Boo，2011；Hyun，2009）。

体外研究结果表明，岩藻多糖对癌细胞具有直接活性，体内研究结果显示其对癌细胞的抑制作用部分归因于对机体免疫力的提升作用（Lowenthal，2015）。岩藻多糖可以抑制癌细胞周围的血管生成。Koyanagi 等（Koyanagi，2003）发现岩藻多糖可以减少小鼠体内的血管生成，还可以减少促血管生成细胞因子和血管内皮生长因子，从而抑制肿瘤生长。

岩藻多糖可通过提高免疫力发挥抗肿瘤作用。研究表明，岩藻多糖可以延长荷瘤小鼠的存活，这通常是由于动物免疫防御改善后肿瘤减小引起的，岩藻多糖通过增加宿主免疫功能抑制小鼠中 Ehrlich 癌细胞的生长（Itoh，1992）。从裙带菜孢子叶提取的岩藻多糖能延长 P-388 荷瘤小鼠存活期，与天然杀伤淋巴细胞活性的显著增强和通过 T 细胞产生的干扰素 γ 的增加有关（Maruyama，2002）。岩藻多糖还被发现可以调节接种白血病细胞的小鼠中 Th1 和 NK 细胞的应答（Maruyama，2006；Ale，2011）。

硫酸化是影响岩藻多糖抗癌活性的重要因素之一，从 5 种不同褐藻中提取的岩藻多糖的硫酸化程度经测试在 8%~25%（Senthilkumar，2013）。比较天然岩藻多糖、硫酸化改性的岩藻多糖、高度硫酸化的岩藻多糖（Koyanagi，2003；Teruya，2007；Yamamoto，1984）后发现，硫酸化改性后的岩藻多糖的活性更大。在对 9 种岩藻多糖生物活性的研究中发现，具有较高硫酸化水平的岩藻多糖具有更强的抗癌效力（Cumashi，2007）。除了岩藻多糖，其他多糖的抗癌活性也与硫酸化水平密切相关（Murphy，2014；Ye，2008）。岩藻多糖的抗癌活性也受分子量影响。在对从裙带菜提取的岩藻多糖的研究中观察到分子量越低的组分对癌细胞的毒性越明显（Cho，2010）。

第五节　小结

环境污染和生活方式的变化使得世界许多地区的癌症发生率明显增加。目前中国成人中恶性肿瘤与心脑血管疾病、糖尿病等慢性病的确诊患者 2.6 亿人，导致的死亡人数已经占中国总死亡人数的 85%。《柳叶刀》杂志公布的 "2016 全球疾病负担研究" 显示，2016 年全球总死亡人数为 5470 万人，其中因慢病导致的死亡人数占 72.3%。相比 2006 年，2016 年慢病死亡人数增加 16.1%。

现代健康概念和新的医学模式以中医治未病为指导，力求以最小的投入获取最大的健康效益。海藻含有许多具有良好抗癌性能的生物活性物质，大量研究显示了海藻以及海藻活性物质对癌细胞和癌症的积极疗效，以褐藻多糖为代表的海藻活性物质将在癌症预防和治疗中发挥越来越重要的作用。

参考文献

［1］Aisa Y，Miyakawa Y，Nakazato T，et al. Fucoidan induces apoptosis of human HS-Sultan cells accompanied by activation of caspase-3 and down-regulation of ERK pathways［J］. American Journal of Hematology，2005，78：7-14.

［2］Ale MT，Maruyama H，Tamauchi H，et al. Fucoidan from *Sargassum sp.* and *Fucus vesiculosus* reduces cell viability of lung carcinoma and melanoma cells in vitro and activates natural killer cells in mice in vivo［J］. International Journal of Biological Macromolecules，2011，49：331-336.

［3］Alekseyenko T，Zhanayeva S Y，Venediktova A，et al. Antitumor and antimetastatic activity of fucoidan，a sulfated polysaccharide isolated from the Okhotsk Sea *Fucus evanescens* brown alga［J］. Bulletin of Experimental Biology and Medicine，2007，143：730-732.

［4］Aneiros A，Garateix A. Bioactive peptides from marine sources：pharmacological properties and isolation procedures［J］. Journal of Chromatography B，2004，803：41-53.

［5］Athukorala Y，Kim KN，Jeon YJ. Antiproliferative and antioxidant properties of an enzymatic hydrolysate from brown alga，*Ecklonia cava*［J］. Food and Chemical Toxicology，2006，44：1065-1074.

［6］Barrow C，Shahidi F（eds）. Marine Nutraceuticals and Functional Foods［M］. New York：CRC Press，2007.

［7］Boo H J，Hong J Y，Kim S C，et al. The anticancer effect of fucoidan in PC-3 prostate cancer cells［J］. Marine Drugs，2013，11：2982-2999.

［8］Boo H J，Hyun J H，Kim S C，et al. Fucoidan from *Undaria pinnatifida* induces apoptosis in A549 human lung carcinoma cells［J］. Phytotherapy Research，2011，25：1082-1086.

［9］Brown E M，Allsopp P J，Magee P J，et al. Seaweed and human health［J］. Nutrition Reviews，2014，72：205-216.

［10］Brownlee I，Allen A，Pearson J，et al. Alginate as a source of dietary fiber［J］. Critical Reviews in Food Science and Nutrition，2005，45：497-510.

［11］Cho ML，Lee BY，You SG. Relationship between oversulfation and conformation of low and high molecular weight fucoidans and evaluation of their in vitro anticancer activity［J］. Molecules，2010，16：291-297.

［12］Citri A，Yarden Y. EGF–ERBB signalling：towards the systems level［J］. Nature Reviews Molecular Cell Biology，2006，7：505-516.

［13］Coombe D R，Parish C R，Ramshaw I A，et al. Analysis of the inhibition of tumour metastasis by sulphated polysaccharides[J]. International Journal of Cancer, 1987, 39: 82-88.

[14] Cumashi A, Ushakova N A, Preobrazhenskaya M E, et al. A comparative study of the anti-inflammatory, anticoagulant, antiangiogenic, and antiadhesive activities of nine different fucoidans from brown seaweeds[J]. Glycobiology, 2007, 17: 541-552.

[15] De Sousa A P A, Torres M R, Pessoa C, et al. In vivo growth-inhibition of Sarcoma 180 tumor by alginates from brown seaweed *Sargassum vulgare* [J]. Carbohydrate Polymers, 2007, 69: 7-13.

[16] Ellouali M, Boisson-Vidal C, Durand P, et al. Antitumor activity of low molecular weight fucans extracted from brown seaweed *Ascophyllum nodosum*[J]. Anticancer Research, 1993, 13: 2011-2020.

[17] Farooqi A A, Butt G, Razzaq Z. Algae extracts and methyl jasmonate anti-cancer activities in prostate cancer: choreographers of the dance macabre[J]. Cancer Cell International, 2012, 12: 50.

[18] Fedorov S N, Shubina L K, Bode A M, et al. Dactylone inhibits epidermal growth factor-induced transformation and phenotype expression of human cancer cells and induces G1-S arrest and apoptosis[J]. Cancer Research, 2007, 67: 5914-5920.

[19] Ferlay J, Parkin D, Steliarova-Foucher E. Estimates of cancer incidence and mortality in Europe in 2008[J]. European Journal of Cancer, 2010, 46: 765-781.

[20] Fujihara M, Iizima N, Yamamoto I, et al. Purification and chemical and physical characterisation of an antitumour polysaccharide from the brown seaweed *Sargassum fulvellum*[J]. Carbohydrate Research, 1984, 125: 97-106.

[21] Gamal A A. Biological importance of marine algae[J]. Saudi Pharmaceutical Journal, 2010, 18: 1-25.

[22] Gamal-Eldeen A M, Ahmed E F, Abo-Zeid MA. In vitro cancer chemopreventive properties of polysaccharide extract from the brown alga, *Sargassum latifolium*[J]. Food and Chemical Toxicology, 2009, 47: 1378-1384.

[23] Giacinti L, Claudio P P, Lopez M, et al. Epigenetic information and estrogen receptor alpha expression in breast cancer[J]. The Oncologist, 2006, 11: 1-8.

[24] Gupta S, Abu-Ghannam N. Bioactive potential and possible health effects of edible brown seaweeds[J]. Trends in Food Science & Technology, 2011, 22: 315-326.

[25] Hebert J R, Hurley T G, Olendzki B C, et al. Nutritional and

socioeconomic factors in relation to prostate cancer mortality: a cross-national study[J]. Journal of the National Cancer Institute, 1998, 90: 1637-1647.

[26] Hoffman R, Donaldson J, Alban S, et al. Characterisation of a laminarin sulphate which inhibits basic fibroblast growth factor binding and endothelial cell proliferation[J]. Journal of Cell Science, 1995, 108: 3591-3598.

[27] Holdt S L, Kraan S. Bioactive compounds in seaweed: functional food applications and legislation[J]. Journal of Applied Phycology, 2011, 23: 543-597.

[28] Hynes N E, Lane H A. ERBB receptors and cancer: the complexity of targeted inhibitors[J]. Nature Reviews Cancer, 2005, 5: 341-354.

[29] Hyun J H, Kim S C, Kang J I, et al. Apoptosis inducing activity of fucoidan in HCT-15 colon carcinoma cells[J]. Biological and Pharmaceutical Bulletin, 2009, 32: 1760-1764.

[30] Iso H. Lifestyle and cardiovascular disease in Japan[J]. Journal of Atherosclerosis and Thrombosis, 2011, 18: 83-88.

[31] Iso H, Kubota Y. Nutrition and disease in the Japan collaborative cohort study for evaluation of cancer(JACC)[J]. Asian Pac. J. Cancer Prev., 2007, 8: 35-80.

[32] Itoh H, Noda H, Amano H, et al. Antitumor activity and immunological properties of marine algal polysaccharides, especially fucoidan, prepared from *Sargassum thunbergii* of Phaeophyceae[J]. Anticancer Research, 1992, 13: 2045-2052.

[33] Jensen A. Present and future needs for algae and algal products[C]. Fourteenth International Seaweed Symposium: Springer, 1993: 15-23.

[34] Kang S M, Kim A D, Heo S J, et al. Induction of apoptosis by diphlorethohydroxycarmalol isolated from brown alga, *Ishige okamurae* [J]. Journal of Functional Foods, 2012, 4: 433-439.

[35] Jolles B, Remington M, Andrews P. Effects of sulphated degraded laminarin on experimental tumour growth[J]. British Journal of Cancer, 1963, 17: 109.

[36] Kang C H, Kang S H, Boo S H, et al. Ethyl alcohol extract of Hizikiafusiforme induces caspase-dependent apoptosis in human leukemia U937 cells by generation of reactive oxygen species[J]. Tropical Journal of Pharmaceutical Research, 2011, 10: 739-746.

[37] Khan M N, Choi J S, Lee M C, et al. Anti-inflammatory activities of methanol extracts from various seaweed species[J]. J Envir. on Biol., 2008, 29: 465-469.

[38] Kim J，Shin A，Lee J S，et al. Dietary factors and breast cancer in Korea: an ecological study[J] . The Breast Journal，2009，15: 683-686.

[39] Kim K N，Yang M S，Kim GO，et al. Hydroclathrus clathratus induces apoptosis in HL-60 leukaemia cells via caspase activation，upregulation of pro-apoptotic Bax/Bcl-2 ratio and ROS production [J] . Journal of Medicinal Plants Research，2012，6: 1497-1504.

[40] Kim E J，Park S Y，Lee J Y，et al. Fucoidan present in brown algae induces apoptosis of human colon cancer cells [J] . BMC Gastroenterology，2010，10: 96.

[41] Kim M M，Rajapakse N，Kim S K. Anti-inflammatory effect of Ishige okamurae ethanolic extract via inhibition of NF- κ B transcription factor in RAW 264. 7 cells[J] . Phytotherapy Research，2009，23: 628-634.

[42] Ko S C，Lee S H，Ahn G，et al. Effect of enzyme-assisted extract of *Sargassum coreanum* on induction of apoptosis in HL-60 tumor cells [J] . Journal of Applied Phycology，2012，24: 675-684.

[43] Kono S，Toyomura K，Yin G，et al. A case-control study of colorectal cancer in relation to lifestyle factors and genetic polymorphisms: design and conduct of the Fukuoka colorectal cancer study[J] . Asian Pacific Journal of Cancer Prevention，2004，5: 393-400.

[44] Koyanagi S，Tanigawa N，Nakagawa H，et al. Oversulfation of fucoidan enhances its anti-angiogenic and antitumor activities [J] . Biochemical Pharmacology，2003，65: 173-179.

[45] Liu F，Wang J，Chang A K，et al. Fucoidan extract derived from *Undaria pinnatifida* inhibits angiogenesis by human umbilical vein endothelial cells [J] . Phytomedicine，2012，19: 797-803.

[46] Liu L，Heinrich M，Myers S，et al. Towards a better understanding of medicinal uses of the brown seaweed *Sargassum* in Traditional Chinese Medicine: A phytochemical and pharmacological review [J] . Journal of Ethnopharmacology，2012，142: 591-619.

[47] Lowenthal R M，Fitton J H. Are seaweed-derived fucoidans possible future anti-cancer agents?[J] . Journal of Applied Phycology，2015，27: 2075-2077.

[48] Magalhaes K D，Costa L S，Fidelis G P，et al. Anticoagulant，antioxidant and antitumor activities of heterofucans from the seaweed *Dictyopteris delicatula*[J] . International Journal of Molecular Sciences，2011，12: 3352-3365.

[49] Maruyama H，Tamauchi H，Hashimoto M，et al. Antitumor activity and immune response of Mekabu fucoidan extracted from Sporophyll of *Undaria pinnatifida*[J] . In Vivo，2002，17: 245-249.

［50］Maruyama H, Tamauchi H, Iizuka M, et al. The role of NK cells in antitumor activity of dietary fucoidan from *Undaria pinnatifida* sporophylls (Mekabu)［J］. Planta Medica, 2006, 72: 1415-1417.

［51］Mhadhebi L, Dellai A, Clary-Laroche A, et al. Anti-inflammatory and antiproliferative activities of organic fractions from the Mediterranean brown seaweed, *cystoseira compressa*［J］. Drug Development Research, 2012, 73: 82-89.

［52］Miao H Q, Elkin M, Aingorn E, et al. Inhibition of heparanase activity and tumor metastasis by laminarin sulfate and synthetic phosphorothioate oligodeoxynucleotides［J］. International Journal of Cancer, 1999, 83: 424-431.

［53］Moussavou G, Kwak D H, Obiang-Obonou BW, et al. Anticancer effects of different seaweeds on human colon and breast cancers［J］. Marine Drugs, 2014, 12: 4898-4911.

［54］Murata M, Nakazoe JI. Production and use of marine algae in Japan［J］. Japan Agricultural Research Quarterly, 2001, 35: 281-290.

［55］Murphy C, Hotchkiss S, Worthington J, et al. The potential of seaweed as a source of drugs for use in cancer chemotherapy［J］. Journal of Applied Phycology, 2014, 26: 2211-2264.

［56］Namvar F, Baharara J, Mahdi A. Antioxidant and anticancer activities of selected persian gulf algae［J］. Indian Journal of Clinical Biochemistry, 2014, 29: 13-20.

［57］Nishibori N, Itoh M, Kashiwagi M, et al. In vitro cytotoxic effect of ethanol extract prepared from sporophyll of *Undaria pinnatifida* on human colorectal cancer cells［J］. Phytotherapy Research, 2012, 26: 191-196.

［58］Park HK, Kim IH, Kim J, et al. Induction of apoptosis by laminarin, regulating the insulin-like growth factor-IR signaling pathways in HT-29 human colon cells［J］. International Journal of Molecular Medicine, 2012, 30: 734-738.

［59］Park HK, Kim IH, Kim J, et al. Induction of apoptosis and the regulation of ErbB signaling by laminarin in HT-29 human colon cancer cells［J］. International Journal of Molecular Medicine, 2013, 32: 291-295.

［60］Parkin DM, Bray F, Ferlay J, et al. Global cancer statistics 2002［J］. CA: A Cancer Journal for Clinicians, 2005, 55: 74-108.

［61］Ramberg JE, Nelson ED, Sinnott RA. Immunomodulatory dietary polysaccharides: a systematic review of the literature［J］. Nutrition Journal, 2010, 9: 54.

［62］Reddy L, Odhav B, Bhoola K. Natural products for cancer prevention: a global perspective[J]. Pharmacology & Therapeutics, 2003, 99: 1-13.

[63] Rehm B H. Alginates: Biology and Applications[M]. Springer Science & Business Media, 2009.

[64] Senthilkumar K, Manivasagan P, Venkatesan J, et al. Brown seaweed fucoidan: biological activity and apoptosis, growth signaling mechanism in cancer[J]. International Journal of Biological Macromolecules, 2013, 60: 366-374.

[65] Skibola C F. The effect of *Fucus vesiculosus*, an edible brown seaweed, upon menstrual cycle length and hormonal status in three pre-menopausal women: a case report[J]. BMC Complementary and Alternative Medicine, 2004, 4: 10.

[66] Synytsya A, Kim W J, Kim S M, et al. Structure and antitumour activity of fucoidan isolated from sporophyll of Korean brown seaweed *Undaria pinnatifida*[J]. Carbohydrate Polymers, 2010, 81: 41-48.

[67] Teas J. The consumption of seaweed as a protective factor in the etiology of breast cancer[J]. Medical Hypotheses, 1981, 7: 601-613.

[68] Teas J, Irhimeh M R, Druker S, et al. Serum IGF-1 concentrations change with soy and seaweed supplements in healthy postmenopausal American women[J]. Nutrition & Cancer, 2011, 63: 743.

[69] Teas J, Hurley T G, Hebert J R, et al. Dietary seaweed modifies estrogen and phytoestrogen metabolism in healthy postmenopausal women[J]. The Journal of Nutrition, 2009, 139: 939-944.

[70] Teruya T, Konishi T, Uechi S, et al. Anti-proliferative activity of oversulfated fucoidan from commercially cultured *Cladosiphon okamuranus* TOKIDA in U937 cells[J]. International Journal of Biological Macromolecules, 2007, 41: 221-226.

[71] Tokudome S, Kuriki K, Moore M A. Seaweed and cancer prevention[J]. Cancer Science, 2001, 92: 1008-1010.

[72] Torre L A, Bray F, Siegel R L, et al. Global cancer statistics 2012[J]. CA: A Cancer Journal for Clinicians, 2015, 65: 87-108.

[73] Torre L A, Siegel R L, Ward E M, et al. Global cancer incidence and mortality rates and trends-an update[J]. Cancer Epidemiology and Prevention Biomarkers, 2016, 25: 16-27.

[74] Wang H, Chiu L, Ooi V E, et al. A potent antitumor polysaccharide from the edible brown seaweed *Hydroclathrus clathratus*[J]. Botanica Marina, 2010, 53: 265-274.

[75] Wang Y, Han F, Hu B, et al. In vivo prebiotic properties of alginate oligosaccharides prepared through enzymatic hydrolysis of alginate[J]. Nutrition Research, 2006, 26: 597-603.

［76］Wijesekara I, Pangestuti R, Kim S K. Biological activities and potential health benefits of sulfated polysaccharides derived from marine algae［J］. Carbohydrate Polymers, 2011, 84: 14-21.

［77］Yamamoto I, Takahashi M, Suzuki T, et al. Antitumor effect of seaweeds. IV. Enhancement of antitumor activity by sulfation of a crude fucoidan fraction from *Sargassum kjellmanianum*［J］. The Japanese Journal of Experimental Medicine, 1984, 54: 143-151

［78］Yang E J, Moon J Y, Kim M J, et al. Inhibitory effect of Jeju endemic seaweeds on the production of pro-inflammatory mediators in mouse macrophage cell line RAW 264. 7［J］. Journal of Zhejiang University Sci B, 2010, 11: 315-322.

［79］Yang JI, Yeh CC, Lee JC, et al. Aqueous extracts of the edible Gracilaria tenuistipitata are protective against HO-induced DNA damage, growth inhibition, and cell cycle arrest［J］. Molecules, 2012, 17: 7241.

［80］Yang Y J, Nam S J, Kong G, et al. A case-control study on seaweed consumption and the risk of breast cancer［J］. British Journal of Nutrition, 2010, 103: 1345-1353.

［81］Ye H, Wang K, Zhou C, et al. Purification, antitumor and antioxidant activities in vitro of polysaccharides from the brown seaweed *Sargassum pallidum*［J］. Food Chemistry, 2008, 111: 428-432.

［82］Ye J, Li Y, Teruya K, et al. Enzyme-digested fucoidan extracts derived from seaweed Mozuku of Cladosiphon novae-caledoniaekylin inhibit invasion and angiogenesis of tumor cells［J］. Cytotechnology, 2005, 47: 117-126.

［83］Zhang R L, Luo W D, Bi T N, et al. Evaluation of antioxidant and immunity-enhancing activities of *Sargassum pallidum* aqueous extract in gastric cancer rats［J］. Molecules, 2012, 17: 8419-8429.

［84］Zhang Z, Teruya K, Yoshida T, et al. Fucoidan extract enhances the anti-cancer activity of chemotherapeutic agents in MDA-MB-231 and MCF-7 breast cancer cells［J］. Marine Drugs, 2013, 11: 81-98.

［85］Ziegler R G, Hoover R N, Pike M C, et al. Migration patterns and breast cancer risk in Asian-American women［J］. Journal of the National Cancer Institute, 1993, 85: 1819-1827.

第二十二章 褐藻多糖提高免疫力的功效

第一节 引言

"免疫"一词最早出现于我国明代医学著作《免疫类方》，是指"免除疫疠"，亦指防治传染病。免疫力是指机体抵抗外来侵袭、维护内环境稳定的能力，其中外来侵袭的主要来源是环境中存在的病毒、细菌、真菌、支原体、衣原体、多细胞寄生虫等各种各样的微生物。人体的免疫系统能通过巨噬细胞、淋巴细胞等免疫细胞和抗体、细胞因子等免疫因子，将入侵体内的病毒、细菌等微生物清除，确保机体稳定，同时，免疫系统还具有清除体内衰老死亡的细胞、突变的细胞的作用，维持机体健康。

免疫力一般可分为固有免疫（Innate Immunity）和适应性免疫（Adaptive Immunity）（何维，2012），其中固有免疫可以非特异性地防御各种病原微生物的入侵，适应性免疫则特异性地针对某一特定病原微生物。固有免疫，也称为非特异性免疫或天然免疫，是机体在长期种系发育和进化过程中逐步形成的天然免疫防御功能，是机体在长期进化过程中逐渐形成的一系列免疫防御机制，对多种病原体物质产生生理性排斥反应。适应性免疫也称为特异性免疫或获得性免疫，是机体通过长期与病原微生物接触后产生对特定病原微生物的识别及作用并将其清除体外的免疫防御功能。固有免疫与适应性免疫的区别如表22-1所示。

表22-1 固有免疫与适应性免疫的比较

指标	固有免疫	适应性免疫
获得形式	先天性、无需抗原刺激	获得性、需要抗原激发
作用时间	即时应答、几分钟至几小时	延迟应答、3~5d
针对异物	范围广、无特异性	针对特异性病原体

续表

指标	固有免疫	适应性免疫
免疫记忆	无记忆性	具有记忆性
参与免疫细胞	单核细胞、巨噬细胞、粒细胞、自然杀伤（NK）细胞等	T细胞、B细胞、抗原提呈细胞（APC）
参与免疫分子	细胞因子、补体、溶菌酶等	细胞因子、抗体
存在物种	所有后生动物均存在	仅脊椎动物存在

固有免疫系统包括物理屏障及生物化学屏障、固有免疫细胞及固有免疫分子，其中物理屏障是指机体组织屏障，如皮肤、呼吸道和消化道黏膜组织等，具有阻挡外来病原微生物入侵的作用。生物化学屏障是指皮肤及黏膜分泌物，如溶菌酶、乳酸、抗菌肽等。固有免疫细胞包括树突细胞、自然杀伤细胞、巨噬细胞等。

适应性免疫包括两种应答方式：体液免疫和细胞免疫，其中体液免疫是由B细胞合成和分泌的抗体介导，细胞免疫是由T细胞介导。抗体能够特异性地识别病原微生物中的抗原分子，通过各种作用机制将其清除体外。T细胞可以增强巨噬细胞对微生物的清除作用，同时能直接作用于受感染的细胞，清除体内病原体。图22-1所示为人体适应性免疫应答图。

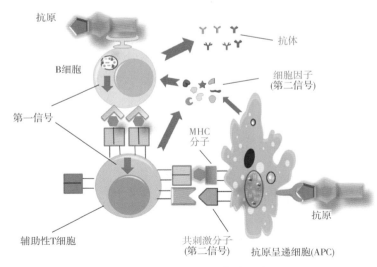

图22-1　人体适应性免疫应答图

海洋功能性食品配料：褐藻多糖的功能和应用

人类的大部分疾病都与免疫有关，免疫力低下的机体易被病毒、细菌、真菌等感染或者患肿瘤，免疫力超常同样也会对身体产生有害的结果，如引发自身免疫疾病、过敏反应等。免疫力低下引发的疾病包括：肠炎、胃炎、肺炎、支气管炎、咽炎等炎症、感冒及肿瘤等疾病。免疫力超常引发的疾病包括：麻疹、过敏性皮炎、花粉过敏、哮喘等疾病。

影响人体免疫力强弱的因素包括遗传因素和环境因素，如饮食、运动、睡眠、压力等，其中饮食是最主要的影响力之一，因为食物的部分营养素成分能够辅助刺激免疫系统，增强机体免疫力。

第二节　褐藻多糖对免疫力的影响

海藻含有丰富的生物活性成分，是现代健康产业的一个重要资源库（Zhang，2005）。在海藻及海藻活性物质的各种健康功效中，褐藻多糖，尤其是岩藻多糖对提升免疫力的功效是目前海藻活性物质研究中的一个热点（Maruyama，2006）。

一、岩藻多糖与免疫细胞

岩藻多糖是源于褐藻的含硫酸基多糖物质，具有广泛的生物活性，尤其在提高免疫力、活化免疫细胞方面效果显著。1982年，Sugawara和Ishizaka（Sugawara，1982）研究发现岩藻多糖能促进T细胞和B细胞增殖分化，首次证实岩藻多糖具有增强免疫力的作用。1984年，Sugawara和Lee（Sugawara，1984）首次研究了岩藻多糖对巨噬细胞的作用，发现岩藻多糖在免疫效应阶段能够增强巨噬细胞的活性。

2008年，Kim和Joo（Kim，2008）证实了岩藻多糖对骨髓源树突细胞的免疫刺激作用，从墨角藻中提取的岩藻多糖对树突细胞具有很强的活化作用，能增强树突细胞分泌更多的细胞因子，如白细胞介素-12和肿瘤坏死因子-α，同时树突细胞表面的活化分子（CD54\CD86）的表达量也显著提高。同年，Yang等（Yang，2008）研究发现岩藻多糖可以刺激人单核树突细胞成熟，促进单核树突细胞分泌白细胞介素-12和肿瘤坏死因子-α等大量细胞因子，证实岩藻多糖具有很强的免疫激活功能，可用于肿瘤免疫治疗。

2012年，Sohn（Sohn，2012）研究了岩藻多糖对自然杀伤（NK）细胞的活化作用，发现在服用岩藻多糖一段时间后，机体的NK细胞活性得到显著提升，同时抑制了体内自由基NO·的产生。

2015 年，Wei 等（Wei，2015）比较了源自 3 种褐藻的岩藻多糖的免疫激活能力，选用泡叶藻、巨藻和墨角藻中提取的岩藻多糖，比较其对自然杀伤细胞、树突细胞和 T 细胞的活化能力，研究结果显示巨藻中的岩藻多糖对巨噬细胞和 T 细胞的活化能力最强，是优选的免疫刺激剂。

M2 巨噬细胞是大量存在于肿瘤微环境中的一种细胞，能分泌多种细胞因子，辅助肿瘤细胞产生免疫耐受和免疫逃逸，促进肿瘤生长。2016 年，Sun 等（Sun，2016）的研究发现，岩藻多糖能有效抑制 M2 巨噬细胞的活性，减少 CCL-22 因子的分泌，从而打破肿瘤细胞的免疫耐受、抑制肿瘤生长和转移。

二、岩藻多糖抗肿瘤作用

1993 年，Ito 等（Ito，1993）最先发现岩藻多糖能增强巨噬细胞的吞噬作用及激活补体系统，从而产生抗肿瘤作用。2005 年，Choi 等（Choi，2005）报道了源于墨角藻的岩藻多糖能激活巨噬细胞活性，促进 IL-6 和 TNF-α 等细胞因子的分泌，产生抗肿瘤功效。

2003 年，Maruyama 等（Maruyama，2003）进一步阐释了岩藻多糖通过激活免疫系统来杀伤肿瘤细胞的作用机理，他们发现源于裙带菜的岩藻多糖能增强自然杀伤细胞和 T 细胞活性，促进 IFN-γ 等细胞因子的分泌，增强对肿瘤的杀伤作用。

2008 年，Seo 等（Seo，2008）发现岩藻多糖对 B 细胞和 T 细胞的活化作用，能促进 B 细胞和 T 细胞生长、促进 IL-6 和 TNF-α 等细胞因子的分泌，增强 T 细胞对肿瘤细胞的杀伤能力。

2017 年，Vetvicka 和 Vetvickova（Vetvicka，2017）评价了岩藻多糖提高免疫力的多种指标，包括免疫细胞的吞噬能力、增殖分化能力、NK 细胞活性、抗体形成及肿瘤生长抑制能力等，发现岩藻多糖对各指标都有显著增强作用，显示出非常强的免疫增强作用。

表 22-2 总结了文献中报道的源自不同褐藻的岩藻多糖的抗肿瘤作用。

表22-2　源自不同褐藻的岩藻多糖的抗肿瘤作用研究成果

褐藻种类	肿瘤细胞类型	抗肿瘤机理	研究方法	参考文献
墨角藻	B16 黑素瘤细胞	增强自然杀伤（NK）细胞活性，抑制肿瘤生长	体内及体外实验	Marcel，2011

褐藻种类	肿瘤细胞类型	抗肿瘤机理	研究方法	参考文献
墨角藻	B16 黑素瘤细胞	增强巨噬细胞对肿瘤的杀伤能力	体外实验	Choi，2005
	T 淋巴瘤细胞	激活 NK 细胞活性	体内实验	Zhang，2015
泡叶藻	B16 黑素瘤细胞	增强 NK 细胞活性、抑制肿瘤细胞生长	体内实验	Marcel，2011
冈村枝管藻	肝癌细胞	刺激巨噬细胞、抑制肿瘤细胞生长	体内实验	Nagamine，2009
裙带菜	B 淋巴瘤细胞	增强 NK 细胞活性	体内实验	Maruyama，2006
	白血病细胞	增强 NK 细胞活性	体内实验	Maruyama，2003
	T 淋巴瘤细胞	增强 NK 细胞活性	体内实验	Zhang，2015

三、岩藻多糖的抗病毒作用

1989 年，Venkateswaran 等（Venkateswaran，1989）从鹿角菜中提取岩藻多糖，研究了岩藻多糖与乙肝病毒表面抗原的作用，首次证实岩藻多糖具有抗病毒作用。

1999 年，Feldman 等（Feldman，1999）报道了岩藻多糖具有抗孢疹病毒的作用，发现岩藻多糖对孢疹病毒的 IC_{50} 值为 0.5~1.9 μg/mL，具有较强的抑制作用。

2013 年，Prokofjeva 等（Prokofjeva，2013）证实岩藻多糖可作为 HIV 的潜在抑制剂，他们的研究发现岩藻多糖能有效抑制 HIV 感染 T 细胞。2015 年，Thuy 等（Thuy，2015）研究了源自 3 种不同褐藻的岩藻多糖的抗 HIV 作用，发现 3 种样品都具有很好的抗 HIV 作用。

2016 年，Laura 等（Laura，2016）发现海蕴中的岩藻多糖对新城鸡瘟病毒（NDV）具有有效的抑制作用，岩藻多糖能有效阻止病毒入侵、防止病毒感染。

第三节　岩藻多糖与疫苗佐剂

疫苗佐剂是一种非特异性的免疫增强剂，注射到体内后能诱导机体产生长期且高效的特异性免疫反应、增强机体保护能力，同时减少免疫物质（抗原）的用量、降低疫苗的生产成本，提高疫苗的效果。

2013 年，Negishi 等（Negishi，2013）通过临床试验发现，每天服用岩藻多糖的 60 岁以上老人接种流感疫苗后，体内产生的抗体数量显著提升，自然杀伤细胞的活性也得到增强。

2014 年,Jin 等（Jin,2014）研究发现岩藻多糖能有效刺激脾脏中的树突细胞，促进细胞因子的分泌，增强抗原 T 细胞免疫反应，是一种很有效的疫苗佐剂。

第四节　小结

大量研究显示，岩藻多糖具有提高免疫力的功效，在功能食品和保健品领域有非常广阔的市场前景。由于岩藻多糖的组成和分子结构非常复杂，目前其提高免疫力的构效关系和详细作用机理尚不明确，还需开展更深入的研究为其在功能食品、保健品、医药等领域的进一步应用奠定基础。

参考文献

［1］Choi E M，Kim A J，Kim Y O，et al. Immunomodulating activity of arabinogalactan and fucoidan in vitro［J］. Journal of Medicinal Food，2005，8：446-453.

［2］Feldman S C，Reynaldi S，Damonte E B，et al. Antiviral properties of fucoidan fractions from *Leathesia difformis*［J］. Phytomedicine，1999，6：335-340.

［3］Ito H，Noda H，Amano H，et al. Antitumor activity and immunological properties of marine algalpolysaccharides，especially fucoidan，prepared from *Sargassum thunbergii* of Phaeophyceae［J］. Anticancer Res.，1993，13：2045-2052.

［4］Jin J O，Zhang W，Yu Q，et al. Fucoidancan function as an adjuvant in vivo to enhance dendritic cell maturation and function and promote antigen-specific T cell immune responses［J］. PLoS ONE，2014，9：e99396-e99406.

［5］Kim M H，Joo H G. Immunostimulatory effects of fucoidan on bonemarrow-derived dendritic cells［J］. Immuno. Lett.，2008，115：138–143.

［6］Laura M，Regina E G，Elizabeth L，et al. Innocuity and anti-Newcastle-virus-activity of *Cladosiphon okamuranus* fucoidan in chicken embryos［J］. Poultry Sci.，2016，95：2795-2802.

［7］Marcel T A，Hiroko M，Ale MT，et al. Fucoidan from *Sargassum sp*. and *Fucus vesiculosus* reduces cell viability of lung carcinoma and melanoma cells in vitro and activates natural killer cells inmice in vivo［J］. Internat. J. of Biol. Macromol.，2011，49：331-336.

［8］Maruyama H，Tamauchi H，Iizuka M，et al. The role of NK cells in antitumor activity of dietary fucoidanfrom *Undaria pinnatifida* sporophylls （Mekabu）.［J］. Planta Med，2006，72：1415-1417.

［9］Maruyama H，Tamauchi H，Hashimoto M，et al. Antitumor activity and immune response of Mekabufucoidan extracted from sporophyll of *Undaria pinnatifida*［J］. *In Vivo*，2003，17：245-250.

［10］Nagamine T，Hayakawa K，Kusakabe T，et al. Inhibitory effect of fucoidan on Huh7 hepatoma cells through downregulation of CXCL12［J］. Nutrition and Cancer，2009，61：340-347.

［11］Negishi H，Mori M，Yamori Y，et al. Supplementation of elderly Japanese men and women with fucoidan from seaweed increases immune responses to seasonal influenza vaccination［J］. J. Nutr.，2013，143：1794-1798.

［12］Prokofjeva M，Imbs T，Prassolov V S，et al. Fucoidans as potential inhibitors of HIV-1［J］. Mar ine Drugs，2013，11：3000-3014.

［13］Seo Y C，Choi W Y，Lee H Y，et al. Enhancement of immunomodulatory and anticancer activity of fucoidan by nano encapsulation［J］. Food Sci. Biotechnol.，2008，17：1254-1260.

［14］Sohn E H. Immunomodulatoryeffects of fucoidan on NK cells in ovariectomized rats［J］. Korean J. Plant Res.，2012，25：317-322.

［15］Sugawara I，Ishizaka S. Polysaccharides with sulfate groups are human T-cell mitogensand murine polyclonal B-cell activators（PBAs）［J］. Cellular Immunology，1982，74：162-171.

［16］Sugawara I，Lee K C. Fucoidanblocks macrophage activation in an inductive phasebut promotes macrophage activation in an effector phase［J］. Microbiol. Immunol.，1984，28：371-377.

［17］Sun J，Sun J T，Qu X，et al. Fucoidan inhibits CCL22 production through NF-κB pathway in M2 macrophages：a potential therapeutic strategy for cancer［J］. 2016，Scientific Reports，6：35855-35865.

［18］Thuy T，Ly B M，Ai U，et al. Anti-HIV activity of fucoidans from three brown seaweed species［J］. Carbohydr ate Poly mers，2015，115：122-128.

［19］Venkateswaran P，Millman I，Blumberg B S. Interaction of fucoidan from Pelvetiafastigiata with surface antigens of hepatitis B and woodchuck［J］. Hepatitis Viruses Planta Medica，1989，55：265-270.

［20］Vetvicka V，Vetvickova J. Fucoidans stimulate immune reaction and suppress cancer growth［J］. Anticancer Research，2017，37：6041-6046.

［21］Wei Z，Oda T，Jin J O，et al. Fucoidan from macrocystis pyrifera has powerful immune-modulatory effects compared to three other fucoidans [J]. Mar. Drugs, 2015, 13: 1084-1104.

[22] Yang M, Ma C, Qu X, et al. Fucoidan stimulation induces a functional maturation of human monocyte-deriveddendritic cells [J]. International Immunopharmacology, 2008, 8: 1754–1760.

[23] Zhang Y. Review and prospect of seaweed derived bioactive substances [J]. World Sci-tech R & D, 2005, 27: 56-63.

[24] Zhang W, Oda T, Yu Q, et al. Fucoidan from Macrocystis pyrifera has powerful immune-modulatory effects compared to three other fucoidans [J]. Marine Drugs, 2015, 13: 1084-1104.

[25] 何维, 曹雪涛, 熊思东, 等. 医学免疫学 [M]. 北京: 人民卫生出版社, 2012.

　　　　海洋功能性食品配料: 褐藻多糖的功能和应用

第二十三章　褐藻多糖的降血压、降血脂、降血糖功效

第一节　引言

"三高"是高血压、高血脂、高血糖的总称，是随着经济社会发展派生出的富贵病。据世界卫生组织统计，在中国居民死因构成比中，心血管疾病占45%、癌症占23%、慢性呼吸系统疾病占11%、损伤占8%、传染性、孕产妇、围产期和营养疾患占5%、其他非传染性疾病占6%、糖尿病占2%。心血管疾病的危害明显高于其他疾患，其预防和治疗也因此变得非常重要。

第二节　三高症

一、高血压

高血压是指以体循环动脉血压增高为主要特征，可伴有心、脑、肾等器官的功能或器质性损害的临床综合征，分为原发性高血压和继发性高血压，前者是以血压升高为主要临床表现而病因尚未明确的独立疾病，占所有高血压患者的90%以上；后者又称为症状性高血压，血压可暂时性或持久性升高。高血压是最常见的慢性病，也是心脑血管病中最主要的危险因素。

临床上按血压值高低可分为正常血压、临界高血压和诊断高血压，其中正常血压的舒张压为90mmHg或以下、收缩压在140mmHg或以下；临界高血压的舒张压在91~95mmHg、收缩压在141~159mmHg之间；确诊高血压的舒张压达到或超过95mmHg、收缩压达到或超过160mmHg。

国家心血管病中心发布的《中国心血管病报告2017》对我国高血压患病状况进行了分析，1958—1959年、1979—1980年、1991年和2002年进行的4次

全国范围高血压抽样调查结果显示，15岁以上居民高血压患病率呈现上升趋势。中国居民营养与慢性病状况调查显示，2012年中国≥18岁居民的高血压患病率为25.2%，随年龄增加而显著增高。1991—2011年中国健康与营养调查对≥18岁成年人进行了8次横断面调查，结果显示血压正常高值年龄标化检出率从1991年的23.9%增加到2011年的33.6%。根据《中国居民营养与慢性病状况报告（2015年）》，2012年≥18岁人群高血压的知晓率、治疗率和控制率分别为46.5%、41.1%和13.8%，高于1991年和2002年的全国调查结果，尤其是控制率水平提高明显。《柳叶刀》杂志2017年10月刊发国家心血管病中心、阜外医院蒋立新教授团队开展的迄今为止我国覆盖最广、规模最大的两项高血压管理现况调查结果，累计筛查35~75岁城乡社区居民超过170万人，结果发现年龄性别调整后高血压检出率为37%，检出的高血压患者中知晓率、治疗率和控制率分别为36%、23%和6%（Lu，2017）。

二、高血脂

高血脂在临床上称为高脂血症，是指血液中胆固醇或甘油三酯过高或高密度脂蛋白胆固醇过低，也称血脂异常。高血脂可直接引起一些严重危害人体健康的疾病，如动脉粥样硬化、冠心病、胰腺炎等。

血脂是血清中的胆固醇、甘油三酯和类脂（如磷脂）等的总称，与临床密切相关的血脂主要是胆固醇和甘油三酯（Triglyceride，TG）。血脂不溶于水，必须与特殊的蛋白质即载脂蛋白（Apolipoprotein，Apo）结合形成脂蛋白才能溶于血液，被运输至组织进行代谢，其中脂蛋白可分为乳糜微粒、极低密度脂蛋白、中间密度脂蛋白、低密度脂蛋白和高密度脂蛋白（赵水平，2014；Ballantyne，2014）。

高脂血症可分为原发性和继发性两类。原发性高脂血症与先天性和遗传有关，是由于单基因缺陷或多基因缺陷，使参与脂蛋白转运和代谢的受体、酶或载脂蛋白异常所致，或由于环境因素（饮食、营养、药物）和通过未知的机制而致。继发性高脂血症多发生于代谢性紊乱疾病（糖尿病、高血压、黏液性水肿、甲状腺功能低下、肥胖、肝肾疾病、肾上腺皮质功能亢进），或与年龄、性别、季节、饮酒、吸烟、饮食、体力活动、精神紧张、情绪活动等其他因素有关。

高脂血症的临床表现主要是脂质在真皮内沉积所引起的黄色瘤和脂质在血管内皮沉积所引起的动脉硬化。黄色瘤的发生率并不高，动脉粥样硬化的发生和发展是一个缓慢渐进的过程，因此通常情况下，多数患者并无明显症状和异常体征。不少人是由于其他原因进行血液生化检验时才发现有血浆脂蛋白水平升高的症状。2016 年，中国成人血脂异常防治指南修订联合委员会发布《中国成人血脂异常防治指南（2016 年修订版）》，中国成人血脂异常总体患病率高达40.40%，较 2002 年呈大幅度上升。血清胆固醇水平的升高将导致 2010—2030 年间我国心血管病事件增加 920 万（Moran，2010）。

三、高血糖

高血糖是指机体血液中葡萄糖含量高于正常值。高血糖的临床表现可以有显性的症状，如口干渴、饮水多、尿多、消瘦；也可以是隐性的症状，无明显主观不适。短时间、一次性的高血糖对人体无严重损害，而长期的高血糖会使全身各个组织器官发生病变，导致急慢性并发症的发生，如失水、电解质紊乱、营养缺乏、抵抗力下降、肾功能受损、神经病变、眼底病变、心脑血管疾病、糖尿病足等。

第三节　"三高症"的控制与治疗

"三高症"同属心血管疾病危险因素，有共性特点，从卫生经济学原则出发，采取"三高"共管的干预管理方式、开展国民心血管病风险的综合控制，可有效遏制心血管疾病的流行趋势。

一、生活方式干预

健康的生活方式可降低血压、预防或延迟高血压的发生、降低心血管疾病的发生率。生活方式干预包括提倡健康生活方式、消除不利于身体和心理健康的行为和习惯。

合理膳食是"三高症"的基础干预手段，通过调整饮食总能量、饮食结构及餐次分配比例，有利于血压、血脂及血糖控制，有助于维持理想体重并预防营养不良发生，是"三高症"及其并发症的预防、治疗、自我管理以及教育的重要组成部分（Saneei，2014；诸骏仁，2016；《中国高血压防治指南》修订委员会，2018；Appel，1997；Struijk，2014）。合理膳食包括以下几个方面。

（1）减少食盐摄入　钠盐可显著升高血压以及高血压的发病风险，适度减少钠盐摄入可有效降低血压（Sacks,2001）。钠盐摄入过多和（或）钾摄入不足，以及钾钠摄入比值较低是我国高血压发病的重要危险因素（中华医学会心血管病学分会高血压学组，2015）。我国居民膳食中 75.8% 的钠来于家庭烹饪用盐，其次为高盐调味品。随着饮食模式的改变，加工食品中的钠盐也将成为重要的钠盐摄入途径。为了预防高血压和降低高血压患者的血压，钠的摄入量应该减少至 2400mg/d（6g 氯化钠）。高血压患者应采取各种措施限制钠摄入量、增加钾摄入量。

（2）控制脂肪摄入　高血压患者和有进展为高血压风险的正常血压者，饮食应该以水果、蔬菜、低脂奶制品、富含膳食纤维的全谷物、植物来源的蛋白质为主，减少饱和脂肪和胆固醇的摄入（Saneei，2014）。高血脂患者在满足每日必需营养和总能量需要的基础上，当摄入饱和脂肪酸和反式脂肪酸的总量超过规定上限时，应该用不饱和脂肪酸替代，每日摄入胆固醇应该少于 300mg（GISSI-Preventione Investigators，1999）。对于高血糖患者，膳食中由脂肪提供的能量应占总能量的 20%~30%，饱和脂肪酸摄入量不应超过饮食总能量的 7%，尽量减少反式脂肪酸的摄入。单不饱和脂肪酸是较好的膳食脂肪酸来源，在总脂肪摄入中的供能比宜达到 10%~20%。多不饱和脂肪酸摄入不宜超过总能量摄入的 10%，适当增加富含 n-3 脂肪酸的摄入比例，同时控制膳食中胆固醇的过多摄入（Esposito，2014；中国营养学会，2016）。

（3）碳水化合物　高血糖、高血脂患者膳食中对碳水化合物的数量、质量的体验是血糖控制的关键环节，碳水化合物所提供的能量应占总能量的 50%~65%，选择使用富含膳食纤维和低升糖指数的碳水化合物替代饱和脂肪酸。碳水化合物摄入以谷类、薯类和全谷物为主，其中添加糖摄入不应超过总能量的 10%。定时、定量进餐、尽量保持碳水化合物均匀分配，控制添加糖的摄入，不喝含糖饮料。

（4）限制饮酒　过量饮酒显著增加高血压的发病风险，且其风险随着饮酒量的增加而增加，建议高血压患者不饮酒，如饮酒，每日酒精摄入量男性不超过 25g、女性不超过 15g（Mancia，2013）。

（5）提高膳食纤维摄入　豆类、富含纤维的谷物类、水果、蔬菜、全谷物食物及海藻均为膳食纤维的良好来源，多食用这类食品对健康有益（Ye，2012）。

（6）微量营养素　糖尿病患者容易缺乏 B 族维生素、维生素 C、维生素 D 以及铬、锌、硒、镁、铁、锰等多种微量营养元素，可根据营养评估结果适量补充（Powers，2015）。

除了合理膳食，控制体重、戒烟、增加运动、减轻精神压力、保持心理平衡等健康生活方式也是控制"三高"的有效手段。

二、"三高症"的药物治疗

生活方式干预是"三高症"的基础措施，应该贯穿于预防和治疗过程。如果单纯的生活方式改变不能使"三高"得到有效控制，应开始药物治疗。

（1）高血压的药物治疗　高血压治疗的根本目标是降低高血压的心、脑、肾与血管并发症发生和死亡的总危险。鉴于高血压是一种心血管综合征，应根据高血压患者的血压水平和总体风险水平，决定给予改善生活方式和降压药物的时机和强度，同时干预检出的其他危险因素、靶器官损害和并存的临床疾病。一般患者血压目标需控制到 140/90mmHg 以下，部分有糖尿病、蛋白尿等的高危患者的血压可控制在 130/80mmHg 以下（Wright，2015）。根据《中国高血压防治指南 2018 年修订版》推荐的高血压药物干预常用降压药物的种类和作用特点（《中国高血压防治指南》修订委员会，2018），常用降压药物包括钙离子通道阻断剂、血管紧张素转换酶抑制剂、血管紧张素受体拮抗剂、利尿剂和 β 受体阻滞剂五类（王文，2010）。

（2）高血脂的药物治疗　人体血脂代谢途径复杂，有诸多酶、受体和转运蛋白参与（诸骏仁，2016）。临床上可供选用的调脂药物主要有以下几大类。

①主要降低胆固醇的药物：这类药物的主要作用机制是抑制肝细胞内胆固醇的合成，加速 LDL 分解代谢或减少肠道内胆固醇的吸收，包括他汀类、胆固醇吸收抑制剂、普罗布考、胆酸螯合剂及其他调脂药（脂必泰、多廿烷醇）等。

②主要降低 TG 的药物：主要有 3 种降低 TG 的药物：贝特类、烟酸类和高纯度鱼油制剂。

③新型调脂药物：近年来国外已有 3 种新型调脂药被批准临床应用，其中微粒体 TG 转移蛋白抑制剂洛美他派（Lomitapide，商品名为 Juxtapid）于 2012 年由美国食品药品监督管理局批准上市（Rader，2014）。

④调脂药物的联合应用：调脂药物的联合应用可提高血脂控制达标率、降低不良反应发生率（诸骏仁，2016）。

（3）高血糖的药物治疗　在合理饮食和运动不能使血糖控制达标时应及时采用药物治疗，其中主要的降糖药包括口服降糖药、GLP-1 受体激动剂及胰岛素三类。

①口服降糖药物：高血糖的药物治疗一般基于纠正导致人类血糖升高的两个主要病理生理改变：胰岛素抵抗和胰岛素分泌受损。根据作用机理的不同，

口服降糖药可分为以促进胰岛素分泌为主要作用的药物（如磺脲类、格列奈类、DPP-4 抑制剂等）和通过其他机制降低血糖的药物（如双胍类、TZDs、α- 糖苷酶抑制剂、SGLT2 抑制剂等）。磺脲类和格列奈类直接刺激胰岛 B 细胞分泌胰岛素，DPP-4 抑制剂通过减少体内 GLP-1 的分解增加 GLP-1 浓度从而促进胰岛B 细胞分泌胰岛素，双胍类的主要药理作用是减少肝脏葡萄糖的输出，TZDs 的主要药理作用是改善胰岛素抵抗，α- 糖苷酶抑制剂的主要药理作用为延缓碳水化合物在肠道内的消化吸收，SGLT2 抑制剂的主要药理作用是通过减少肾小管对葡萄糖的重吸收增加肾脏葡萄糖的排出。

② GLP-1 受体激动剂：GLP-1 受体激动剂以葡萄糖浓度依赖的方式增强胰岛素分泌、抑制胰高糖素分泌，并能延缓胃排空，通过中枢性的食欲抑制来减少进食量。目前国内上市的 GLP-1 受体激动剂有艾塞那肽、利拉鲁肽、利司那肽和贝那鲁肽，均需皮下注射（Drucker，2006；Holman，2017）。

③胰岛素：胰岛素治疗是控制高血糖的重要手段。1 型糖尿病患者需依赖胰岛素维持生命，也必须使用胰岛素控制高血糖，并降低糖尿病并发症的发生风险。2 型糖尿病患者虽不需要胰岛素维持生命，但当口服降糖药效果不佳或存在口服药使用禁忌时，仍需使用胰岛素控制高血糖，并减少糖尿病并发症的发生危险（中华医学会糖尿病学分会，2015；纪立农，2017）。

第四节　褐藻多糖的降“三高”功效

海藻含有大量有益于人体健康的生物活性物质，其中多糖、不饱和脂肪酸、酶、多肽、氨基酸、牛磺酸等海藻活性物质具有抗凝血、降血压、降血脂等独特功效，可改善人体血液微循环，有效预防高脂血症、动脉硬化等心血管疾病（Zaharudin，2018；陈华，2007）。

一、褐藻胶的降“三高”功效

褐藻胶是从海洋褐藻植物中提取的多糖类物质，包括海藻酸、海藻酸盐、褐藻胶寡糖、藻酸丙二醇酯、藻酸双酯钠（PSS）等多种高分子量多糖类物质，其中海藻酸钠、海藻酸钾、褐藻胶寡糖、藻酸双酯钠等具有优良的降“三高”功效。

（1）海藻酸钠　作为一种膳食纤维，海藻酸钠能降低人体血清和肝脏中的胆固醇、抑制总胆固醇和脂肪酸浓度上升，有助于治疗高血压、高血脂和高血糖。

海藻酸钠降"三高"的功效主要与其膳食纤维特性相关（El Khoury，2015）。首先，膳食纤维能增加饱腹感、减少食物摄入量，因而有助于降低血脂和血糖（Melanson，2006；Lairon，2007）。其次，膳食纤维可改善血糖的生成和胰岛素的升高，对糖尿病的预防有一定效果，尤其对胰岛素依赖型的糖尿病效果明显（Kalkwarf，2001；欧仕益，1998）。高纤维的膳食可以改善末梢组织对胰岛素的感受性，降低对胰岛素的需求，调节糖尿病患者血糖的水平。此外，膳食纤维有助于延缓和降低餐后血糖水平、升高血清胰岛素水平、维持餐后血糖的平衡和稳定、避免血糖水平的剧烈波动，有利于预防糖尿病（Giacco，2002）。

作为膳食纤维，海藻酸钠也可以减少胆汁酸的再吸收量，改变食物消化速度和消化道分泌物的分泌量，其吸附螯合作用能促进体内血脂和脂蛋白代谢的正常进行、增加胆固醇的排出量、降低血清中胆固醇浓度，从而预防高血压、高脂血、心脏病和动脉硬化，降低冠心病和心脑血管疾病的发病率（Ryo，2004；Keb，2001）。

（2）海藻酸钾　细胞内钠离子浓度的增高可促使钙离子进入细胞，缺钾可使血管平滑肌细胞膜去极化而促使细胞内钙离子进一步增多，从而引发血管平滑肌收缩、血压升高。胡春生（胡春生，2010）通过对海藻酸钾辅助降血压人体试食的研究，发现海藻酸钾能有效辅助抗高血压药降低原发性高血压受试者收缩压和舒张压水平，有效缓解高血压受试者主要临床症状，且在试食期间未观察到海藻酸钾对受试者有不良反应。试验中（胡春生，2010）将102例高血压患者随机分为海藻酸钾组和对照组，原服用降压药物不变，海藻酸钾组每天服用含海藻酸钾的奶粉50g（含海藻酸钾3.5g），对照组服用普通奶粉，连续50d后对每位受试者进行血压、血常规、肝功能、肾功能、血糖、血脂测定，同时对临床症状、不良反应等进行问卷调查，结果显示海藻酸钾组血压随服用时间逐步下降，主要临床症状积分显著降低，头痛、眩晕、心悸、耳鸣、失眠、腰膝酸软6项临床症状改善有效率及改善总有效率与对照组比较差异显著，改善总有效率达76.47%。

（3）褐藻寡糖　褐藻寡糖是海藻酸钠在一定条件下降解后得到的低分子量活性寡糖，具有调节血脂、降低血压的作用。Moriya（Moriya，2013）等用盐敏感高血压Dahl's大鼠模型研究海藻酸钠寡糖降血压的机理，发现未皮下注射海藻酸钠寡糖的大鼠随着年龄的增加收缩压增加，而注射海藻酸钠寡糖的大鼠几乎能完全抑制由高盐饮食导致的血压增加，但当停止注射时，大鼠在注射海藻酸钠寡糖这一过程中下降的收缩压会急剧上升。Ueno 等（Ueno，2012）的研究表明，海藻酸钠寡糖对原发性高血压也有一定的治疗效果，在原发性高血压小鼠的饮食中添加海藻酸钠寡糖后老鼠的收缩压升高、心脏重量减小、肾脏损害和心血管损害显著降低（Chaki，2007）。

血清中低密度脂蛋白胆固醇（LDL-C）浓度高于正常水平可引发心血管病症、脂肪肝等疾病的发生。Yang 等（Yang，2015）的研究表明，海藻酸钠寡糖能提高固醇调节元件结合蛋白 -2（SREBP-2）核转录和 mRNA 水平，从而促进肝细胞表面低密度脂蛋白受体基因表达，增强其清除 LDL-C 的能力，在调节脂质代谢，减少动脉粥样硬化、冠心病、脑卒中和外周动脉病的发生风险中发挥重大的作用（Ueno，2012）。

（4）藻酸双酯钠（PSS） 藻酸双酯钠（Polysaccharide Sulfate Sodium，PSS）是 1985 年由中国海洋大学管华诗院士研制开发的世界上第一个海洋类肝素糖类药物，具有较强的聚阴离子性质，临床主要用于缺血性心、脑血管系统疾病和高脂血症的预防和治疗。目前国内已批准藻酸双酯钠生产批准文号 294 个，其中片剂 241 个、注射液 53 个。PSS 的临床疗效确切、价格低廉，目前已成为我国中低收入和广大农村人口在缺血性心、脑血管病和高脂血症防治中的首选药物。

PSS 是以海藻酸为原料，经分子修饰得到的一种海洋低分子硫酸多糖化合物，其化学名称为藻酸丙二醇酯硫酸酯钠盐。PSS 为白色或微黄色的无定形粉末，无臭，味微咸，无刺激性异味，有引湿性，在水中易溶解，不溶于乙醇、丙酮、乙醚、氯仿等有机溶剂。卫生部药品标准 1995 年版第二部第四册规定：PSS 系海带提取物海藻酸钠经水解、酯化而成的一种藻酸丙酯的硫酸酯钠盐。按干燥品计算，含有机硫为 9. 0%~13.0%，其重均相对分子质量为 10~20ku，相对分子质量分布宽度 <1. 80，M∶G 约为 7∶3。图 23-1 所示为藻酸双酯钠的结构式。

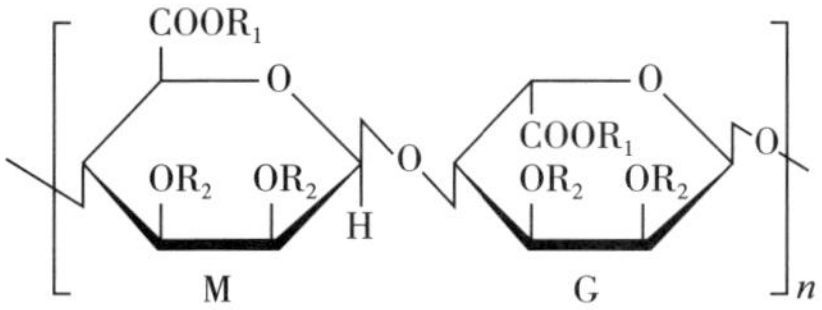
COOR1
O
COOR1
OR2
OR2
OR2
OR2
H
O
M
G
n
R1=H,CH2CH(OH)CH3
R2=H,OSO3Na

图 23-1 藻酸双酯钠的结构式

PSS 具有较强的聚阴离子性质，沿分子链电荷集中，在其电斥力作用下，能使富含负电荷的细胞表面增强相互间的排斥力，故能阻抗红细胞之间和红细胞与血管壁之间的黏附，改善血液的流变学性质。PSS 具有较强的抗凝活性，其抗凝效价约相当于肝素的 1/3~1/2，能阻止血小板对胶原蛋白的黏附，抑制由于血管内膜受损和腺苷二磷酸凝血酶激活等所致的血小板聚集，具有抗血栓和降低血液黏度等作用。PSS 具有明显的降低血脂作用，应用后不仅能使血浆中胆固醇、甘油三酯、低密度脂蛋白、极低密度脂蛋白等迅速下降，同时能升高血清高密度脂蛋白的水平，抑制动脉粥样硬化病变的发生和发展，对外周血管有明显的扩张作用，能有效改善微循环，抑制动脉和静脉内血栓的形成。

研究表明，PSS 对脂质的吸收、脂蛋白的形成、脂质的降解或排泄等过程有明显影响。PSS 的阴离子聚电解质性质能使血脂成分与血管壁以及血脂之间的排斥力增加，具有强烈的分散乳化性，在改善血液流变性的同时使胆固醇和甘油三酯不易于在血管壁沉积，促使前者在肝脏降解为胆汁酸而经肝肠循环排出体外，促使后者水解为游离脂肪酸，因此能调整血脂成分，减轻血脂异常对血管内皮及细胞膜的损害（孙杨，2011；马葆琛，2005）。藻酸双酯钠能扩张血管，对血管内高度聚集的红细胞有解聚能力，影响前列腺素合成，降低 TXB2 及 TXB2/PGI2 水平。经数年临床应用，不良反应发生率为 5%~23%，其疗效高、副作用小，是防治心脑血管疾病的优良药物（陈华，2007；张彩清，1993；杨树森，2011；刘学慧，2006）。

文献报道，PSS 能提高受体对胰岛素的敏感性，产生降血糖活性。张春等（张春，2003）的研究表明，PSS 可明显改善 2 型糖尿病伴高脂血症患者的脂质代谢异常，改善胰岛素抵抗作用。夏霖（夏霖，2002）用 PSS 联合磺酰脲类降糖药格列齐特治疗 2 型糖尿病，并与单独服用降糖药组做对照，PSS 辅助治疗糖尿病组患者的血脂、血糖均明显下降。

二、岩藻多糖的降"三高"功效

岩藻多糖又称褐藻多糖硫酸酯、褐藻糖胶，是从褐藻中提取出的一种水溶性杂多糖，具有抗凝血、降血脂、防血栓、改善微循环及抗肿瘤、抗病毒等功效（Park，2016）。岩藻多糖还能提高肾脏对肌酐的清除率，改善肾功能，对治疗尿毒症有显著效果，临床上已用于治疗慢性肾衰竭（陈华，2007）。岩藻多糖具有抗凝血活性，是一种天然凝血酶抑制剂，对凝血酶原时间和活化部分凝血活酶时间等指标产生影响（Kuznetsova，2003；Drozd，2006；Yoon，2007）。

王庭欣等（王庭欣，2001）的研究表明，海带多糖能明显降低糖尿病小鼠的血糖和尿素氮，增加糖尿病小鼠的血清钙和血清胰岛素含量，对四氧嘧啶所致的胰岛损伤具有明显的恢复作用。李福川等（李福川，2000）报道了 3 种海带多糖［粗多糖、岩藻半乳多糖硫酸酯（FGS）及 FGS 的高纯组分之一］对四氧嘧啶糖尿病小鼠都具有降糖作用。

三、其他海藻多糖的降"三高"功效

除了褐藻胶和岩藻多糖，褐藻淀粉、孔石莼多糖、浒苔多糖、琼胶、卡拉胶等海藻多糖及其衍生物也具有优良的降"三高"功效，其作用机理如下。

（1）脂质吸收的减少　海藻多糖能降低机体对总胆固醇的吸收，直接作用于小肠内的吸收酶，使吸收酶活性降低，从而减少总胆固醇的吸收，降低机体血脂水平（Smail，1983）。

（2）影响脂质合成及代谢关键酶　脂蛋白脂酶（LPL）、肝脂酶（HL）和卵磷脂胆固醇酰基转移酶（LCAT）是机体内脂质转运、代谢的关键酶。很多研究表明，海藻多糖能通过增强大鼠血清中 LCAT 和 LPL 酶活性，降低血脂水平。

（3）影响胆汁酸的代谢　海藻多糖能吸附胆汁酸，使血液中游离的胆汁酸减少，从而使胆固醇吸收受到抑制。而且胆汁酸数量的减少，能引起肝脏中胆固醇合成的负反馈作用，从而降低血浆中的胆固醇含量。

（4）结肠代谢物的作用　在肠道中，海藻多糖经细菌发酵可产生短链脂肪酸，这些短链脂肪酸在人体结肠中能被完全吸收，并影响机体胆固醇的代谢。海藻多糖的发酵程度、生成脂肪酸的类别对胆固醇的降低程度有一定的影响（Lewinska，2010）。

（5）影响膜受体　海藻多糖主要影响脂蛋白受体，目前研究最多的是 LDL 受体。当肝细胞内的总胆固醇浓度降低时，LDL 受体的数目会有所上调，使 LDL 在肝脏内的摄入增加，从而降低血脂水平（Jenkins，2001）。

褐藻淀粉硫酸酯（LS）有类肝素样抗凝血功效，低硫酸化的 LS 有很强的降血脂作用，可影响血浆脂质中 β/α 脂蛋白的比例（Hoffman，1996）。对 LS 进行的大量药理研究证实其能降血脂、抗凝血、抑制血小板聚集，而无明显不良反应，是治疗动脉粥样硬化和高脂血症疗效显著的药物，可澄清血脂、延长凝血时间、促进纤维蛋白溶解、改善微循环。

紫菜胶是从红藻条斑紫菜中提取出的一种多糖，能促进蛋白质生物合成，提高机体免疫功能，抗肿瘤、抗肝炎、抗辐射及抗白细胞降低，有增强心肌收缩力、降血脂、抑制血栓形成的作用，对预防动脉硬化、改善心肌梗死具有重要意义（Zhang，2003；谢露，2006）。

孙煜煊（孙煜煊，2009）研究了孔石莼多糖对高血糖模型小鼠的降血糖和降血脂作用。采用腹腔注射四氧嘧啶及喂食高脂饲料的方法建立小鼠高血糖、高血脂模型，对高血糖模型小鼠和正常小鼠灌胃孔石莼多糖。结果表明，不同

剂量的孔石莼多糖均可明显降低四氧嘧啶诱发的高血糖小鼠血清葡萄糖浓度，而不会降低正常小鼠的血糖浓度，并且随着灌胃孔石莼多糖剂量的增加，高血糖模型小鼠的血糖浓度降低也更加显著。

第五节　小结

海藻含有大量有益于人体健康的生物活性物质，大量科学研究证实褐藻胶、岩藻多糖等褐藻多糖有降血压、降血脂、降血糖等独特功效，在防抗心血管疾患中有重要的应用价值。

参考文献

［1］Appel L J，Moore T J，Obarzanek E，et al. A clinical trial of the effects of dietary patterns on blood pressure. DASH Collaborative Research Group［J］. The New England Journal of Medicine，1997，336（16）：1117-1124.

［2］Ballantyne C M. Clinical Lipidology：A Companion to Braunwald's Heart Disease，2nd Ed［M］. Philadelplia：Saunders，2014.

［3］Chaki T，Kajimoto N，Ogawa H，et al. Metabolism and calcium antagonism of sodium alginate oligosaccharides［J］. Bioscience，Biotechnology，and Biochemistry，2007，71（1）：1819-1825.

［4］Drozd N N，Tolstenkov A S，Makarov V A，et al. Pharmacodynamic parameters of anticoagulants based on sulfated polysaccharides from marine algae［J］. Bulletin of Experimental Biology & Medicine，2006，142（5）：591-593.

［5］Drucker D J，Nauck M A. The incretin system：glucagon-like peptide-1 receptor agonists and dipeptidyl peptidase-4 inhibitors in type 2 diabetes［J］. Lancet，2006，368（9548）：1696-1705.

［6］El Khoury D，Goff H D，Anderson G H. The role of alginates in regulation of food intake and glycemia：a gastroenterological perspective［J］. Critical Reviews in Food Science and Nutrition，2015，55（10）：1406-1424.

［7］Esposito K，Chiodini P，Maiorino M I，et al. Which diet for prevention of type 2 diabetes? A meta-analysis of prospective studies［J］. Endocrine，2014，47（1）：107-116.

［8］Giacco R，Clemente G，Riccardi G. Dietary fibre in treatment of diabetes：myth or reality？［J］. Digestive & Liver Disease Official Journal of the Italian Society of Gastroenterology & the Italian Association for the Study of the Liver，2002，34（Suppl 2）：S140-S144.

［9］GISSI-Preventione Investigators. Dietary supplementation with n-3 polyunsaturated fatty acids and vitamin E after myocardial infarction：

results of the GISSI-Prevention trial, Gruppo Italiano per lo Studio della Sopravvivenza nell'Infarto miocardico [J]. Lancet, 1999, 354: 447-455.

[10] Hoffman R, Paper D, Donaldson J, et al. Inhibition of angiogenesis and murine tumour growth by laminarin sulphate [J]. British Journal of Cancer, 1996, 73 (10): 1183-1186.

[11] Holman R R, Bethel M A, Mentz R J, et al. Effects of once-weekly exenatide on cardiovascular outcomes in type 2 diabetes [J]. The New, England Journal of Medicine, 2017, 377 (23): 1228-1239.

[12] Jenkins D J, Kendall C W, Popovich D G, et al. Effect of a very-high-fiber vegetable, fruit, and nut diet on serum lipids and colonic function [J]. Metabolism-Clinical & Experimental, 2001, 50 (4): 494-503.

[13] Kalkwarf H J, Bell R C, Khoury J C, et al. Dietary fiber intakes and insulin requirements pregnant women with type 1 diabetes [J]. Journal of the American Dietetic Association, 2001, 101 (3): 305-310.

[14] Keb K. The nutritional significance of "dietary fibre" analysis [J]. Animal Feed Science & Technology, 2001, 90 (1): 3-20.

[15] Kuznetsova T A, Besednova N N, Mamaev A N, et al. Anticoagulant activity of fucoidan from brown algae *Fucus evanescens* of the Okhotsk Sea [J]. Bulletin of Experimental Biology & Medicine, 2003, 136 (5): 471-473.

[16] Lairon D. Dietary fiber and control of body weight [J]. Nutrition Metabolism & Cardiovascular Diseases Nmcd, 2007, 17 (1): 1-5.

[17] Lewinska D, Rosinski S, Piatkiewicz W. A new pectin-based material for selective LDL-cholesterol removal [J]. Artificial Organs, 2010, 18 (3): 217-222.

[18] Li C, Gao Y, Li M, et al. Effect of Laminaria japonica polysaccharides on lowing serum lipid and anti-atherosclerosis in hyperlipemia quails [J]. Journal of Chinese Medicinal Materials, 2005, 28 (8): 676-679.

[19] Lu J, Lu Y, Wang X, et al. Prevalence, awareness, treatment, and control of hypertension in China: data from 1. 7 million adults in a population-based screening study (China PEACE Million Persons Project) [J]. Lancet, 2017, 390 (10112): 2549.

[20] Mancia G, Fagard R, Narkiewicz K, et al. 2013 ESH/ESC Guidelines for the management of arterial hypertension: the Task Force for the management of arterial hypertension of the European Society of Hypertension (ESH) and of the European Society of Cardiology (ESC) [J]. Journal of Hypertension, 2013, 31 (7): 1281-1357.

[21] Melanson K J, Angelopoulos T J, Nguyen V T, et al. Consumption

of whole-grain cereals during weight loss: effects on dietary quality, dietary fiber, magnesium, vitamin B-6, and obesity [J] . Journal of the American Dietetic Association, 2006, 106 (9): 1380-1388.

[22] Moran A, Gu D, Zhao D, et al. Future cardiovascular disease in china: markov model and risk factor scenario projections from the coronary heart disease policy model-china [J] . Circ. Cardiovasc. Qual. Outcomes, 2010, 3: 243-252.

[23] Moriya C, Shida Y, Yamane Y, et al. Subcutaneous administration of sodium alginate oligosaccharides prevents salt-induced hypertension in Dahl salt-sensitive rats [J] . Clinical Experimental Hypertension, 2013, 35 (8): 607-613.

[24] Park J, Yeom M, Hahm D H. Fucoidan improves serum lipid levels and atherosclerosis through hepatic SREBP-2-mediated regulation [J] . J. Pharmacol. Sci., 2016, 131 (2): 84-92.

[25] Powers M A, Bardsley J, Cypress M, et al. Diabetes self-management education and support in type 2 diabetes: a joint position statement of the American diabetes association, the American association of diabetes educators., and the academy of nutrition and dietetics [J] . Diabetes Care., 2015, 38 (7): 1372-1382.

[26] Rader D J, Kastelein J J. Lomitapide and mipomersen: two first-inclass drugs for reducing low-density lipoprotein cholesterol in patients with homozygous familial hypercholesterolemia [J] . Circulation, 2014, 129: 1022-1032.

[27] Ryo M, Nakamura T, Kihara S, et al. Adiponectin as a biomarker of the metabolic syndrome [J] . Japanese Circulation Journal, 2004, 68 (11): 975-981.

[28] Sacks F M, Svetkey L P, Vollmer W M, et al. Effects on blood pressure of reduced dietary sodium and the Dietary Approaches to Stop Hypertension (DASH) diet. DASH-Sodium Collaborative Research Group [J] . The New England Journal of Medicine, 2001, 344 (1): 3-10.

[29] Saneei P, Salehi-Abargouei A, Esmaillzadeh A, et al. Influence of Dietary Approaches to Stop Hypertension (DASH) diet on blood pressure: a systematic review and meta-analysis on randomized controlled trials [J] . Nutrition, Metabolism, and Cardiovascular Diseases: NMCD, 2014, 24 (12): 1253-1261.

[30] Smail P K, Schneeman B O. Pancreatic and intestinal response to dietary guar gum in rats [J] . The Journal of Nutrition, 1983, 113 (8): 1544-1549.

[31] Struijk E A, May A M, Wezenbeek N L, et al. Adherence to dietary guidelines and cardiovascular disease risk in the EPIC-NL cohort [J] .

International Journal of Cardiology，2014，176（2）：354-359.

[32] Ueno M，Tamura Y，Toda N，et al. Sodium alginate oligosaccharides attenuate hypertension in spontaneously hypertensive rats fed a low-salt diet [J]. Clinical Experimental Hypertension，2012，34（5）：305-310.

[33] Vetvicka V，Vetvickova J，Frank J，et al. Enhancing effects of new biological response modifier beta-1，3 glucan sulfate PS3 on immune reactions[J]. Biomedicine & Pharmacotherapy，2008，62（5）：283-288.

[34] Wang J，Zhang Q，Zhang Z，et al. Antioxidant activity of sulfated polysaccharide fractions extracted from *Laminaria japonica*[J]. International Journal of Biological Macromolecules，2008，42（2）：127-132.

[35] Wright J T，Williamson J D，Whelton P K，et al. A randomized trial of intensive versus standard blood-pressure control[J]. The New England Journal of Medicine，2015，373（22）：2103-2116.

[36] Wu X，Tolvanen J P，Hutri-Kähönen N，et al. Comparison of the effects of supplementation with whey mineral and potassium on arterial tone in experimental hypertension[J]. Cardiovascular Research，1998，40（2）：364-374.

[37] Yanga J H，Bang M A，Janga C H，et al. Alginate oligosaccharide enhances LDL uptake via regulation of LDLR and PCSK9 expression[J]. Biochemistry，2015，26（11）：1393-1400.

[38] Ye E Q，Chacko S A，Chou E L，et al. Greater whole-grain intake is associated with lower risk of type 2 diabetes，cardiovascular disease，and weight gain[J]. J. Nutr.，2012，142（7）：1304-1313.

[39] Yoon S J，Pyun Y R，Hwang J K. A sulfated fucan from the brown alga *Laminaria cichorioides* has mainly heparin cofactor II-dependent anticoagulant activity[J]. Carbohydrate Research，2007，342（15）：2326-2330.

[40] Zaharudin N，Salmean A A，Dragsted L O. Inhibitory effects of edible seaweeds，polyphenolics and alginates on the activities of porcine pancreatic α-amylase[J]. Food Chemistry，2018，245：1196-1203.

[41] Zhang Q，Li N，Zhao T，et al. Fucoidan inhibits the development of proteinuria in active Heymann nephritis[J]. Phytotherapy Research，2010，19（1）：50-53.

[42] Zhang Q，Li N，Zhou G，et al. In vivo antioxidant activity of polysaccharide fraction from *Porphyra haitanesis*（Rhodephyta）in aging mice[J]. Pharmacological Research，2003，48（2）：151-155.

[43] 陈华，钟红茂，范洁伟，等. 海藻中活性物质的心血管药理作用研究进展[J]. 中国食物与营养，2007，（10）：51-53.

［44］赵水平.赵水平血脂学研修全集［M］.长沙：中南大学出版社，2014.

［45］中华医学会心血管病学分会，中华心血管病杂志编辑委员会.正确认识合理使用调脂药物［J］.中华心血管病杂志，2001，29：705-706.

［46］诸骏仁，高润霖，赵水平，等.中国成人血脂异常防治指南（2016年修订版）［J］.中国循环杂志，2016，16（10）：15-35.

［47］中华医学会心血管病学分会高血压学组.限盐管理控制高血压中国专家指导意见2015［J］.中华高血压杂志，2015，23（11）：1028-1034.

［48］中国营养学会.中国居民膳食指南（2016）［M］.北京：人民卫生出版社，2016.

［49］王文，王继光，张宇清.针对中国高血压的特点，制定中国高血压防治的策略与方案［J］.中华高血压杂志，2010，（10）：904-907.

［50］中华医学会糖尿病学分会.中国血糖监测临床应用指南（2015年版）［J］.中华糖尿病杂志，2015，7（10）：603-613.

［51］纪立农，郭晓蕙，黄金，等.中国糖尿病药物注射技术指南（2016年版）［J］.中华糖尿病杂志，2017，9（2）：79-105.

［52］欧仕益，高孔荣，赵谋明.膳食纤维抑制膳后血糖升高的机理探讨［J］.营养学报，1998，19（3）：332-336.

［53］谢露，刘爱群，黎静，等.海带多糖对肾上腺素致血管内皮细胞损伤的防护作用［J］.中国应用生理学杂志，2007，23（2）：143-147.

［54］谢露，刘爱群，黎静，等.海带多糖L01对人脐静脉内皮细胞表达和分泌t-PA的影响［J］.中药药理与临床，2006，22（3）：78-80.

［55］王丽萍，陈蒙华，谢露，等.海带多糖对内皮损伤大鼠血栓形成的影响［J］.中药新药与临床药理，2009，20（2）：109-111.

［56］胡春生.海藻酸钾辅助降血压人体试食试验研究［D］.中南大学，2010.

［57］胡春生，张莹莹，周月婵，等.海藻酸钾对原发性高血压人群的影响研究［J］.中国食品卫生杂志，2010，22（6）：511-515.

［58］孙杨.低分子量藻酸双酯钠的制备及其抗血栓活性研究［D］.中国海洋大学，2011.

［59］马葆琛，范力.藻酸双酯钠对缺血性心脏病血液流变学的影响［J］.中华临床医学研究杂志，2005，11（6）：755-756.

［60］张彩清，王佩明，郭再新.藻酸双酯钠对肺心病的血液流变学影响［J］.临床医学，1993，13（3）：131-132.

［61］杨树森.藻酸双酯钠治疗高甘油三酯血症疗效观察［J］.青岛医药卫生，2011，43（2）：119-119.

［62］刘学慧，孙桂芳.藻酸双酯钠治疗高脂血症的临床观察［J］.黑龙江医学，2006，30（3）：213-214.

［63］张春，姜立清，刘克喜，等.藻酸双酯钠对2型糖尿病血脂异常患者血脂及胰岛素抵抗的影响［J］.中国临床药学杂志，2003，12（1）：24-26.

［64］夏霖.藻酸双酯钠配合磺酰脲类降糖药治疗2型糖尿病108例疗效观察［J］.中国医师杂志，2002，4（4）：446-447.

［65］王嫘.藻酸双酯钠对2型糖尿病大鼠胰岛素敏感性的影响［D］.中国医科大学，2005.

［66］詹林盛，张新生，吴晓红，等.海带多糖的免疫调节作用［J］.中国生化药物杂志，2001，22（3）：116-118.

［67］王文涛，周金黄，邢善田，等.海藻硫酸多糖对正常及免疫低下小鼠的免疫调节作用［J］.中国药理学与毒理学杂志，1994，（3）：199-202.

［68］王庭欣，赵文，蒋东升，等.海带多糖对糖尿病小鼠血糖的调节作用［J］.营养学报，2001，23（2）：137-139.

［69］李福川，唐志红，崔博文，等.三种海带多糖的降糖作用［J］.中国海洋药物，2000，19（5）：12-15.

［70］蔡璐.不同分子量马尾藻岩藻聚糖硫酸酯的制备及降血脂机理的初步研究［D］.广东海洋大学，2014.

［71］孙煜煊.孔石莼多糖的提取及其生物活性的研究［D］.集美大学，2009.

［72］《中国高血压防治指南》修订委员会.中国高血压防治指南2018年修订版［M］.北京：人民卫生出版社，2018.

附 青岛明月海藻集团简介

青岛明月海藻集团位于山东省青岛西海岸新区明月路。公司创建于 1968 年，以大型褐藻为原料，主营褐藻胶（海藻膳食纤维）、甘露糖醇、海洋健康食品、海洋生物医用材料、海洋化妆品、海藻生物肥料等六大产业的研发与生产，是目前全球最大的海藻生物制品生产企业。

公司拥有海藻活性物质国家重点实验室、农业部海藻类肥料重点实验室、国家地方工程研究中心、国家认定企业技术中心、院士专家工作站、博士后科研工作站等一系列国家级科研平台，先后荣获国家"863 计划"成果产业化基地、国家海洋科研中心产业化示范基地、全国农产品加工业示范企业、国家创新型企业、国家技术创新示范企业、全国农产品加工业出口示范企业、国家制造业单项冠军示范企业等荣誉称号。"明月牌"商标被认定为"中国驰名商标"。

近年来，明月集团依托蓝色经济发展平台，以转方式、调结构为主线，充分发挥海洋科研优势，不断使公司发展迈向"深蓝"。集团先后承担国家重点研发计划、国家科技支撑计划、国家"863 计划"等国家级项目 20 余项，开发了海洋药物、食品配料、海藻酸盐纤维医用材料等 180 多个新产品，制定产品技术标准 100 多项，其中国家标准 5 项、行业标准 6 项。

公司先后获得国家科技进步二等奖 1 项、省部级科技奖 10 项，通过省部级科技成果鉴定 30 多项，申请国家发明专利 122 项，申请国际 PCT 专利 6 项，获得授权项 50 项。食品级海藻酸钙产品、超高稳定性交联改性海藻酸盐产品、新型仿蜡染海藻酸钠印花糊料、海洋生物医用材料系列产品等新产品技术经评价鉴定达到国际领先水平。

公司主导产品市场占有率稳步提升，国内、国际市场占有率分别达到 40%、30% 以上，拉动了海藻养殖、加工、海藻生物制品研发、生产、销售全产业链的发展壮大。

2015 年由科技部批准成立的海藻活性物质国家重点实验室坐落于胶州湾畔的青岛明月海藻集团海藻科技中心。实验室以提高我国海藻生物产业自主创新能力和产品附加值为总体目标，研究海藻活性物质的提取和分离、功能化改性以及功效和应用领域的共性关键科学技术和理论，整合基于海藻生物资源的海藻活性物质结构、性能和应用数据库，通过化学、物理、生物等改性技术的应用提高海藻活性物质的功效、拓宽其应用领域，为海藻活性物质在功能食品、医药、生物材料、美容化妆品、生态农业等高端领域的应用提供坚实的科学理论基础，促进我国海藻生物产业向高附加值、高端应用的转型升级。

实验室拥有"制备技术研究室""结构分析研究室""功效分析研究室""应用技术研究室""生物改性研究室""理化改性研究室"等6个专业研究室，拥有电感耦合等离子体质谱仪、高效液相色谱仪、原子吸收光谱仪、元素分析仪、差示扫描量热仪等原值达7900多万元的研发检测设备。先后承担国家重点研发计划、国家"863计划"、科技支撑计划等20余项国家级科研项目，开发了海洋健康食品、海洋化妆品、海洋生物肥料、褐藻胶低聚糖、岩藻多糖、海藻酸盐纤维医用敷料、海藻精油等200多个新产品，制定产品技术标准100多项，其中国家及行业标准11项，申请国家专利120余项，申请国际PCT专利6项，已授权专利50项，获得国家科技进步二等奖1项、省部级科技奖10项，储备了一批科技含量高、市场前景广阔的技术和产品。